国家科学技术学术著作出版基金资助出版

# 预冷吸气式组合推进系统热力循环及优化

于达仁　玉选斐　常军涛　马同玲　著

U0249567

科学出版社

北　京

## 内 容 简 介

本书对预冷吸气式组合推进系统热力循环的发展演变历程、部件技术、循环构型优化方法进行了介绍。预冷概念的提出为发展热力循环深度融合、部件完全共用的全域发动机开辟了新的实现途径,借助这一新的设计自由度,人们构造了一系列新的组合发动机方案,形成了一个循环类别丰富多样、构型复杂多变的预冷发动机大家族,本书对其进行了系统性的介绍,有助于增强读者对此类发动机的认识。

本书共 11 章,第 1 章介绍了预冷概念诞生的背景;第 2~4 章回顾了不同类别预冷循环的发展历程;第 5、6 章对基于统一模型的预冷发动机热力循环分析方法进行了介绍和应用;第 7~9 章回顾了预冷发动机关键技术发展现状;第 10、11 章对间接预冷循环构型优化方法与控制规律进行了探讨。

本书可作为航空航天推进领域的教学和科研人员的参考用书。

**图书在版编目(CIP)数据**

预冷吸气式组合推进系统热力循环及优化／于达仁等著. —北京:科学出版社,2023.10
ISBN 978－7－03－075872－9

Ⅰ.①预… Ⅱ.①于… Ⅲ.①航空发动机—气动传热—研究 Ⅳ.①V231.3

中国国家版本馆 CIP 数据核字(2023)第 115883 号

责任编辑:徐杨峰／责任校对:谭宏宇
责任印制:黄晓鸣／封面设计:殷 靓

**科学出版社** 出版
北京东黄城根北街 16 号
邮政编码:100717
http://www.sciencep.com

南京展望文化发展有限公司排版
苏州市越洋印刷有限公司印刷
科学出版社发行 各地新华书店经销

*

2023 年 10 月第 一 版 开本:B5(720×1000)
2023 年 10 月第一次印刷 印张:19
字数:370 000

**定价:150.00 元**
(如有印装质量问题,我社负责调换)

# 前言 | Preface

在动力机械热力循环的发展历程中,在进气绝热压缩的热力过程中引入冷却,具有降低压缩功、增加质量流率和做功能力等诸多好处,在热力学视角是具有吸引力的,由此衍生了诸如中间冷却燃气轮机循环、湿空气透平(humid air turbine, HAT)循环等复杂循环形式,有的已经长期在商业中应用。在航空动力的场景下,类似的思路在热力学意义下也显然是有价值的,吸引了众多研究者开展相应的探索,但由于飞行任务对重量增加极其敏感,在进气压缩的过程中引入冷却会导致重量和系统复杂度的增加,所以实际应用并不顺利。随着高马赫数飞行器和空天飞行器的发展,来流总温的提高给吸气式发动机带来了很多困难,通过进气冷却可以提升航空发动机或者组合动力的马赫数上限、提高动力系统性能,因此该技术再次受到学术界和产业界重视。日本的膨胀循环空气涡轮火箭发动机(Air Turbo-Rocket Expander, ATREX)利用机载燃料对来流进行冷却以降低压气机的压缩功耗,扩展涡轮机械的运行边界,这使得发动机整体结构更加紧凑,进而降低了体积重量并提高了发动机推重比;英国的协同吸气式-火箭发动机(Synergetic Air-Breathing Rocket Engine, SABRE)概念已经突破了预冷所需的关键技术,完成了预冷器的地面演示试验,地面热试正有序展开,并按照规划即将开展发动机样机的制造及测试工作。受到这些成功案例的鼓舞,预冷吸气式组合发动机形成了当前空天动力领域一个新兴的研究热点,是一种具有诸多优点和应用潜力的新型发动机技术。为了给相关工程技术人员和学生们提供一本比较全面的参考书,本书对作者团队在预冷循环发动机方面近年来的研究工作进行了总结和扩展,对预冷循环发动机不同循环方案、关键技术、核心问题等进行了系统性的论述,希望对相关技术领域的发展起到有益的作用。

本书由哈尔滨工业大学于达仁策划并统稿。西北工业大学玉选斐完成了本书第 1~6、10、11 章的编著,其中,本书第 5、6、10、11 章的内容主要取材于玉选斐博士论文的成果;北京动力机械研究所马同玲、杜鹏程完成了本书第 7~9 章的编著。哈尔滨工业大学常军涛完成了全书的审读。西北工业大学秦飞对本书的写作给予了支持。固体推进全国重点实验室博士生陈兴良、张凯,硕士生耿梓腾、党如玉、方励程、张浩玮、王彩琴、蒋玉乾、王群超、冯思龙、张昊天等同学协助完成了本书图表的编排、重绘和文字校对工作;哈尔滨工业大学先进动力研究所博士生郑佳琳、王聪协助整理了相关章节的文献素材。本书写作中还得到了团队内外多位专家学者的宝贵支持。对于以上专家、老师和同学们给予的热情帮助,作者在此表示由衷的感谢!

科学出版社在本书出版过程中提供了很多帮助,国家科学技术学术著作出版基金对本书出版提供了资助,在此深表感谢!

作　者

2023 年 3 月

# 目录 | Contents

# 第1章
# 绪 论

　　1957 年 10 月 4 日,随着 R－7 运载火箭的升空,斯普特尼克 1 号(Спутник－1)卫星被成功送入地球轨道,从此翻开了人类探索太空的新篇章。借助运载能力强大的多级火箭,人们具备了将巨大的载荷送入空间的能力。然而,时至今日,空天运输所依据的技术范式同 20 世纪 60 年代相比并无根本性的不同:航天发射依然以价格高昂的一次性使用运载火箭为主导。以 SpaceX 为代表的新兴商业航天公司通过不断的模式创新逐渐改变了航天发射的组织范式和商业范式,但是其开发的可重复使用火箭并未实现空天运输技术范式的颠覆性转变,进入空间的成本依然高昂,而以太空旅游、空间制造、行星采矿等为代表的未来空间经济设想依旧停留于设想或初级阶段[1-3]。因此,开发革命性的空天运输新技术,进而突破当前航天发射技术范式的成本壁垒,是促进人类空间探索和利用活动向更高层级演进的关键。

　　实际上,在探索太空的早期阶段,人们已经开始思考如何构建诸如飞机那样可完全重复使用且操作简单而又保障方便的空天运输系统。多级运载火箭的垂直发射方式是由其最优飞行轨迹决定的,而这在很大程度上取决于其发动机——即火箭发动机的大推重比和低比冲特性。也正是由于火箭发动机低的比冲($I_{sp}$<480 s),当前先进载火箭的有效载荷比不超过 5%,这大大增加了单次发射的费用[4, 5]。对比基于吸气式发动机的航空运输系统,一方面由于吸气式发动机的大比冲特性,另一方面,借助空气动力产生的升力,航空运输的发动机仅需要平衡飞行器的阻力,这两者最终大大增加了其单次飞行的有效载荷比,从而极大地降低了航空运输的成本。为此,人们设想构建一种兼具吸气式与火箭飞行器优点的空天运输系统,进而实现出入空间的低成本化[6-8]。

　　基于上述考虑,业界先后提出了单级入轨(single stage to orbit)、两级入轨(two stage to orbit)等面向未来的空天运输系统概念,并且特别强调新型空天运输系统运行维护的便利性、完全可重复使用、低成本、高可靠性等特征,同时指出在稠密大气层飞行阶段应当尽可能采用吸气式发动机以便充分利用空气中的氧化剂,进而大幅度降低飞行器的总起飞重量,提高有效载荷比[9]。

由于以涡轮喷气发动机及冲压发动机为代表的吸气式基本发动机只能在各自的空域、速域范围内高效运行,因此为满足未来空天运输系统对大空域、宽速域及高比冲性能吸气式发动机的需求,基本吸气式发动机需要同其他发动机进行组合才能满足单级或两级入轨飞行器的动力需求[10]。当前,根据基本吸气式发动机各自的特征,吸气式组合发动机的热力循环方案可分为涡轮基组合循环(turbine-based combined cycle,TBCC)、火箭基组合循环(rocket-based combine cycle,RBCC)、空气涡轮火箭循环(air-turbo rocket cycle)等,而预冷组合发动机是其中具有代表性的一类循环方案[11]。

## 1.1  吸气式组合发动机发展现状

涡轮喷气发动机及冲压发动机等吸气式基本发动机都存在各自性能最优的运行速度范围。吸气式基本发动机的运行速度范围通常可以从发动机工作过程中关键部件所受到的温度限制、压缩系统工作边界、燃烧室离解温度限制等角度予以阐述,或从发动机运行所依据的热力循环原理出发通过分析而得到[12]。相对于前者,后者给出的解释从热力循环这一根本角度揭示了吸气式基本发动机构型随飞行速度增加而演变的内在原因,这方面代表性工作由 Builder[13] 最早建立。

从热力循环角度考虑,涡喷发动机、亚燃冲压发动机及超燃冲压发动机的工作过程都可以用布雷敦(Brayton)循环近似描述。考虑到超燃冲压发动机内部气流速度高,因此气流静参数同总参数间具有较大差异,为了统一描述不同发动机的工作过程,在如图 1.1 所示的焓熵图上,Builder[13] 指出此时应该用气流的静参数描述发动机循环过程的状态点 0-1-3-5,并且对绝热压缩及膨胀过程的效率参数需要基于状态点的静参数重新定义,以区别于涡轮喷气发动机中经常用总参数定义压缩效率或膨胀效率。基于气流静参数,循环绝热压缩效率由式(1.1)定义:

$$\eta_e = \frac{h_1 - h_2}{h_1 - h_0} \tag{1.1}$$

循环等熵膨胀效率由式(1.2)定义:

$$\eta_e = \frac{h_3 - h_5}{h_3 - h_4} \tag{1.2}$$

在上述关于 Brayton 循环状态参数及效率参数的定义下,Builder 导出了给定加热量下使发动机排气速度 $V_5$ 最大时压缩过程的最佳静焓升比,如式(1.3)所示:

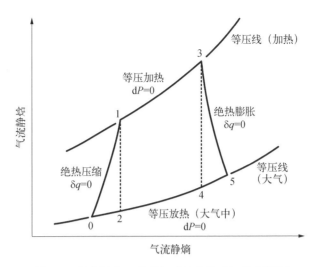

图 1.1　静参数表示的吸气式基本发动机热力循环

$$\psi_{\mathrm{opt}} = \left(\frac{h_1}{h_0}\right)_{\mathrm{opt}} = \sqrt{\frac{\eta_\Sigma}{1-\eta_\Sigma}\frac{Q}{h_0}} \tag{1.3}$$

式中，$Q$ 为加热过程的加热量；$h_0$ 为来流静焓；参数 $\eta_\Sigma = \eta_c \eta_e$ 为过程的总效率。对于定比热容完全气体，静焓升比也可以方便地转化为压缩过程的静温升比或静压升比；对于给定的循环加热量，此时循环的热效率、比功或发动机推力等参数均正比于排气速度，因此 $\psi_{\mathrm{opt}}$ 表示了给定加热量时吸气式基本发动机工作于性能最优的状态时所需要的最佳压缩量。

Builder[13] 指出，吸气式基本发动机热力循环存在最佳压缩量这一事实从根本上决定了在不同的运行速度范围内发动机结构形式演变的必然规律。图 1.2 给出了飞行速度的增加时，式(1.3)所规定的 Brayton 循环最佳压缩静焓升比同来流减速滞止后所能提供的压缩焓升比的比值，曲线对应的气流静焓取海平面大气参数为参考值，加热量取典型碳氢燃料低热值。以总效率 $\eta_\Sigma = 0.8$ 为例分析图 1.2 结果可知，在区域①中，此时来流速度较低，因此气流减速滞止所能提供的压缩量 $\psi_{\mathrm{stg}}$ 小于循环所需的最佳压缩量 $\psi_{\mathrm{stg}}$，并且随着来流速度的降低，滞止压缩量愈发偏离循环所需的最佳压缩量。显然，在这一区域，只有通过对气流主动增压才能满足最佳压力需求，这要求发动机需要具备一套主动增压系统才能高效地运行，这正是涡轮喷气发动机所遇到的情形。

当来流速度由低速增加时，在图 1.2 中的区域②中，此时气流的滞止压缩量同所需的最佳压缩量接近，因而在此速度范围，气流自身通过减速增压即可满足循环的压缩需求，不需要涡轮喷气发动机那样一套主动增压的涡轮机械压缩系统，这一区域对应亚燃冲压发动机的最佳运行范围。当来流速度继续增加至区域③时，此

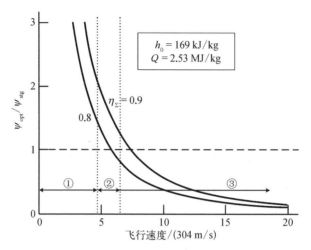

图 1.2　Brayton 循环最佳静焓比与来流滞止焓比的比值[13]

时气流滞止提供的压缩量远大于循环最佳压缩需求,因而在这一范围内随着来流速度的增加,对气流的减速滞止程度应当随之减小,以保证压缩量接近循环的最佳压缩需求,这意味着压缩过程终点 1 处的气流速度应该随来流速度的增加而增大,因此存在某个来流速度,此时压缩终点处气流速度将超过声速,这一分界点后发动机需要在超声速气流中释热,这正是超燃冲压发动机对应的情形。

　　以上分析仅仅考虑了循环压缩及膨胀过程的效率,并未对其他过程参数给定任何额外的约束,因此其结果表明吸气式基本发动机构型随飞行速度增加而由涡轮发动机向冲压发动机的变化具有内在的必然性,也表明基本发动机存在各自最优的运行速度范围,因此单一发动机并不能满足未来空天推进系统大速域运行需求。除了热力循环所蕴含的必然性,现实中吸气式基本发动机如涡喷发动机、亚燃冲压发动机等运行速度范围还受到诸如涡轮温度、燃烧室壁面温度及冷却能力的限制,因而发动机可高效运行的实际速度范围往往比热力循环给出的范围更窄。以涡喷发动机为例,由于压气机及涡轮温度的约束,当前涡喷发动机最大飞行马赫数不超过 3;受到燃料所能提供冷却能力的限制,当前认为碳氢燃料超燃冲压发动机最大飞行马赫数不超过 8,氢燃料超燃冲压发动机最大飞行马赫数在10 左右[12]。

　　为了解决单一发动机不能满足未来空天飞行器宽速域运行需求问题,组合循环(combined cycle)发动机概念应运而生,即通过将不同发动机形式在运行范围上组合使用或在热力循环上进行融合创新,以发挥不同发动机形式在各自速度域内的优势并克服单一发动机的不足,进而构建并形成在全速域范围内具有优异综合性能的全域推进系统[10]。依据不同的组合方式,当前组合发动机可分为涡轮基组合循环(TBCC)、火箭基组合循环(RBCC)及空气涡轮火箭/冲压(air turbinerocket/ramjet,

ATR）组合循环发动机，如图 1.3 所示[14]。

结合前述分析可知，冲压发动机由于缺乏主动增压能力而存在零速启动问题，并且低速段由于压比不足而性能较低，而涡轮发动机在低速段则具有优异的性能，因此，两者组合而形成的涡轮基组合循环方案则可以大大扩展吸气式发动机的工作速度范围[15]。按照涡轮通道同冲压通道的布置方式，TBCC 可分为串联方案或并联方案，如图 1.4（a）、（b）所示。串联 TBCC 涡轮及冲压通道共用进气道及尾喷管等部件，发动机迎风面积较小，结构上较为紧凑，但由于两个通道间具有不同的流量特性，因此在满足飞行器推力需

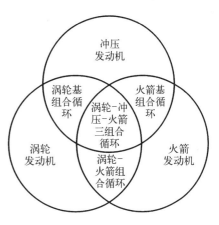

**图 1.3　可重复使用飞行器发动机的组合方案**[14]

求的前提下两个流道间的协调设计难度较大。并联方案两个流道相互独立，因而流道的设计具有较大的自由度，但是发动机截面积通常较大。两种方案的工作过程大致相似，即涡轮通道首先工作，当飞行马赫数趋近于涡轮-冲压模态转换马赫数时，此时冲压通道开始启动，而后涡轮通道推力逐渐减小直至冲压通道建立起稳定的工作过程。总体上，TBCC 工作过程是通过涡轮发动机与冲压发动机接力而完成的[16]。

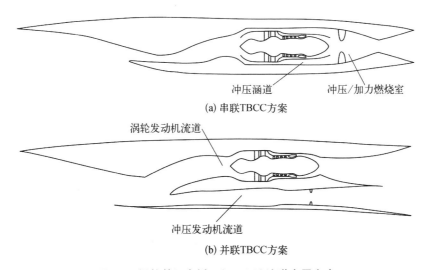

（a）串联TBCC方案

（b）并联TBCC方案

**图 1.4　涡轮基组合循环（TBCC）流道布置方案**

火箭基组合循环（RBCC）方案采取了火箭引射的方式来解决冲压发动机零速启动问题及低速段性能不足问题。如图 1.5 所示，RBCC 方案在冲压发动机流道中

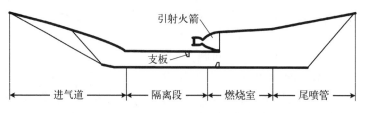

**图 1.5 火箭基组合循环(RBCC)发动机示意图**

的适当位置放置了引射火箭,在地面零速状态时,火箭开始工作,此时由于火箭喷流的引射作用,空气被带动加速而流入发动机流道,此后通过与火箭的富燃燃气掺混燃烧或者与后续喷入的燃料燃烧,并通过尾喷管膨胀产生推力。因此,在零速及低速段,引射火箭起到了为来流空气加速的作用,因而弥补了来流速度低而使得冲压压缩能力不足导致发动机不能工作或性能低下的问题。

RBCC 发动机一般具有多个工作模态,如图 1.6 所示。飞行马赫数 $Ma=0 \sim 2.5$ 时,RBCC 发动机工作于引射冲压模态,此时通过火箭的射流引射作用以弥补冲压

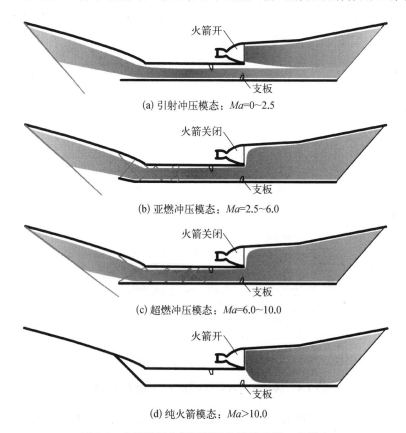

(a) 引射冲压模态:$Ma=0 \sim 2.5$

(b) 亚燃冲压模态:$Ma=2.5 \sim 6.0$

(c) 超燃冲压模态:$Ma=6.0 \sim 10.0$

(d) 纯火箭模态:$Ma>10.0$

**图 1.6 火箭基组合循环(RBCC)发动机工作模态**

压缩能力的不足；飞行马赫数 $Ma = 2.5 \sim 6.0$ 时，RBCC 发动机工作于亚燃冲压模态，此时由于来流已经具有足够的动能而使得冲压压缩能力大幅度提升，因此不需要火箭提供引射作用；飞行马赫数 $Ma = 6.0 \sim 10.0$ 时，RBCC 发动机转入超燃冲压模态以防止燃烧室静温过高带来的燃烧产物离解问题；当飞行马赫数 $Ma > 10.0$ 时，此时继续在超声速气流中组织燃烧较为困难，并且来流的动量惩罚使得发动机推力很小，RBCC 发动机转入纯火箭模态[15]。

除了循环方面的原因，涡喷发动机运行速度向更高马赫数扩展受到两方面的限制，一方面，在涡轮前温度约束下，随着马赫数增加，来流总温的同步增加使得循环的加热量逐步降低，进而减小了发动机推力输出；另一方面，由于涡轮通常由压气机引出的空气冷却，而来流总温的升高导致对涡轮的冷却效果降低。这两方面原因的叠加导致发动机性能及工作环境随马赫数增加而迅速恶化，最终限制了发动机可运行的速度上限。为解除燃气涡轮温度约束并扩展涡轮发动机的运行边界，涡轮-火箭组合循环（turborocket）采用火箭涡轮方案，即利用独立于来流的火箭燃气发生器产生燃气驱动涡轮，以此带动压气机工作，如图 1.7 所示，如此一来，涡轮的工作环境仅由火箭燃气发生器参数决定，而与来流总温无关，因此，涡轮火箭发动机理论上可以工作于更高的飞行马赫数下[17]。

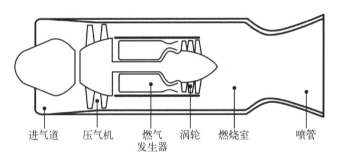

进气道　压气机　燃气　涡轮　燃烧室　喷管
　　　　　　　发生器

**图 1.7　空气涡轮火箭/冲压发动机示意图**[17]

涡轮火箭方案虽然拓展了涡轮发动机的速度边界，但是随着来流总温的持续升高，当火箭涡轮输出功率基本不变时，压气机压比将持续降低，因而在某个马赫数下压气机的存在对发动机性能几乎没有贡献；相反，为了防止压气机对流道产生阻滞作用，通常燃气发生器继续工作以维持压气机在某个转速下，因而，此时发动机的工作过程同亚燃冲压发动机类似，所以这种具有冲压模态的涡轮火箭发动机通常被称为空气涡轮火箭/冲压发动机[18]。

应当指出，图 1.3 及本节的回顾仅仅给出了组合发动机的简单分类及其典型代表，而在上述组合发动机方案的基础上，人们从燃料冷却能力的利用、发动机共用部件、不同循环方案的进一步融合等方面进一步提出了各式各样的组合发动机方案,文献[19]、[20]等对此进行了总结和概括,本节不再重复。

总结由涡轮发动机组合而成的 TBCC 或 ATR 发动机可知,在解决涡轮发动机运行速域范围受限这一问题上,TBCC 采取了同冲压发动机接力的方案,即涡轮发动机只在其可运行的低速段范围内工作,因此当发动机转入冲压模式后,涡轮发动机将成为整个发动机的"死重",这大大降低了组合发动机的总体推重比,对于单级入轨或两级入轨这样的加速型任务而言,推重比的降低将显著降低系统的有效载荷[21]。ATR 方案则重点从涡喷发动机在高速运行时受到的限制出发,试图通过采用独立燃气发生器驱动的火箭涡轮方案代替燃气涡轮,从而解除燃气涡轮温度约束对发动机运行速度造成的上限。然而,由于不断升高的来流总温使得压气机实际提供的压比不断降低,因此压气机-火箭涡轮组成的核心机在高马赫数时实际上对推力等性能贡献很小而成为发动机的"死重",这同样对于任务性能不利[22, 23]。

相对于 TBCC 或 ATR 方案,预冷组合发动机则从控制来流总温的角度入手,通过射流预冷或换热器冷却等方式保持涡轮机械压缩系统入口气流温度不变或仅在允许的范围内变化,如图 1.8 所示,这相当于在一定程度上隔离了总温增加对涡轮机械核心机带来的不利影响,因而发动机可以运行于更高的飞行马赫数下。对于预冷组合发动机而言,总体上发动机的进气道、预冷系统及压气机组成了一套非绝热的压缩系统,与 TBCC 及 ATR 发动机的非预冷压缩过程相比,在高马赫数时预冷作用还可以增加进入发动机的空气流量和压比,并且由于核心机始终处于工作状态,因此在相同的运行速度域内,预冷组合发动机理论上具有更高的推重比。随着预冷器等预冷发动机核心部件近年来不断取得技术突破,作为一种与 TBCC 或 ATR 方案不同的高超声速推进技术路线,预冷发动机因为在未来天地往返运输领域的应用前景而逐渐受到人们的重视[11, 24, 25]。

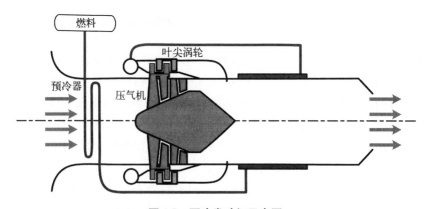

图 1.8　预冷发动机示意图

## 1.2 预冷概念的提出

预冷概念的提出伴随在人类空天活动向更高阶段不断的演进过程之中。20世纪 50 年代初,借助喷气式发动机,飞机的飞行高度和速度得到了极大的扩展,在此基础上,如何使飞行器在"高、快、远"等方面的性能得到进一步的扩展是人们极为关注的问题[26]。与此同时,借助愈发成熟的火箭发动机技术,人类的太空探索活动也趋于频繁,而如何降低火箭的发射费用,发展可以比肩飞机的、具有一定运行灵活性和成本优势的可重复使用天地往返运输系统是人们关注的另一个问题[27, 28]。对上述问题的探索导致了预冷技术的诞生。

在涡轮喷气发动机发展的早期,发动机推力不足或在燃烧稳定性方面遇到的问题大大限制了发动机的可运行包线范围,对此,射流预冷技术作为一种实用的方案得到了人们的关注,这是一种通过向涡轮喷气发动机进气道或压气机入口喷射液体工质,进而利用工质的蒸发潜热降低流经压气机的空气温度,以此提高发动机空气流量及压比并实现推力增强的方法[29]。常见的射流预冷工质包括水、甲醇、液氮、液氧等非腐蚀型工质,这些工质通常通过进气道进行喷射。为了降低工质喷射对燃烧带来的不利影响,也可以向燃烧室喷入诸如双氧水、四氧化二氮等氧化剂以提高燃烧的稳定性。20 世纪 50 年代,美国航空咨询委员会(National Advisory Committee for Aeronautics, NACA)下属的刘易斯研究中心(Lewis Research Center)对射流预冷技术开展了大量的研究,对于单工质或混合工质等射流预冷方案从喷射方式、喷射位置、工质配比、冷却效果、推力增强效能、燃烧稳定性影响等方面积累了大量的分析结果和实验数据,这对于基于涡轮喷气发动机的高空高速应用场景的论证提供了有力的支撑[30, 31]。

除了采用射流预冷技术的涡轮喷气发动机方案,面对高空高速飞行器的动力需求,从发动机热力循环方面进行创新,进而提出适用于高空高速飞行的新型发动机方案也是人们当时关注的重点,采用换热器对来流进行预冷的方案正是在这一背景下提出的[22]。这一时期,为了解决涡轮喷气发动机在高空飞行时面临的燃烧不稳定问题,液氢、硼氢烷等具备高热值、高火焰速度的燃料引起了人们的兴趣,同时,液氢极高的冷却能力使人印象深刻,这为面向高空高速飞行的新型发动机热力循环的构建提供了新的设计自由度,特别地,人们围绕以液氢为冷却剂对来流进行预冷的方案提出了众多新型循环概念[32]。Carmichael 最早对采用液氢预冷的发动机方案进行了性能评估,指出预冷增加了发动机空气流量,结合氢涡轮驱动的压气机可进一步增加燃烧室的压力,相对于碳氢燃料涡轮喷气发动机,这使得发动机可以在更高的飞行高度上运行[33]。

在航天领域,为了应对日益频繁的空间探索活动,空天飞机这类被认为具有高运行灵活性和低成本优势的新型天地往返运输系统受到了人们的重视,对其动力系统的探索也同时促进了预冷概念的发展。火箭发动机的低比冲特性是制约运载火箭有效载荷提升的主要障碍,而如果能构造出一款"吸气式"火箭,则有可能大幅度提高发动机比冲,进而降低系统的起飞质量并提高有效载荷,最终使得出入空间的成本大幅度降低。显然,液氢极低的存储温度(约 20 K)及优异的冷却能力为构建吸气式火箭提供了可能性。由于液氢的存储温度低于空气液化温度,这意味着可以利用液氢将来流空气液化,进而为火箭发动机提供所需的液体氧化剂,这一思路演变为后来的液化空气循环发动机(liquid air cycle engine, LACE)概念[34]。后续围绕液化空气循环发动机面临的不足,又相继产生了一系列改进循环方案,如空气部分液化循环、深度预冷循环、间接预冷循环等。

预冷技术所提供的额外设计自由度激发了人们通过循环方案创新,进而从基本原理角度出发构建本质上适用于高速飞行的动力系统的灵感。迄今,人们已经提出了一大类形式多样、类别丰富的预冷发动机循环(图 1.9)[35],这为未来高超声

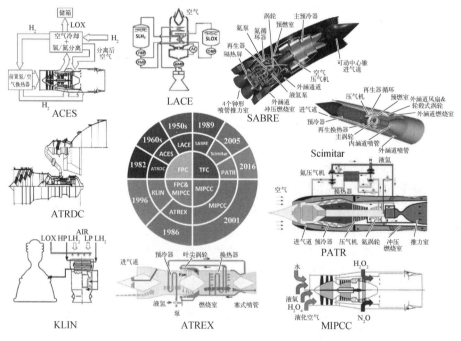

**图 1.9 预冷发动机示意图**[35]

空气收集与纯化系统(air collection and enrichment system, ACES);弯刀发动机(Scimitar);射流预冷(mass injection pre-compressor cooling, MIPCC);预冷空气涡轮火箭发动机(precooled air turbo rocket, PATR);富氧深冷涡喷-火箭组合循环发动机(KILN);深度预冷空气涡轮火箭发动机(air turbo rocket deeply cooled, ATRDC)

速飞行、空天运输等应用提供了新的、可能的发动机解决方案。依据对来流预冷方式的不同,当前预冷发动机循环总体上可以分为射流预冷循环及换热器预冷循环,而后者可进一步细分为采用燃料同空气直接换热的直接预冷方案,以及通过中介工质完成空气与燃料间热量传递的间接预冷方案[25]。

当前,以英国反应动力公司(Reaction Engines Ltd., REL)的协同吸气式-火箭发动机(Synergetic Air-Breathing Rocket Engine, SABRE)为代表的间接预冷发动机在循环方案、关键技术及原理样机研制等方面取得了较大的进展和突破,美国空军对 SABRE 发动机方案进行了独立评估,并对其应用前景给予了积极的评价[36-38];英国政府、欧空局以及欧洲导弹集团(MBDA)对 SABRE 进行了持续的资金投入,并且在美国空军的资助下,REL 成立了美国分部并对预冷器等关键技术进行了地面验证测试[39,40]。国内多家单位也将预冷技术作为未来的重点发展方向之一,并积极开展了相关技术攻关。因此,在预冷发动机发展的关键时期,对历史上提出的各式预冷循环方案进行系统深入的梳理分析及总结,这对于发展预冷发动机高效热力循环总体设计方法,揭示预冷发动机设计、运行及控制所面临的关键问题等具有重要的启示和指导意义。

## 1.3 本书的结构体系

本书共 11 章内容,其中,第 2~4 章分别对射流预冷发动机、燃料直接及间接冷却空气的换热器预冷循环发动机从发展历程、典型方案及关键技术等方面进行了回顾总结;在此基础上,第 5 章对不同预冷发动机方案在热力循环上的共性特征进行了归纳,提出了描述预冷发动机核心工作过程的预冷压缩系统统一表征模型,实现了对不同发动机方案在热力循环原理上的统一描述,为揭示不同预冷发动机性能变化所遵循的共性规律奠定了热力循环模型基础;以第 5 章的理论分析结果为指导,第 6 章从影响预冷发动机性能的共性因素角度出发,对提升预冷发动机性能的各种可行途径进行了具体评估分析;第 7~9 章对预冷发动机的核心关键部件系统如换热器、压气机涡轮及进排气系统等的发展现状进行了回顾;第 10 章讨论了间接预冷压缩系统闭式布雷敦循环的最优设计问题;第 11 章对间接预冷发动机的变工况特性及最优性能控制规律进行了分析。

# 参考文献

[ 1 ] Pomeroy C, Calzada-Diaz A, Bielicki D. Fund me to the moon: Crowdfunding and the new space economy[J]. Space Policy, 2019, 47: 44-50.

[ 2 ] Crawford I A. The long-term scientific benefits of a space economy[J]. Space Policy, 2016, 37: 58-61.

[ 3 ] Komerath N, Nally J, Elizabeth Z T. Policy model for space economy infrastructure[J]. Acta Astronautica, 2007, 61(11): 1066-1075.

[ 4 ] 鲁宇,董晓琳,汪小卫,等.未来大规模低成本进入空间策略研究[J].中国航天,2021 (3): 5.

[ 5 ] Gopalaswami R, Prahlada M, Kumar S, et al. Spaceplanes with aerobic propulsion — Key to low-cost access to space[C]. Salt Late City: 37th Joint Propulsion Conference and Exhibit, 2001.

[ 6 ] Speer T, Hoyt A.European hypersonic technology[C]. San Diego: 15th Aerodynamic Testing Conference, 1988.

[ 7 ] Kouichiro T. Flight test vehicles — Japanese view[C]. Dayton: AIAA International Air and Space Symposium and Exposition: The Next 100 Years, 2003.

[ 8 ] Hempsell M. Space stations using the Skylon launch system [J]. Journal of the British Interplanetary Society, 2012, 11: 392-401.

[ 9 ] Czysz P, Bruno C, Chudoba B.Commercial near-earth launcher: Propulsion choices [M]. Berlin: Springer-Verlag, 2018.

[10] 包为民.推进组合动力飞行器技术深入研究,开创航天运输发展新时代[J].科技导报, 2020,38(12): 1.

[11] 邹正平,王一帆,额日其太,等.高超声速强预冷航空发动机技术研究进展[J].航空发动 机,2021,47(4): 8-21.

[12] Fry R S. A century of ramjet propulsion technology evolution[J]. Journal of Propulsion and Power, 2004, 20(1): 27-58.

[13] Builder C H. On the thermodynamic spectrum of airbreathing propulsion[C]. Washington: 1st AIAA Annual Meeting, 1964.

[14] Hiroaki K, Tetsuya S, Nobuhiro T. Optimization of airbreathing propulsion system for the TSTO spaceplane [C]. Kyoto: 10th AIAA/NAL-NASDA-ISAS International Space Planes and Hypersonic Systems and Technologies Conference, 2001.

[15] 陈宏,何国强.RBCC 和 TBCC 组合发动机在 RLV 上的应用[J].火箭推进,2008,163(3): 39-43.

[16] 陈敏,贾梓豪.涡轮基组合循环动力关键技术进展[J].科技导报,2020,38(12): 69-84.

[17] Christensen K L. Comparison of methods for calculating turbine work in the air turborocket[J]. Journal of Propulsion and Power, 2001, 17(2): 256-261.

[18] Minato R. Advantage of ethanol fuel for gas generator cycle air turbo ramjet engine [J].

Aerospace Science and Technology, 2016, 50: 161-172.

[19] 金捷,陈敏,刘玉英,等.涡轮基组合循环发动机[M].北京:国防工业出版社,2019.

[20] 何国强,秦飞.火箭基组合循环发动机[M].北京:国防工业出版社,2019.

[21] Hellman B M, Bradford J E, st Germain B D, et al. Two stage to orbit conceptual vehicle designs using the SABRE engine[C]. Long Beach: AIAA SPACE, 2016.

[22] Escher W, Teeter R, Rice E. Airbreathing and rocket propulsion synergism: Enabling measures fortomorrow's orbital transports[C]. Huntsville: 22nd Joint Propulsion Conference, 1986.

[23] William E. Synerjet for earth/orbit propulsion — Revisiting the 1966 NASA/Marquardt composite (airbreathing/rocket) Propulsion System Study (NAS7-377)[C]. Lake Buena Vista: 32nd Joint Propulsion Conference and Exhibit, 1996.

[24] Zou Z P, Liu H X, Tang H L, et al. Precooling technology study of hypersonic aeroengine[J]. Acta Aeronautica et Astronautica Sinica, 2015, 36: 2544-2562.

[25] Wang Z G, Wang Y, Zhang J Q, et al. Overview of the key technologies of combined cycle engine precooling systems and the advanced applications of micro-channel heat transfer[J]. Aerospace Science and Technology, 2014, 39: 31-39.

[26] Mehta U, Bowles J, Melton J, et al. Water injection pre-compressor cooling assist space access [J]. The Aeronautical Journal, 2015, 119(1212): 145-171.

[27] Hoegenauer E, Koelle D. Saenger — The German aerospace vehicle program[C]. Dayton: AIAA National Aerospace Plane Conference, 1989.

[28] Tsuchiya T, Mori T. Optimal design of two-stage-to-orbit space planes with airbreathing engines [J]. Journal of Spacecraft and Rockets, 2003, 42(1): 90-97.

[29] Lin A, Liu G, Chen Y, et al. Evaluation and analysis of evaporation cooling on thermodynamic and pressure characteristics of intake air in a precooled turbine engine[J]. International Journal of Hydrogen Energy, 2021: 24410-24424.

[30] Preston C, Vladimir B. Mass injection and precompressor cooling engines analyses[C]. Indianapolis: 38th AIAA/ASME/SAE/ASEE Joint Propulsion Conference & Exhibit, 2002.

[31] Carter P, Brown O, Rice T, et al. RASCAL: DARPA's solution to responsive, affordable, micro-satellite space access[C]. Logan: 17th Annual AIAA/USU Conference on Small Satellites, 2003.

[32] Escher W J. Cryogenic hydrogen-induced air-liquefaction technologies for combined-cycle propulsion applications[R]. NASA N92-21526, 1992.

[33] Sloop J. Liquid hydrogen as a propulsion fuel[R]. NASA-SP-4404, 1978.

[34] Togawa M, Aoki T, Hirakoso H, et al. A concept of LACE for SSTO space plane[C]. Orlando: 3rd International Aerospace Planes Conference, 1991.

[35] Jian D, Qiuru Z. Key technologies for thermodynamic cycle of precooled engines: A review[J]. Acta Astronautica, 2020, 177: 299-312.

[36] Reaction Engines Limited. AFRL analysis confirms feasibility of the SABRE engine concept [EB/OL]. http://www.reactionengines.co.uk/press_release.html.[2016-6-15].

[37] 陈思,康开华.美国高超声速飞行器欲采用云霄塔的发动机技术[J].导弹与航天运载技术,2014(5):51.

[38] 邹正平,刘火星,唐海龙,等.高超声速航空发动机强预冷技术研究[J].航空学报,2015,

36(8)：2544 - 2562.

[39] 石奇玉,郝云择,梁怀喜.协同吸气式火箭发动机预冷技术研究现状[J].现代制造技术与装备,2021,57(10)：150 - 152.

[40] 佚名.英国公司研发的"佩刀"发动机试验完成里程碑式成就[J].卫星与网络,2012(12)：52.

# 第 2 章
# 射流预冷发动机

射流预冷（mass injection pre-compressor cooling，MIPCC）的原理是利用喷射到进气道或压气机某个截面的液态工质的蒸发吸热作用，实现对压气机内气流温度的调控，以此达到按需扩展发动机运行速域或空域范围、增加发动机推力或实现进气道/发动机空气流量无溢流匹配等目的。采用射流预冷技术几乎不需要对原发动机做出大的改动，而仅在进气道或压气机适当位置增加一套液体工质的喷射装置就可以让现有涡轮发动机运行速域和空域得到极大的拓展，这使得射流预冷发动机成为一种低成本、低风险的高超声速飞行器动力方案。本章将对射流预冷发动机的发展过程进行回顾，并对射流预冷压缩过程的计算方法进行简要的介绍。

## 2.1 射流预冷发动机概述

受限于可公开获取的文献来源，本章主要介绍射流预冷发动机在美国的发展历程，以及当前射流预冷发动机在基础研究及应用前景方面的最新进展。射流预冷技术通常被当作涡轮类发动机推力增强的一种手段，通过在现有发动机试车台上增加液体工质喷射装置，射流预冷对发动机各方面性能的影响可以通过实验直接确定，而不需要额外建造昂贵的发动机试验设备，因此技术的可行性及性能的验证相对容易实现，这使得射流预冷发动机的发展过程表现出明显的以应用目标为牵引的特征。

20 世纪 40 年代起，随着喷气式发动机的逐渐应用，各国对军用战机的飞行性能提出了越来越高的要求。由于初期的涡轮喷气发动机难以满足某些特殊作战场景下战机对推力性能的需求，为此，人们开始了通过射流预冷技术实现涡轮喷气发动机推力增强的研究工作，在此后的 80 多年里，射流预冷技术被应用到多种场合，并且总能在一些新型循环发动机推力不足时作为"补救"措施而重新得到重视。总体上,射流预冷发动机在美国的发展可大致划分为两个时期:① 射流预冷发动机核心技术的发展时期;② 射流预冷技术工程化应用时期。

## 2.2 射流预冷发动机核心技术发展

射流预冷技术发展的早期(1947~1961 年)正值人类航空飞行的技术范式由螺旋桨发动机逐步向喷气式发动机全面转变阶段,考虑到初期的喷气发动机推力性能相对螺旋桨发动机并无显著的优势,因此为了改善喷气式飞机的起飞性能、扩展发动机的运行包线,或者为了满足军机在高空高速侦查、截击等作战场景下对大推力发动机的需求,美国空军及 NACA 下属机构和实验室对基于射流预冷技术的涡喷发动机推力增强方案开展了大量的理论分析、地面试验和飞行验证研究,研究工作主要涉及推力增强效果的评估、燃烧稳定性影响、射流工质选择、部件及发动机工作状态变化及飞行包线等方面。

为了增加早期涡喷发动机的可用性及应用范围,NACA 克利夫兰飞行推进实验室(Flight Propulsion Research Laboratory, Cleveland)对包括射流预冷方案在内的各种推力增强技术开展了一系列综合研究。Dietz 等[1]依托 Cleveland 飞行推进实验室的高空风洞,对采用射流预冷的轴流涡喷发动机的推力增强效果进行了评估。射流工质为纯水,风洞模拟的来流条件为飞行马赫数 $Ma = 0.265$,气压高度 $H = 5\ 000\ \text{ft}$① 及 20 000 ft(约 1.5 km 及 6 km),来流温度约 520°R②(约 16℃);测试中涡轮出口温度保持为 1 680°R(约 660℃),射流工质在压气机入口喷入。测试结果表明,同对应的干态推力(无射流)相比,在 $H = 1.5\ \text{km}$、射流水-空气流量比 0.040 7 及 $H = 6\ \text{km}$、流量比 0.053 5 条件下,发动机推力分别增加了仅 12% 和 15%,而对应的液体工质的比消耗率(水+燃料)却分别增加了近 220% 和 280%,因此研究者认为射流预冷方式实际上仅能获得有限的推力增强效果。

依托 Cleveland 飞行推进实验室的设备,Jones 等[2]对推力约 1 600 lb③(约 726 kg)的军用离心涡喷发动机在地面不同转速、不同尾喷管出口尺寸运行状态下以水、水+酒精、干冰及航煤(燃料)为射流工质时的发动机推力增强效果分别进行了测试。测试结果表明,在发动机额定工况下,纯水在 2 lb/s 的射流流量下可使具有可

① 1 ft = 3.048×10⁻¹ m。

② $t°R = \left(\dfrac{5}{9}t - 273.15\right)℃$。

③ 1 lb = 0.453 592 kg。

调尾喷管发动机的推力增加约 35.8%，而 1.6 lb/s 水+0.4 lb/s 酒精的射流预冷方案可使可调尾喷管发动机的额定推力增加约 40%。对于射流工质为燃料的方案，测试中喷入压气机入口的燃料约占发动机总燃料流量的 30%，结果表明这一方案几乎没有产生预期的推力增强效果。对于射流工质为纯干冰的方案（干冰以雪花状方式喷射进进气道内），当射流流量为 4.5 lb/s 时，推力的增幅约为 23.5%，而对于 3.5 lb/s 干冰+水+酒精的射流预冷方案，测试显示推力增幅约为 36%，这其中约有 16% 的推力增幅来自喷射的干冰。

Ellisman[3] 对射流工质为水+酒精的离心涡喷发动机推力增强效果分别在海平面、5 000 ft 及 10 000 ft 三个高度进行了飞行试验，用以确定最佳的射流工质混合比和喷射流量以最大化推力增强效果。飞行测试平台为图 2.1 所示的双发涡喷动力飞机，左侧发动机为被测对象，射流工质由压气机入口进行喷射，喷射装置的安装位置如图 2.2 所示。飞行测试结果表明，在 10 000 ft 飞行高度，按质量分数混合有 20% 酒精的射流工质混合物以 1.45 lb/s 流量喷射时，发动机可获得最大的推力增强效果，对应的最大推力增幅约为 21%，此时喷射工质同空气的流量比约为 0.05。在 10 000 ft 飞行高度之下，最佳的喷射工质混合物同空气的流量比约为 0.04；同时，计算表明 0.04 的射流工质-空气流量比可使飞机的起飞距离缩短 15%。

**图 2.1　推力增强飞行测试的双涡喷飞机**[3]

Jones 等[4] 对海平面额定推力为 4 000 lb 量级的离心涡轮发动机的射流预冷推力增强性能进行了试验测试。测试在地面零来流速度条件下进行，发动机保持最大物理转速，尾喷管几何不可调，射流工质为水、酒精或水+酒精混合物，喷射位置为进气道入口，大气温度为 505～530°R。测试表明在 4.5 lb/s 水+2.0 lb/s 酒精的喷射条件下，发动机可获得最大的推力增强效果。

**图 2.2　测试发动机水-酒精喷射环**[3]

为了确定最佳的雾化及射流布置方案,Baron 等对进气道工质喷射方案进行了试验分析[5]。测试在两台 TG - 180 涡喷发动机上展开,每台发动机配有 11 级轴流压气机及可调尾喷管,试验中发动机保持额定转速,并通过调节尾喷管面积使涡轮入口温度保持为所允许的最大值。射流工质为自来水与甲醇/乙醇溶液的混合物,其中甲醇/乙醇溶液为 50%甲醇+50%乙醇(按体积)混合而成。试验中共测试了 3 种不同的射流喷嘴安装方案,如图 2.3 所示。在方案 A 中,喷嘴安装在发动机进气道整流罩中;方案 B 中喷嘴安装在发动机轴套整流罩上;方案 C 中喷嘴安装在进气道入口平面上的环形歧管上。

(a) 喷嘴安装在木质进气道整流罩中　　　(b) 喷嘴安装在木质整流罩内的轴套整流罩上

(c) 喷嘴安装在木质进气道整流罩入口处

**图 2.3　射流预冷不同工质喷射方案[5]**

测试结果表明[5],发动机推力增强效果受到压气机中工质离心力而引起的离心分离作用的限制;同时发现发动机入口空气温度的小幅度降低会引起推力增强效果的大幅度下降,受此影响,虽然试验中准备了如图 2.3 所示的不同喷嘴布置方案,但是由于测试中大气温度未能保持不变,所以从测试结果中难以区分不同喷射方案自身带来的推力增强效果。

NACA 刘易斯飞行推进实验室(Lewis Flight Propulsion Laboratory)的 Beede 等[6]就射流预冷(纯水)对压气机性能的影响进行了试验研究。测试基于 J33 涡喷发动机展开,试验对象为编号 A-21 和 A-23 的模块化压气机,具有改变压气机安装叶片数目的能力,其叶片数目可以调整为 17 片或 34 片。测试入口来流条件为:14 in①水银柱绝对压力,温度为环境温度;两个压气机模块的测试转速保持为设计点的等效转速;水-空气质量比为 0.05~0.06。测试结果如表 2.1 所示,表明:① 对于具有 34 片叶片的压气机模块,射流预冷使得压气机的最大压比增加了 38%,而对于 17 片安装叶片的压气机,最大压比仅增加了 14%;② 射流导致压气机最大效率降低了 12%~14%;③ 射流使得发动机空气流量增加了 3.4%~6.7%;④ 对 A-21 和 A-23 压气机,射流预冷导致压气机比功分别增加了 3%~4%及 1%~2%。

表 2.1　喷水对压气机性能的影响[6]

| 压气机 | | 最大压力增量/% | 最大效率减小/% | 总流量增量 | | 总流量增量（喘振点） | | 最大空气流量增量 | |
|---|---|---|---|---|---|---|---|---|---|
| | | | | lb/s | % | lb/s | % | lb/s | % |
| A-21 | | 38.0 | 12.0 | 10.9 | 13.0 | 8.1 | 10.1 | 5.7 | 6.7 |
| A-23 | 17 叶片 | 14.0 | 14.0 | 10.8 | 12.2 | 13.7 | 16.9 | 5.8 | 6.5 |
| | 34 叶片 | 37.0 | 13.0 | 7.9 | 8.7 | 7.2 | 8.8 | 3.2 | 3.4 |

Jones 等[2,4]及 Ellisman 等[3]的试验结果显示,对于离心压气机涡轮发动机,简单采用压气机进口喷射工质的射流预冷方案即可获得较为满意的推力增强效果。这是由于射流液滴在离心压气机中在离心力作用下的运动方向同气流的流动方向是一致的,因而射流液滴可以持续地蒸发吸热,进而充分发挥了射流预冷降低压气机中气流整体温度的作用。而对于轴流压气机,射流液滴在离心力作用下趋向于向压气机外周移动,因此与气流的轴向流动方向并不一致,这将影响气流的持续蒸发效果,因此,受离心分离作用的限制,轴流涡喷发动机采用压气机入口喷射方式时,射流工质的喷射率一般较低,因而获得的推力增强效果也较为有限[5]。

针对轴流式发动机从压气机入口喷射射流工质方案存在的不足,Chelko 等[7]通过试验测试了压气机级间喷射方案的射流预冷推力增强效果。测试依托 J35 轴

---

① 　1 in = 2.54 cm。

流发动机展开。喷射系统所用喷嘴为图 2.4(c)所示的收缩喷嘴,长径比 0.5,收缩部分锥角 60°;测试中用到的喷嘴喉径为 0.025、0.036 及 0.045 in,通过对不同喉径喷嘴的组合可以使喷射系统拥有预期的流量及压降特性。试验测试了 3 种不同的级间喷射方案,其中方案 1 采用了 60 个喷嘴均匀排布在压气机第 3、6 及 9 级叶栅之间,如图 2.4(c)所示;方案 2 为方案 1 的简配版,喷嘴降低为 30 个;方案 3 为单级喷射方式,采用 20 个喷嘴均布在压气机第 6 级叶栅之间,如图 2.4(b)所示。除级间喷射外,压气机入口处也布置了 34 个环形排列的喷嘴,如图 2.4(a)所示。射流工质为水与酒精混合物。

(a) 发动机入口射流喷嘴安装方式　　(b) 单排喷射方案喷嘴沿发动机布置方式

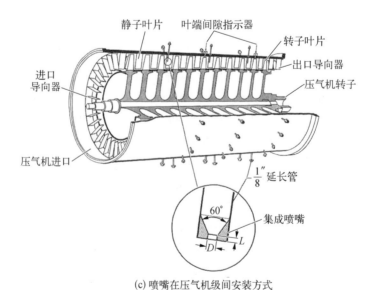

(c) 喷嘴在压气机级间安装方式

**图 2.4　级间射流预冷方案喷嘴布置方案**[7]

试验首先测试了级间喷嘴对发动机推力的影响[7],结果表明单级级间喷射方案(方案3)对发动机干态推力没有影响,而三级喷射方案发动机干态推力降低了约1.5%.在射流增推状态下,方案3在6.5 lb/s的射流流量下获得了20%的推力增强,据此,Chelko等[7]认为由于方案3具有不影响发动机干态推力的优势,因此没有必要采用诸如从压气机静子叶片喷射等较为复杂的射流方案。

Lundin[8]及Hall等[9]对包括射流预冷在内的各种涡轮喷气发动机推力增强方案进行了理论分析,阐明了射流预冷增强发动机推力的机理。Lundin[8]指出,射流预冷对发动机工作状态点的影响可通过图2.5所示的压气机特性图定性说明。喷射进入压气机内的液态工质的蒸发过程将会从周围气流中吸取热量,因此与无工质喷射的干压缩过程相比,有射流时流经压气机气流的温度整体上将低于干压缩过程的气流温度。当发动机工作于固定的物理转速 $N$ 时,此时发动机换算转速 $N/\sqrt{\theta}$ 将增加。如图2.5所示,换算转速的增加导致流经压气机的空气流量增加,为了使增加的流量通过涡轮喷嘴环,涡轮的入口压力必须同步增加,此时,压气机-涡轮的共同工作点只能在更高的压气机压比条件下取得。综合以上分析,由图2.5可知,射流预冷将导致发动机稳态工作点由1点移动至2点,最终,随着压比及空气流量的增加,喷管将有更大的膨胀比及总流量,这两者都带来了推力的增加。

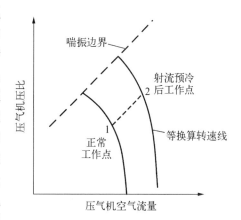

图2.5　射流预冷带来发动机状态的变化[8]

Hall等[9]分析了飞行高度、马赫数对射流预冷发动机射流工质(纯水)的消耗率及发动机推力增益比(射流预冷推力与干态推力的比值)的影响规律,指出随着飞行马赫数的增加,射流预冷带来的发动机推力增益比将极大地增加,而飞行高度的增加将导致射流预冷推力增益比的降低;增加压气机压比将增加发动机可获取的最大射流工质比(使压气机出口空气为饱和状态的水-空气流量比)及对应的发动机推力增益比。Hall等[9]进一步指出,同采用加力燃烧室的方案相比,射流预冷方案的推力增益比虽然较小,但是在安装及运行的简便性方面具有较大的优势。但是,为了维持涡轮入口温度为定值,采用射流预冷方案的发动机燃料消耗率也将极大地增加,通过运行点为飞行马赫数 $Ma=1.5$、高度 $H=35\,332$ ft的参考飞行器为例进行的评估表明,射流预冷方案显著地增加了飞行器的有用载荷,但是这是以牺牲飞行器的航程性能为代价的。

Trout[10]及Wilcox[11]分别给出了基于湿空气焓熵图及水蒸气-空气混合物物性图表,或基于空气焓湿图等辅助计算水工质射流预冷发动机理论推力增强性能的方法,并通过计算给出的图表揭示了飞行速度、高度、来流温度、来流相对湿度、压气机压比、进气道扩压器效率等因素对水工质射流预冷方案理论推力增幅的影响规律。Trout[10]的分析表明,海平面零速状态时的理论最大推力增加比为1.29,此时发动机消耗的工质流量(水+燃料)为干态时的5.01倍,比工质消耗率(产生单位推力所消耗的工质总流量)为干态时的3.88倍;当海平面飞行马赫数为1.5时,此时发动机的理论最大推力、总工质消耗量、比工质消耗率相对于干态发动机分别增大了2.07、10.66及5.15倍;而当飞行高度增加时,推力增加的比值也同样减小了,上述结果同Hall等的分析是一致的[9]。环境温度的增加将导致干态及射流预冷推力的同步减小,但是总体上,发动机推力增加比将增加。环境相对湿度的增加将导致射流推力及推力增加比的减小。Wilcox[11]基于焓湿图给出了计算发动机理论推力增强性能的一般方法,分析结果的定性趋势同Trout[10]、Hall等[9]完全一致。

Shillito等[12]通过试验分析了大气湿度及温度对射流预冷推力增强效果的影响。测试条件为海平面零速来流,射流工质为水或水+酒精,采用压气机入口喷射方案。压气机入口温度的改变通过将环境大气与收集自尾喷管出口的部分燃气喷流的混合来实现;入口湿度的改变通过向收集到的燃气中喷水来实现。测试结果表明,在给定的发动机转速和尾喷管出口温度下,以及在测试过程中压气机入口气流组分、入口温度及射流工质流量的整个变化范围内,发动机推力和总空气流量仅仅是压气机压比的函数。压气机压比,以及对应的发动机推力增强效果随着射流工质喷射流量的增加而增大,而在给定的射流工质喷射流量下则随着压气机入口温度的增加而减小。然而,随着射流工质流量的增加,压气机入口温度对压气机压比及发动机推力增强影响的总体效果持续减小。在给定的燃料流量及射流工质喷射总流量下,发动机推力增强比则随着压气机入口温度的增加而增大,即在较高的入口总温下,射流预冷的推力增强效果更为明显。在给定的压气机入口温度及射流工质喷射流量下,发动机推力随着空气湿度的增加而减小,并且这一趋势随着射流工质喷射流量的增大而更加显著。

Useller等[13]对射流预冷联合加力燃烧方案的推力增强效果进行了试验评估。测试在海平面零速条件下进行,对象为一台推力4 000 lb(约1 814.4 kg)量级的轴流涡喷发动机,射流工质为水+酒精的混合物,喷射流量范围为2~5 lb/s(约0.91~2.27 kg/s),加力燃烧室油气比变化范围为0.017~恰当比。测试中获得的最大推力增益比为1.7,此时工质喷射流量为2 lb/s且加力燃烧室油气比接近于恰当比。测试表明,加力燃烧室温度及燃烧效率随射流工质流量的增加而降低,因此受燃烧效率和燃烧不稳定的限制,继续增加射流工质流量(>2 lb/s)并不能持续增加推力增益比。

基于所发展的水-空气混合物焓熵图、湿空气焓湿图及湿空气物性计算图表,Wilcox等[14]进一步完善了射流预冷压缩过程的理论计算方法。Wilcox等指出,射流工质流动蒸发过程导致压气机效率的降低以及射流工质在压气机内流动过程中并不能充分蒸发,这是导致射流预冷压缩过程偏离理想过程的两个主要因素。对于采用离心压气机的涡轮喷气发动机,当压气机各截面保持为饱和空气状态时,计算预测的射流预冷推力增益比同实验数据吻合得很好;采用轴流压气机的发动机,射流液滴流动中受到压气机的离心分离作用而降低了蒸发冷却作用,最终,这将大大降低射流预冷的有效性及发动机推力增益比。因此,Wilcox 等建议,为了避免轴流压气机流动过程对射流液滴的离心分离作用,应当在压气机多个截面处进行多点喷射,即级间喷射。对于采用级间喷射的轴流发动机,实验测试显示,发动机可获得的推力增强比介于使得压气机入口为饱和状态和使得压气机各截面为饱和状态时发动机推力增强比值之间[14]。

Hensley[15] 对基于射流预冷方案的轴流压气机涡喷发动机在压气机压比为 4、8 及 16 时的理论推力增强效果进行了评估。分析中假设压气机各个截面上空气均为湿饱和状态,涡轮喷嘴环处于壅塞状态,并考虑了工质喷射对压气机效率带来的不利影响。结果表明,即使射流预冷使得压气机效率有较为明显的降低,以流经涡轮的燃气流量计算的压气机比功依然比干态时对应的压气机比功小,因此发动机输出功显然比干态时更大。

Auble 等[16] 指出,采用纯水或水+酒精等这一类水基射流预冷工质的发动机仅当环境温度较高,或者低空飞行时才能取得较高的射流预冷推力增强效果。当环境温度很低或者高空飞行时,为增加射流预冷推力增强效果,需要采用在低温下能更加有效蒸发的工质。为此,Harp 等[17] 指出无水氨(液氨)具有较大的汽化潜热及较低的沸点(-33.5℃),如表 2.2 所示,在低温条件下应当具有更好的射流预冷及推力增强效果。同时,液氨也是一种燃料,因此喷射液氨还可以避免水基工质引起的加力燃烧室燃烧不稳定、燃烧效率降低等负面影响[17]。

表 2.2　工质物性参数[17]

| 射 流 工 质 | 汽化潜热/(MJ/kg) | 沸点(标准大气压)/℃ |
| --- | --- | --- |
| 水 | 2.51 | 100.0 |
| 过氧化氢 | 1.37 | 152.2 |
| 液 氨 | 1.30 | -33.5 |
| 氯甲烷 | 0.42 | -78.3 |
| 液化空气 | 0.22 | -195.6 |

为了验证无水氨的射流预冷推力增强效果,Harp 等[17] 及 Useller 等[18] 在发动机高空试验台上针对一台轴流涡喷发动机展开了测试工作。高空试验台模拟的飞行条件为:飞行高度 $H = 35\ 000$ ft,飞行马赫数 $Ma = 1$,来流温度测试范围为 13 ~

150℉[①];测试中液氨由图2.6所示的氨气挤压式供给系统供给,液氨由图2.7所示的装置喷入发动机,其由20支轴向排列的悬臂管道组成,每个悬臂上开有16个直径0.021 in的小孔用以液氨的喷射及雾化。喷射装置安装于进气道内距离压气机入口68 in处,测试中的射流雾化效果如图2.8所示,液氨-空气流量比值的变化范围为0~0.05。

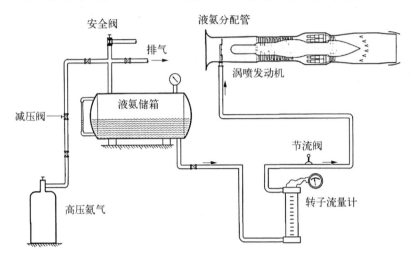

图 2.6　测试台上的液氨供给系统[18]

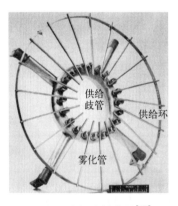

图 2.7　液氨喷射装置[18]

图 2.8　测试中的液氨射流[18]

Harp等[17]的测试结果表明,在较高的飞行高度或较低的大气温度下,采用液氨为射流工质的发动机,其产生的推力增强效果是同等飞行条件下水基工质发动机的3~4倍。Useller等[18]的测试结果表明,在加力燃烧室当量比为0.7~0.9时,随着液氨喷射流量的增加,加力燃烧室的燃烧效率将显著降低,这是由于此时加力

---

① $t℉ = \dfrac{5}{9}(t-32)℃$。

燃烧室温度较低,不足以将氨全部分解。随着喷射流量的增加,燃气中氨气含量将逐渐上升,如图 2.9 所示,过高的氨含量将降低燃烧过程的化学反应速率,对燃烧效率产生不利影响。加力燃烧室当量比为 1 左右时,液氨的喷射流量变化对燃烧效率几乎没有影响,这是由于此时燃烧室温度足以将氨全部分解。

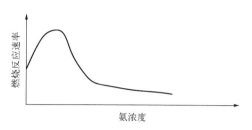

**图 2.9　氨含量对燃烧反应速率的影响**[18]

图 2.10 为 Useller 等[18]测试得到的以熄火极限表示的加力燃烧室稳定工作边界。总体上,图 2.10 表明随着液氨喷射流量的增加,加力燃烧室的稳定工作边界将越来越小。当燃烧室当量比为 1 时,此时液氨的喷射量可在较大的流量范围内变化,而当液氨喷射量大于氨-空气质量比 0.05 时,此时加力燃烧室将始终不能组织起有效的燃烧。

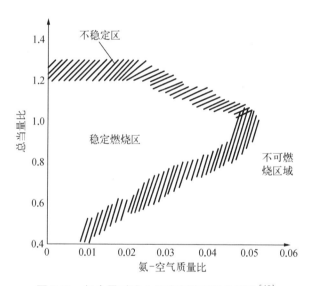

**图 2.10　氨含量对建立燃烧室稳定性的影响**[18]

Fenn 等[19]对射流预冷联合加力燃烧的推力增强方案的理论及实验研究结果进行了总结回顾,指出对于射流预冷发动机,为了得到最优的推力增强效果,需要对如下几个方面的因素进行仔细地考虑。

(1) 推力增强效果的理论预测及各种影响因素下的定性变化趋势。

(2) 射流工质的喷射方式:压气机前、级间(单级、多级)喷射等。

(3) 射流工质的选择:汽化潜热、沸点、熄火极限。

(4) 环境大气条件:温度、湿度、飞行高度。

（5）对压气机效率的影响。

（6）对加力燃烧室性能的影响。

Beke[20]指出,射流预冷方案除了具有推力增强效果外,其具有的改变压气机通流能力的特性,也可以用来改善高马赫数飞行时超声速进气道与压气机流量的匹配特性。对于进气道几何固定的高速飞行器,如图 2.11 所示,超声速飞行时由于进气道的捕获进气量总是大于发动机所需,因而过量的空气由于不能进入发动机而产生溢流,这会产生很大的溢流阻力[20]。虽然几何可调进气道可以改善进气道与压气机的流量匹配特性,但是由于要引入诸如可调压缩面、中心锥等移动部件及操纵机构,因此不可避免将带来飞行器结构上的复杂性。为此,Beke[20]对通过喷水射流实现发动机与固定几何进气道间流量的匹配以及增大发动机推力的有效性进行了分析,如图 2.12 所示,结果表明在所分析的马赫数范围内($Ma=1.5\sim2$),通过喷水射流可以实现发动机与进气道的无溢流匹配,并且射流发动机的推力比具有完全可调进气道的发动机推力大 17%～56%;然而,由于射流需要消耗额外的工质,因此,同涡扇发动机相比,射流发动机的推进剂比冲(燃料+水)较低,和通常的固定几何涡喷发动机相当。

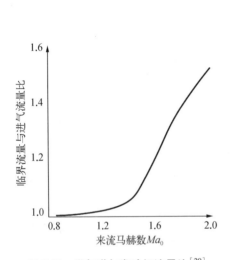

图 2.11　进气道与发动机流量比[20]

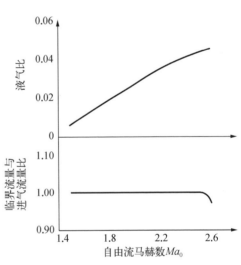

图 2.12　喷水实现进气道与发动机流量匹配[20]

## 2.3　基于射流预冷发动机的典型应用

与第一个发展阶段主要以掌握射流预冷技术为特征不同,后期的射流预冷发动机的发展过程中,以具体的应用需求为牵引的特征更加明显。按照不同时期射流预冷发动机的典型应用场景,这一时期的发展可以分为三个阶段。

第一阶段,1971~1975 年,美国实施了 Peace Jack 计划,其中为了发展 RF‒4X 照相侦察机,美国通用电气公司(General Electric Company, GE 公司)利用射流预冷技术,对 J79 发动机进行了改造,并开展了相关的试验[21]。射流预冷 J79 发动机巡航马赫数可达 2.7,最大马赫数达到 3.2[22]。据文献[23]报道,在这一计划中,GE 公司采用水为射流工质,所用发动机为 J79‒17,并对所需的射流喷注系统及实验设备进行了分析,并详细描述了 Peace Jack 喷注系统在 RF‒4X 上的安装情况。由于这一计划涉及相关的军事应用背景,相关的公开文献很少。

第二阶段,1992~1993 年。由于航天飞机并没有实现预想中的降低发射成本的目标,寻找航天飞机的替代方案引起了人们的兴趣,为此,美国国家航空航天局(National Aeronautics and Space Administration, NASA)的刘易斯研究中心开展了可完全重复使用的两级入轨飞行器(Beta Ⅱ)的研究工作[23, 24]。Beta Ⅱ 第一级飞行器采用并联 TBCC 发动机为动力,其中涡轮基为带有旁路的单轴涡喷发动机(turbo bypass engine),将从起飞持续工作到 $Ma=3$ 或 $Ma=3.5$,采用氢燃料的冲压发动机从 $Ma=1$ 开始工作,直到第二级飞行器分离[24]。

第三阶段:2001~2005 年。其中在 2001~2002 年,美国国防部高级研究计划局(Defense Advanced Research Projects Agency, DARPA)分别启动了小企业激励研究(Small Business Innovative Research, SBIR)及经济可负担的小型载荷快速响应发射(Responsive Access Small Cargo Affordable Launch, RASCAL)计划[21],旨在发展一款廉价的快速反应发射系统。这些计划的最大特点是发射系统的载机将使用经射流预冷(MIPCC)技术增强性能的涡喷发动机(如 F100‒PW‒200),这重新引起了人们对射流预冷发动机的兴趣[25, 26]。

与射流预冷发动机早期的研究多集中在通过射流预冷来增强涡轮喷气发动机推力方面不同,美国 Garrett 公司[27]以水+甲醇为射流工质测试了射流预冷对涡轮螺旋桨发动机输出功率的增强作用,测试对象为 T76 涡桨发动机。Ardans 等[27]指出,虽然测试中积累了大量的经验数据,但是为了充分理解测试所包含的物理过程,预测试验中未充分考虑的诸如环境压力、飞行速度或大气相对湿度变化等的影响,分析诸如在燃烧室中喷射工质等方案的性能,或者预测与当前的测试发动机循环参数及发动机构型显著不同的新发动机的性能等,有必要发展相应的理论分析和计算方法以关联积累的测试数据。为此,Ardans 等[27]发展了考虑射流工质影响的湿空气物性修正计算方法,以此为基础构建了射流预冷涡桨发动机理论性能分析方法,其中,压气机的射流预冷压缩过程被分成诸多个微元压缩过程来近似,每个微元压缩过程前认为射流工质已经充分蒸发。空气中水和甲醇的饱和状态根据 Dalton 分压定理、水及甲醇的饱和温度-压力关系计算得到。

Seegers 等[28]以水+酒精为工质测试了射流预冷方案对 TJ‑90 涡喷发动的推力增强效果,这一发动机据悉作为光纤制导导弹(fiber optic guided missile, FOG‑M)的动力。由于 FOG‑M 在起飞阶段需要极大的推力以迅速进入战斗状态,而在后续飞行中通常进入小推力状态以增加导弹的滞空时间和任务灵活性[28]。为了满足导弹在不同阶段对推力极大的差异性需求,通常在起飞阶段需要使用固体火箭助推器以降低对涡喷发动机起飞推力的要求,这不可避免地增加了系统的体积和重量。采用射流预冷方案则可以用单一的动力方案满足导弹在起飞及“巡航”阶段对推力量级的差异需求,并且实现推力大小的调节及发动机的开关机。测试结果表明[28],采用射流预冷方案可获得的最大推力增加比为 1.57,而直接向燃烧室中喷射水和酒精倾向于降低发动机推力,分析表明这是由于酒精的燃烧释热并不足以补偿水蒸发过程的吸热。同时,理论分析显示在射流预冷条件下加力燃烧室温度应该达到 3 200℉(约 1 760℃),而实际运行中燃烧室并未达到这一温度,因此燃烧过程中的化学动力学因素还需要进一步分析。

针对两级入轨及远超当前发动机加速度和速度水平的军事应用等场景对

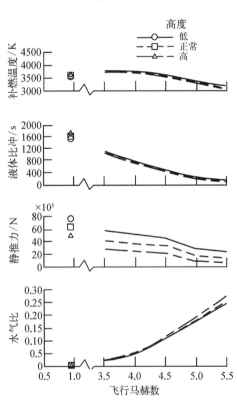

图 2.13 喷水对涡喷发动机性能及运行包线的影响[23]

动力的需求,Henneberry 等[23]以水及液氧为预冷工质,对涡喷发动机及混合排气的涡轮风扇发动机射流预冷推力增强性能以及飞行速域扩展能力进行了分析。工质喷射量由压气机入口或出口温度限制确定。分析结果表明,单独喷水时,当喷水量与空气流量比达到 17%或 18%时,此时可使涡喷发动机或涡扇发动机的飞行包线分别扩展 1.0 或 0.5 个马赫数,而对应的发动机比冲为 390~470 s,同高性能火箭处于同一量级。当飞行马赫数分别达到预定的最大值(涡喷 $Ma=5.5$,涡扇 $Ma=4.5$)时,此时所需的水‑空气流量比为 24%~26%,而对应的发动机比冲分别为 287 s 及 343 s,其性能水平已经低于一些高性能火箭发动机。因此,如图 2.13、图 2.14 结果所示,持续增加喷水量可以使发动机飞行包线进一步扩展,但是这是以大幅度牺牲发动机比冲性能为代价的。

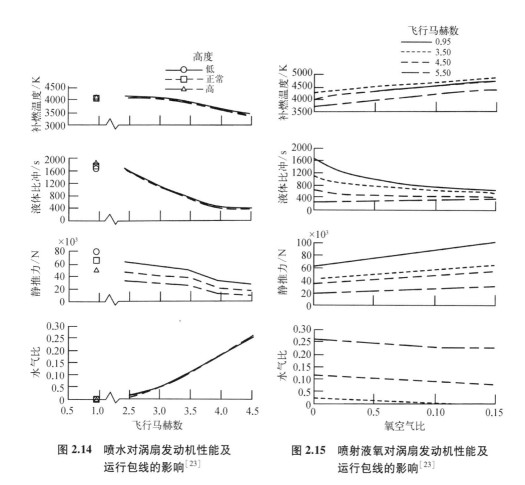

**图 2.14** 喷水对涡扇发动机性能及
运行包线的影响[23]

**图 2.15** 喷射液氧对涡扇发动机性能及
运行包线的影响[23]

　　喷射液氧对涡喷发动机性能的影响如图 2.15 所示[23]。液氧作为氧化剂,不仅可以提供射流预冷所需的汽化潜热,还可以同额外的燃料燃烧而增加发动机能量输入,因此,如图 2.15(b)所示,在较高的液氧-空气流量比时,液氧喷射量的继续增加并不会导致发动机比冲大幅度持续降低,特别是对于飞行马赫数较高的情况。

　　针对 Beta‐Ⅱ两级入轨方案所采用的低技术风险旁路涡轮发动机(图 2.16),Snyder 等[24]讨论了包括射流预冷方案在内的若干种推力增强方法。同燃烧室或加力燃烧室喷水方案相比,在跨声速运行区间,采用压气机前喷水的射流预冷方案在相同喷水量下可获得更大的推力增强效果,同时对发动机比冲(或耗油率)的影响最小[24]。在高马赫数运行区间,当不采用射流预冷方案时,涡轮发动机的转速需要从 Ma=2 开始逐渐降低,并在 Ma=3 时完全关闭。当采用射流预冷方案后,分析表明在发动机实际运行马赫数为 2.4～3.5 时,射流预冷方案仅需很少的工质消

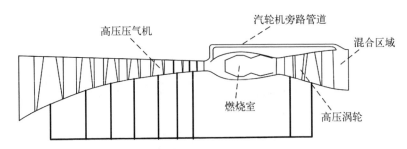

图 2.16 旁路涡轮喷气发动机[24]

耗量即可将发动机的名义运行马赫数维持在 $Ma=2.4$[24]。

针对单级入轨应用需求,Bossard 等[29]提出了一种"transition engine"概念的发动机,如图 2.17 所示,并对发动机性能进行了计算分析。Bossard[29]指出,"transition engine"实际上是一台带有射流预冷功能的空气涡轮火箭发动机(air-turbo-rocket engine),射流工质为氧化剂,并且当射流工质同流经发动机流体总流量占比从 0 变化至 100%时,发动机能从非预冷空气涡轮火箭模态连续转换至射流预冷空气涡轮火箭模态,并直至纯火箭模态。这一特征使得发动机能利用射流预冷方案对空气进行充分的冷却,进而实现由吸气式模态向火箭模态的连续转换,并且能在较大的飞行区间内充分利用空气中的氧化剂,进而实现单级入轨飞行器载荷能力的提升[29]。

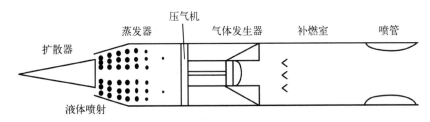

图 2.17 "transition engine"概念发动机原理性示意图[29]

为了满足 DARPA 提出的 RASCAL 计划对动力系统的需求[30],MSE 公司(MSE Technology Applications, Inc.)的 Balepin 等[31]提出了 SteamJet 发动机概念用以构建面向高超声速飞行的低成本、低技术风险推进系统,发动机构型如图 2.18 所示,其主要特征在压气机上游配置了用于对来流进行冷却的水-空气换热器及蒸汽喷射系统,而发动机核心机则为常规碳氢燃料涡喷发动机。Balepin 等[31]指出,SteamJet 基于成熟的涡轮发动机技术,采用射流预冷方案使发动机的最大运行马赫数可达到 6+而无须对发动机进行重大的设计修改,因此可以满足综合高性能涡轮发动机技术(The Integrated High Performance Turbine Engine Technology, IHPTET)计划 Phase-Ⅲ阶段使发动机推力/流量增加 1 倍、成本降低 60%的发展目标。

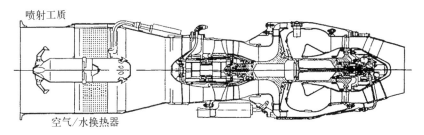

喷射工质

空气/水换热器

**图 2.18 SteamJet 发动机构型**[31]

图 2.19、图 2.20 为 Balepin 等[31]评估给出的基于射流预冷方案的 SteamJet 发动机及传统涡喷发动机推力及比冲性能,可见由于压气机出口温度的限制,当飞行马赫数大于 3 之后,涡喷发动机推力与比冲都开始降低,而 SteamJet 发动机推力直到 $Ma \geq 5$ 后才开始减小。由于射流预冷需要消耗额外冷却工质,因此 SteamJet 发动机 $Ma > 3$ 之后比冲小于涡喷发动机。实际上,现有的涡喷发动机在 $Ma \geq 3$ 之后基本上不能提供飞行所需的推力,而此时 SteamJet 依然具备持续工作的能力,这是其相对于非预冷涡喷发动机的最主要特征。

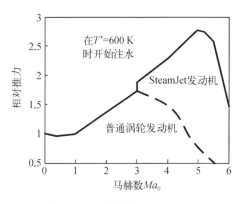

**图 2.19 射流预冷对 SteamJet 推力的影响**[31]

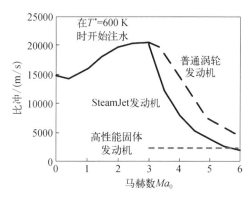

**图 2.20 射流预冷对 SteamJet 比冲的影响**[31]

Balepin 等[31]指出,SteamJet 增加发动机推力的机理,除了很多研究者已经提出的诸如射流工质蒸发冷却降低了压气机入口温度进而增加了空气流量、提高了压比等因素外,另一个重要因素是射流工质引起的吸气式发动机的“火箭化”效果,即随着飞行马赫数的增加,射流工质的喷射量也需要同步增加以维持压气机出口温度在合理的范围内,因而在此过程中流经发动机的总流量中射流工质所占比例越来越高。由于射流工质全部来自机载,因此类似于火箭发动机,其对推力的贡献不需要抵消随飞行速度增加而逐渐增大的来流动量项,最终如图 2.19 所示,当通过射流预冷维持压气机入口总温为 $T^* = 600$ K 时,在 $Ma = 3 \sim 5$ 范围内,相对于无射流预冷的基准发动机,SteamJet 发动机推力不仅远远高于前者,而且随飞行速度的增加依然保持推力增加的趋势,这与纯吸气式发动机推力变化趋势截然不同。

当飞行马赫数超过 5.0 以后,Balepin 等[31]进一步指出,此时为维持压气机入口不超温而需要的射流工质(纯水)喷射流量大幅度增加,如图 2.19 所示,这将引起发动机燃烧室及加力燃烧室温度的显著降低,因此发动机推力将随飞行速度的进一步增加而开始减小。因此,Preston 等[32]指出,单纯从射流预冷效果角度评价,水无疑是最好的射流预冷工质。然而,在高马赫数时,大量喷水导致燃烧室内出现"淬灭"现象,这对发动机性能是不利的,如图 2.19 所示。因此,为防止高马赫数运行时大量喷水给发动机燃烧性能带来的不利影响,Preston 等[32]指出此时附加喷射氧化剂除了能同样起到对来流的冷却及质量添加增推效果外,还能维持燃烧室工作过程的稳定。

图 2.21 为 Preston 等[32]评估给出的分别以射流工质相对喷射流量、进气道相对于压气机入口的捕获面积、发动机比冲及压气机入口气流总温为参变量时不同氧化剂/水喷射比例下 SteamJet 发动机的推力性能,评估条件为:$Ma = 4.0$;$H = 88\,000$ ft;来流总温 $T^* = 851$ K;对应的发动机干态推力为海平面推力的 35.2%。由图 2.21 可知,在给定的评估点,发动机最大比冲对应的氧化剂喷射比例为总射流工质(氧化剂+水)的 $1/3 \sim 1/2$,此时发动机比冲性能与氢氧火箭发动机处于同一水平;同时,随着喷射工质中水的比例增加,压气机入口气流总温持续降低,这表明了单纯从预冷的角度水作为射流工质的优势;在纯氧化剂直至纯水喷射的范围内,所需的进气道捕获面积均在合理的范围内,而且由于水具有优异的冷却能力,因此当射流工质中水的比例增加时,流经发动机核心机的空气流路将增加,此时所需的进气道捕获面积也需同步增大。

过量的氧化剂喷射将带来发动机高温部件的氧化腐蚀问题,进而影响发动机运行安全,因此,Preston 等[32]指出应该尽可能保持射流预冷发动机燃气中氧化剂的体积比不超过 23.15%,即发动机设计之初所考虑的气体组分中氧化剂含量的上限值。据此,SteamJet 发动机采取了"有限氧化剂喷射"的射流预冷方案,即当单独喷水不引起加力燃烧室燃气温度降低至某个设定值时,此时仅采用单独喷水方案,而当燃气温度低于设定值时,此时采用水和氧化剂共同喷射的方案,对应的氧化剂喷射占比由加力燃烧室温度值确定,例如可以设定喷射比例进而使燃气温度始终保持在设计点附近。Preston 等[32]指出,这一喷射方案可以避免加力燃烧室的"淬灭"现象、发动机部件的氧化腐蚀及加力燃烧室的过热问题而不用对发动机进行重新设计或更换制造材料。

考虑到高马赫数时 SteamJet 对喷射氧化剂的需求,Preston 等[32]对 LOX、LAir、$N_2O_4$、$N_2O_4$、$H_2O_2$、$N_2O$ 等氧化剂同水的组合进行了评估,并依据不同氧化剂的性

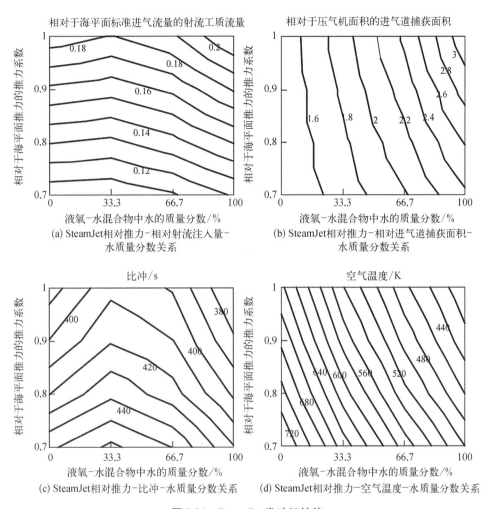

图 2.21 SteamJet 发动机性能

质探讨了在发动机中的喷射位置,如图 2.22 所示。由于 $H_2O_2$ 和 $N_2O$ 的分解是放热反应,因此 $H_2O_2$ 和 $N_2O$ 只能从燃烧室进行喷射。Preston 等[32]指出,从物理性质角度,$N_2O$ 是一种较好的选择,因为可以采用非常简单的系统即可完成喷射工质的供应,然而从氧化能力和发动机性能角度,$N_2O$ 并没有优势。液氧 LOX 由于可以从压气机入口处喷射,因而可以提供部分射流预冷能力,但是 LOX 需要一套相对复杂的低温供给系统,这将增加射流预冷发动机的开发及运行成本并降低整个发射系统的快速反应能力。相对于 LOX,液化空气 LAir 在某些应用场景下具有优势,但是将增加射流工质的消耗量。

文献[33]从 RASCAL 计划任务剖面的角度对 SteamJet 的性能进行了评估。基于射流预冷的"隔离"作用,压气机入口感受到的实际气流参数可被控制在原始发动

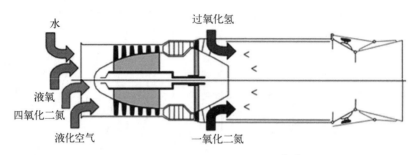

图 2.22 不同氧化剂的喷射位置[32]

机的设计点附近,因而 SteamJet 发动机核心机的运行点总是处于原始发动机的运行包线内。图 2.23 给出了以来流总温及总压表示的 SteamJet 实际运行轨迹,以及对应的干态发动机的名义运行轨迹,可知由于射流预冷的冷却作用,核心机感受到的名义最大运行速度及飞行高度仅仅约为实际飞行速度和高度的 1/2。图 2.24 给出了飞行任务剖面上的工质喷射方案,Preston 等[32]指出此时水的喷射量由风扇入口湿空气的饱和条件决定的,而液氧的喷射量则用以维持气流中氧含量在 20.9% 左右。

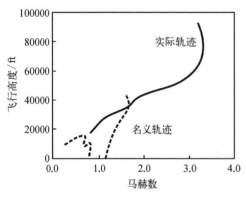

图 2.23 射流预冷技术对发动机实际
运行包线的扩展[33]

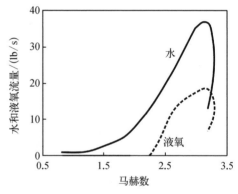

图 2.24 SteamJet 在飞行任务剖面
上的工质喷射方案[33]

图 2.25 给出了飞行器最优飞行轨迹上发动机安装推力相对于海平面推力的比值,Preston 等[32]指出在轨迹上的每个点发动机都实现了对应运行条件下的最大推力。在 $Ma = 2.7$ 时,此时飞行器运行至快速爬升阶段,而对应的发动机安装推力也达到了最大值,约为海平面推力的 170%,此后推力随着飞行高度的增加而迅速降低。图 2.26 给出了对应的发动机比冲变化,可见随着射流工质的开始喷射,发动机比冲也随飞行速度的增加而迅速减小,并且当发动机运行至最大速度时,此时比冲下降到与高性能火箭发动机同一量级水平。

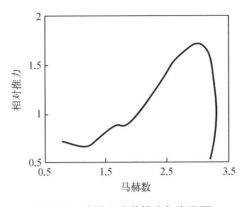

图 2.25　发动机安装推力与海平面
推力比值[33]

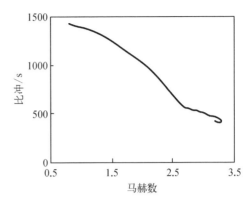

图 2.26　发动机比冲[33]

Preston 等[32]指出,在射流预冷发动机性能分析中通常假定喷射的水恰好使得风扇入口气流达到饱和状态,因此所喷射的水一般认为恰好完全蒸发。实际分析进一步表明,在可接受的喷射距离内水并不能完全蒸发,特别当飞行马赫数较低时,此时虽然水的喷射总量非常小,但是由于过低的来流总温,其中仅有少部分水可以完全蒸发。如图 2.27 所示,低马赫数时,仅有约 10% 的喷水在进入风扇前完全蒸发,而在整个飞行包线内,水进入风扇前的最大蒸发量约为 76%,剩余的水则直接进入风扇。图 2.28 表明射流喷水所占发动机空气流量的比例随飞行马赫数增大而增加,其最大值为 13%;同时,未蒸发的水占比最大不超过 4%。

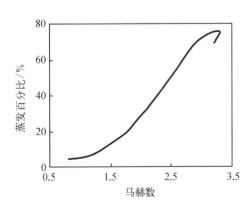

图 2.27　基准射流预冷发动机风扇前
水蒸发百分比[33]

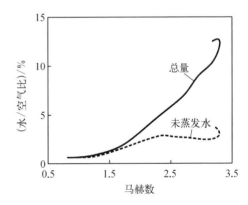

图 2.28　射流工质中的水/
空气流量比[33]

Preston 等[32]对未蒸发的水对射流预冷发动机推力的影响进行了进一步分析,其中随空气流入风扇的未蒸发水的含量依据图 2.27 给出。图 2.29 展示了风扇后水蒸发量在不同假设时对应的发动机推力损失情况,可见当风扇前未蒸发的水进入风扇后依然未蒸发,此时在射流预冷发动机运行范围内的最大推力损失可达20%,而如果假设进入风扇后的水随着压缩过程有50%完全蒸发,此时对应的最大推力损失降低至10%左右。显然,提高射流工质在气流中的蒸发量,这对于保证发动机推力性能至关重要。然而,如果假定风扇前的空气通过射流预冷已经处于饱和状态,并假设进入风扇的水全部蒸发,此时由图2.30可知,风扇后空气的相对湿度依然很低,这表明风扇后水的蒸发过程要比图2.29中的假设更为强烈。

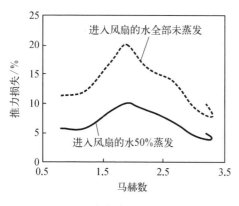

图2.29 未蒸发的水对发动机
推力的影响[33]

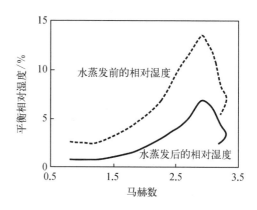

图2.30 风扇后空气相对湿度(假定
水全部蒸发)[33]

Preston 等[32]还指出,在大流量射流预冷工质喷射条件下,未蒸发的水将在压气机级间壳体壁面上蒸发,这将对压气机壳体起到冷却作用,进而减小转子叶栅和壳体凸缘之间的间隙。当前民航认证标准中规定发动机吞水流量为空气流量的3%,由图2.28可知射流预冷发动机喷水量显然远大于这一规定,因此早期的文献[34]已经指出,射流预冷发动机压气机顶端间隙应当在通常发动机间隙的基础上再增加叶高的1%;应当指出,叶端间隙的增加将降低压气机效率,文献[34]分析指出,此时将导致压气机效率降低1.5%。

如前所述,美国国防部高级研究计划局(DARPA)分别启动了 SBIR(Small Business Innovative Research)及 RASCAL(Responsive Access Small Cargo Affordable Launch)计划[21],据报道,前述的 MSE 公司的 SteamJet 发动机即针对 RASCAL 计划而发展的基于射流预冷的发动机方案[30]。RASCAL 计划对整个发射系统的载荷能力及预计发射费用要求为[21]:对于 500 km 高度的太阳同步轨道,最小载荷能力为 75 kg;对于任意低地球轨道,必须具备 1 250 km 太阳同步轨道以内具有不低于 50 kg 的载荷能力;每次发射总费用不超过 75 万美元。

　　RASCAL 发射系统由以射流预冷发动机为动力的第一级飞行器和两级火箭组成的第二级飞行器组成,其中第二级飞行器工作时其动压不允许超过 1 ppsf[①](约 0.048 kPa),这要求发射系统的两级飞行器分离点靠近大气外层,为此,RASCAL 发射系统采取了如下的飞行轨迹以保证达到上述分离条件[21]:整个发射系统加速到马赫数约为 0.7 时开始爬升机动,此时发动机开启射流预冷模式;在跨声速区域,此时整个系统通过降低飞行高度以辅助增加速度,进而快速越过跨声速大阻力区域,在飞行马赫数约为 1.15 时,整个发射系统开始沿 $q = 1\ 350$ ppsf(约 64.6 kPa)等动压线加速爬升;从 $Ma = 2.5$ 开始,发射系统继续加速至 $Ma = 3.25$,在此区间内飞行动压持续减小,其中 $Ma = 3$ 时飞行动压约为 $q = 1\ 000$ ppsf(约 47.9 kPa);从 $Ma = 3.25$ 开始,整个发射系统通过降低飞行速度以继续增加飞行高度,当飞行动压约为 $q = 100$ ppsf(约 4.8 kPa)时发动机关机,此时整个系统进入无动力的弹道式爬升阶段,飞行器通过将动能转化为势能继续增加飞行高度,并在飞行高度约为 20 0000 ft(约 61 km),$Ma = 1.3$ 时,第一级与第二级分离。

　　美国国家航空航天局德莱顿飞行研究中心(NASA Dryden Flight Research Center)进行了一项模拟研究以确定由人驾驶的第一级运载工具将第二级火箭投送到预计的大气外层发射条件的准确度,并检查发射偏差是如何通过第二级转移轨道进行传播的[35]。为此,研究人员将一个飞行员在回路中的实时高性能战斗机地面模拟器进行了改进,以开展大气层外快速爬升机动过程的模拟,并按 DARPA 的建议开发了参考用的快速爬升段机动方案,其包括水平加速段、拉起段及无动力弹道滑行段三个阶段,四位飞行研究员对这一参考轨迹进行了跟踪飞行直至分离点,并将飞行给出的第二级分离状态同参考状态进行了比较以刻画发射参数的偏差,除此之外,模拟中还考虑了风、初始条件偏移和发动机推力降低等情况下的偏差;而在每种发射条件下,都会对第二级火箭的速度进行补偿以将有效载荷送入转移轨道并最终达到预期的运行轨道。上述飞行模拟表明[35],第二级发射条件对推力退化最为敏感,这将导致第二级发射速度不足而无法进入预期的运行轨道。除了推力偏差外,第二级转移轨道对发射惯性飞行轨迹角和方位角非常敏感。

　　佐治亚理工航天系统设计实验室(Space System Design Laboratory, SSDL)对以射流预冷为第一级动力的 RASCAL 发射系统性能进行了独立评估[25],结果表明使用 SSDL 的设计方法对航天发射公司给出的 RASCAL 初始设计进行评估时,发现其未达到 DARPA 为 RASCAL 计划设定的性能和成本目标(图 2.31、图 2.32),基准飞行器发现只能将 52 lb 载荷发射到 270 n mile 的太阳同步轨道上,为此,SSDL 提出了几种替代方案,其中替代方案第一级依然采用射流预冷发动机。

---

① 1 ppsf = 4.788 03 × $10^3$ Pa。

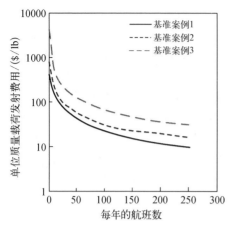 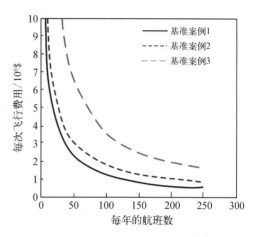

图 2.31　RASCAL 发射系统单位
质量载荷发射费用[25]

图 2.32　RASCAL 发射系统[25]

　　国内对射流预冷发动机的研究起步较晚,处于跟踪研究阶段;文献[36]~[38]对 SteamJet 性能进行了分析计算;文献[39]建立了射流预冷 ATR 性能计算模型,在给定航迹和控制规律下分析了不同压气机进口限制温度对喷水量、净推力和比冲的影响;文献[40]计算分析了 SteamJet 发动机在不同冷却剂/氧化剂配比下沿飞行轨道的特性,给出了选择冷却剂/氧化剂比例的主要因素,并对 SteamJet 发动机高度-速度特性进行了计算和分析;文献[41]对射流预冷 ATR 循环性能进行了计算分析,计算考虑了工质物性的变化;文献[42]对水/一氧化二氮的 SteamJet 发动机性能进行了分析计算;文献[43]以高超声速导弹作为应用对象,对喷水预冷却发动机与导弹一体化设计进行了讨论;文献[44]介绍了射流预冷试验过程中温度和湿度的测量方法;文献[45]对国内外射流预冷发动机的发展情况进行了综述,给出了一些需要继续深入研究的问题,如射流转置带来的进气畸变、结冰抑制、射流装置与进气道一体化设计、射流预冷引起的燃烧稳定性问题、冷却剂与氧化剂的配比、水蒸气导致发动机结构氧化问题等。

## 2.4　小结

　　对射流预冷发动机发展历程的分析可知,通过射流预冷技术可以使涡轮类发动机的核心机入口气流参数维持在某个期望的参数域内,因此在一定程度上隔离了来流参数的变化对发动机的影响,进而起到了扩展发动机运行包线、增加发动机推力等作用。总体上,对于涡轮喷气类发动机,随着飞行马赫数的增加,发动机来流总温也随之增大,而来流总温的增加将从以下方面导致涡轮发动机性能的不断蜕化。

① 根据压气机特性及发动机共同工作线,来流总温的增加使得压气机前空气的密度降低,流过发动机的空气流量减小,由于发动机推力与空气流量成正比,因而将降低发动机的推力;② 根据压气机特性及发动机共同工作线,来流总温的增加使得压气机功耗增加,压比减小,这将导致发动机循环热效率、循环比功以及推力等的同步减小;③ 在同等涡轮前温度约束下,来流总温的增加将导致燃烧室加热量的减小,进而进一步减小循环的热效率和比功输出,降低发动机推力;④ 来流总温的增加引起涡轮叶片冷却空气温度的同步增加,进而降低了对涡轮的冷却效果,导致涡轮耐温能力的降低,从而进一步降低了燃烧室的加热量,导致循环的热效率和比功随飞行马赫数增加而迅速降低。

可见,来流总温增加是导致发动机性能随马赫数增加而不断蜕化的根本原因,因此,射流预冷技术从降低来流总温这一根本出发,进而实现了对发动机运行边界及性能的扩展。

① 射流预冷降低了压气机入口空气温度,进而使得压气机压比增加,最终增加了循环热效率及比功,使得排气速度增加,因而增加了发动机推力;② 射流预冷使得流经压气机的空气流量同步增加,从而进一步增加了发动机推力;③ 射流预冷一定程度上隔离了来流参数变化对发动机核心机的影响,因而核心机感受到的运行马赫数小于实际来流马赫数,进而扩展了发动机的运行包线;④ 对于进气道几何不可调的发动机,射流预冷增加了压气机的空气流量,因而在高马赫数飞行时可以改善进气道-发动机的流量匹配能力。

# 参考文献

[ 1 ]　Dietz R O, Fleming W A. Altitude-wind-tunnel investigation of thrust augmentation of a turbojet engine Ⅱ — performance with water injection at compressor inlet[ R ]. National Advisory Committee for Aeronautics, RM－E7C12, 1947.

[ 2 ]　Jones W L, Dowman H W. Investigation of thrust augmentation of a 1600－pound thrust centrifugal-flow-to-turbojet engine by injection of refrigerants at compressor inlets[ R ]. National Advisory Committee for Aeronautics, RM－E7G23, 1947.

[ 3 ]　Ellisman C. Flight investigation of thrust augmentation of a turbojet engine by watervalcohol injection[ R ]. National Advisory Committee for Aeronautics, RM－E7G29, 1947.

[ 4 ]　Jones W L, Engelman H W. Experimental investigation of thrust augmentation of 4000-pound-thrust centrifugal-flow-type turbojet engine by injection of water and alcohol at compressor inlets[ R ]. National Advisory Committee for Aeronautics, RM－E7J19, 1948.

[ 5 ] Baron B, Dowman H W, Dackis W C. Experimental investigation of thrust augmentation of axial-flow-type 4000-pound-thrust turbojet engine by water and alcohol injection at compressor inlet[R]. National Advisory Committee for Aeronautics, RM－E7K14, 1948.

[ 6 ] Beede W L. Performance of J33－A－21 and J33－A－23 turbojet-engine compressors with water injection[R]. National Advisory Committee for Aeronautics, RM SE9G13, 1949.

[ 7 ] Chelko L J, Povolny J H, Useller J W. Experimental investigation of thrust augmentation of 4000-pound-thrust axial-flow-type turbojet engine by interstage injection of water-alcohol mixtures in compressor[R]. National Advisory Committee for Aeronautics, RM－E9K30, 1950.

[ 8 ] Lundin B T. Theoretical analysis of various thrust-augmentation cycles for turbojet engines[R]. National Advisory Committee for Aeronautics, Report－981, 1950.

[ 9 ] Hall E W, Wilcox E C. Theoretical comparison of several methods of thrust augmentation for turbojet engines[R]. National Advisory Committee for Aeronautics, Report－992, 1950.

[ 10 ] Trout A M. Theoretical turbojet thrust augmentation by evaporation of water during compression as determined by use of a Mollier diagram[R]. National Advisory Committee for Aeronautics, NACA－TN－2104, 1950.

[ 11 ] Wilcox E C. Turbojet thrust augmentation by evaporation of water prior to mechanical compression as determined by use of psychrometric chart[R]. National Advisory Committee for Aeronautics, NACA－TN－2105, 1950.

[ 12 ] Shillito T B, Jr Harp J L. Effect of inlet temperature and humidity on thrust augmentation of turbojet engine by compressor-inlet injection[R]. National Advisory Committee for Aeronautics, RM－E50D19, 1950.

[ 13 ] Useller J W, Povolny J H. Experimental investigation of turbojet-engine thrust augmentation by combined compressor coolant injection and tail-pipe burning[R]. National Advisory Committee for Aeronautics, NACA－RM－E51H16, 1951.

[ 14 ] Wilcox E C, Trout A M. Analysis of thrust augmentation of turbojet engines by water injection at compressor inlet including charts for calculating compression processes with water injection [R]. National Advisory Committee for Aeronautics, Report－1006, 1951.

[ 15 ] Hensley R V. Theoretical performance of an axial-flow compressor in a gas-turbine engine operating with inlet water injection[R]. National Advisory Committee for Aeronautics, NACA－TN－2673, 1952.

[ 16 ] Auble C M, Sr Harvey R W, Useller J W. Thrust augmentation of a turbojet engine at simulated flight conditions by introduction of a water-alcohol mixture into the compressor[R]. National Advisory Committee for Aeronautics, NACA－RM－E52F20, 1952.

[ 17 ] Jr Harp J L, Useller J W, Auble C M. Thrust augmentation of a turbojet engine by the introduction of liquid ammonia into the compressor inlet[R]. National Advisory Committee for Aeronautics, NACA－RM－E52F18, 1952.

[ 18 ] Useller J W, James L, Harp J, et al. Turbojet-engine thrust augmentation at altitude by combined ammonia injection into the compressor inlet and afterburning[R]. National Advisory Committee for Aeronautics, NACA－RM－E52L19, 1953.

[ 19 ] Fenn D B, Huntley S C, Useller J W. Combined compressor coolant injection and afterburning for turbojet thrust augmentation[R]. National Advisory Committee for Aeronautics, NACA－RM－E54G08, 1954.

[20] Beke A. Analytical investigation of the effect of water injection on supersonic turbojet-engine-inlet matching and thrust augmentation[R]. National Advisory Committee for Aeronautics, NACA – TN – 3922, 1957.

[21] Carter P, Brown O, Rice T, et al. RASCAL: DARPA's solution to responsive, affordable, micro-satellite space access[C]. Logan: 17th Annual AIAA/USU Conference on Small Satellites, 2003.

[22] F – 16.net-The Ultimate Site. F – 4X — A vanished US-Israeli project[EB/OL]. http://www.f-16.net/forum/viewtopic.php? t=2859[2020 – 06 – 07].

[23] Henneberry H M, Snyder C A. Analysis of gas turbine engines using water and oxygen injection to achieve high Mach numbers and high thrust[R]. National Aeronautics and Space Administration, NASA – TM – 106270, 1993.

[24] Snyder C A. Thrust augmentation options for the Beta Ⅱ two-stage-to-orbit vehicle[R]. National Aeronautics and Space Administration, NASA – TN – 10644B, 1993.

[25] David Y, John O. Responsive access small cargo affordable launch (RASCAL) independant performance evaluation[C]. Capua: AIAA/CIRA 13th International Space Planes and Hypersonics Systems and Technologies Conference, 2005.

[26] Lopata J, Carter P. DARPA's RASCAL: Status, challenges, and accomplishments[C].Logan: 18th Annual AIAA/USU Conference on Small Satellites, 2004.

[27] Ardans P M, Stephenson D W. An analytical method for estimating the performance of a gas turbine engine with water-methanol injection[J]. Gas Turbines, 1970, 1.

[28] Seegers B J, Shreiner D G. Thrust augmentation system for low-cost-expendable turbojet engine [R]. AD – A263 – 727, 1993.

[29] Bossard J. The transition engine — A combined-cycle engine concept for SSTO/trans-atmospheric vehicle applications[C]. San Diego: 31st Joint Propulsion Conference and Exhibit, 1995.

[30] Micheletti D A. Advanced aerospace technology development at MSE Technology Applications, Inc.[M]. Washington: Defense Technical Information Center, 2002.

[31] Balepin V, Liston G. The steam jet — Mach 6+ turbine engine with inlet air conditioning[C]. Salt Late City: 37th Joint Propulsion Conference and Exhibit, 2001.

[32] Preston C, Vladimir B. Mass injection and precompressor cooling engines analyses[C]. Indianapolis: 38th AIAA/ASME/SAE/ASEE Joint Propulsion Conference & Exhibit, 2002.

[33] Balepin V, Spath T, Osello C, et al. MIPCC technology development[C]. Norfolk: 12th AIAA International Space Planes and Hypersonic Systems and Technologies, 2003.

[34] Sohn R. Theoretical and experimental studies of pre-compressor evapourative cooling for application to the turbojet engine in high altitude supersonic flight[R]. National Advisory Committee for Aeronautics, WADC – TR – 56 – 477, 1956.

[35] Peter U, Timothy C.Launch condition deviations of reusable launch vehicle simulations in exo-atmospheric zoom climbs[C]. California: AIAA Atmospheric Flight Mechanics Conference and Exhibit, 2003.

[36] 商旭升,蔡元虎,肖洪,等.射流预冷却涡轮基发动机的技术研究[J].弹箭与制导学报, 2004(S4): 335 – 337,341.

[37] 商旭升,蔡元虎,陈玉春,等.高速飞行器用射流预冷却涡轮基发动机性能模拟[J].中国空

间科学技术,2005,(4): 54-58.

[38] 梁振欣,陈玉春,黄兴鲁,等.加力式 SteamJet 发动机性能模拟[J].航空动力学报,2010, 25(6): 1316-1321.

[39] 李成,蔡元虎,屠秋野,等.射流预冷却吸气式涡轮火箭发动机性能模拟[J].推进技术, 2011,32(1): 1-4,31.

[40] 周建平,杜涛,陈玉春,等.冷却剂/氧化剂组合式 SteamJet 发动机特性[J].推进技术, 2011,32(1): 11-16.

[41] 赵巍,赵庆军,唐菲,等.预注冷质的空气涡轮火箭性能分析研究[J].工程热物理学报, 2012,33(2): 210-213.

[42] 王永文,陈玉春,周新新,等.水/一氧化二氮组合式 SteamJet 发动机性能研究[J].航空工 程进展,2012,3(1): 104-109.

[43] 商旭升,王远,吴朝晖.喷水预冷却发动机与导弹一体化设计[J].推进技术,2013,34(6): 721-727.

[44] 刘月玲,张超.射流预冷试验温度和湿度测试研究[C].北京: 2015 年航空试验测试技术 峰会暨学术交流会,2015.

[45] 芮长胜,张超,越冬峰.射流预冷涡轮发动机技术研究及发展[J].航空科学技术,2015, 26(10): 53-59.

# 第 3 章
# 直接预冷组合发动机

除了射流预冷方案外,近年来基于换热器预冷的循环方案重新得到了人们的重视。对于换热器预冷的发动机,根据对燃料热沉的利用方式可进一步划分为直接预冷及间接预冷发动机,或根据空气是否液化而细分为液化空气循环及深度预冷循环发动机。直接预冷发动机通过换热器中空气与燃料的直接热交换冷却来流,这一概念源于液氢作为喷气发动机燃料的探索过程[1]。氢具有非常优良的燃烧性能和较高的热值,在 20 世纪 50 年代,液氢作为空天动力的燃料受到人们的关注。同时,液氢还具有很大的比热,这为采用预冷的方式拓展喷气发动机的飞行包线提供了可能性。氢燃料物化性质的优点激发了人们构造新发动机循环的想象力,此后一系列基于液氢直接预冷概念的循环方案相继诞生[2],其中的典型代表包括空气液化循环发动机(liquid air cycle engine, LACE)、深度预冷循环(deeply precooled cycle)、逆循环(inverse cycle engine)等。本章将对液化空气循环发动机的发展过程进行回顾。

## 3.1 液化空气循环发动机

### 3.1.1 液化空气循环发动机的提出

从 20 世纪 50 年代中期开始,低温的液氢作为发动机的燃料逐渐从理论走向实际应用[2],与此同时,氢的一系列理化性质也逐渐被人们熟知,特别是其相对于碳氢燃料的巨大冷却性能(热沉)为正在寻找面向高速飞行的推进方案的研究人员提供了新思路[1]。火箭发动机虽然是一种全速域发动机,但是,燃料和氧化剂都需要自身携带的特性导致发动机比冲很小,最终大大限制了飞行器的航程及有效载荷;因此,在稠密大气层中飞行时,如果有可能利用大气中的氧替代机载氧化剂,进而构建一种"吸气式火箭发动机",则有望大幅度提高发动机比冲性能,如表 3.1 所示,对比液氢与液化空气的主要成分(液氧+液氮)的物性参数可知,液氢作为发动机燃料为这种设想提供了可能性。

表 3.1 氢氧火箭发动机燃料物性参数

|  | $T_{tri}/\mathrm{K}$ | $T_c/\mathrm{K}$ | $p_c/\mathrm{MPa}$ | $T_{NBP}/\mathrm{K}$ |
|---|---|---|---|---|
| 液氢 | 13.96 | 77.1 | 0.029 1 | 3.49 |
| 液氧 | 90.69 | 451.5 | 0.058 3 | 2.92 |
| 液氮 | 90.37 | 651.5 | 0.062 4 | 2.97 |

美国 Marquardt 公司的研究者在 1958 年提出了空气液化循环发动机(LACE)概念并取得了专利[3-5]。最简单的 LACE 循环(即 Basic LACE)工作原理如图 3.1 所示,以液氢为冷却剂,进气道出口空气先后在预冷器与冷凝器中被冷却并液化,最后经涡轮泵增压后进入推力室与氢燃烧并经喷管产生推力。分析表明,Basic LACE 海平面比冲可达 1 000 s 左右[6],然而,相较于氢氧火箭发动机,Basic LACE 的比冲优势并不足以抵消进气系统、换热器等部件结构重量带来的劣势[7]。如图 3.2 所示,由于夹点温差的限制,Basic LACE 液化空气过程消耗的氢当量比 $\phi$ 高达 6~7,这是其性能不足的主要原因[6, 8],因此,减少液化过程氢的消耗量成为提高 LACE 性能的关键。20 世纪 60 年代以来,研究者从循环优化等角度提出了一系列改进 Basic LACE 性能的措施,并由此给出了一系列新的循环概念[6]。

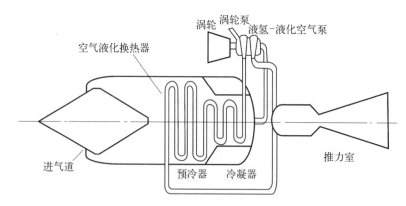

图 3.1 基本型空气液化发动机工作原理[9]

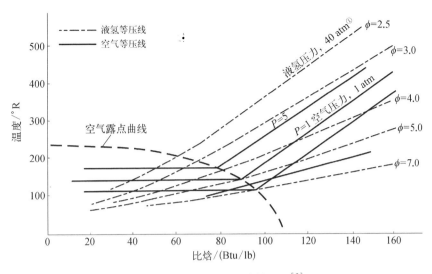

图 3.2　空气液化过程的焓温图[3]

## 3.1.2　提升液化空气循环发动机性能的措施

1. 提升液氢的冷却能力

一种减小氢消耗量的思路是继续提高氢的冷却能力,文献中给出的技术途径可总结如下。

1) 通过热功转化提高氢的冷却能力

由于吸热后的氢具有做功能力,因而可以通过氢涡轮膨胀器(hydrogen turbine expander)使氢的部分热焓转变为输出功而重新获得冷却能力[3]。理论上,可以通过无限多次膨胀使液化空气过程中氢的温度保持不变,进而极大地降低氢的消耗量。

2) 通过同分异构体催化转化提高氢的冷却能力

氢具有对氢(para-hydrogen)和邻氢(ortho-hydrogen)两种同分异构体,而液氢中,约 3/4 的氢分子以对氢的形式存在。对氢向邻氢的转化是一个吸热反应,因此利用这一反应可获得附加的冷却能力。通常这一转化反应速率较慢,因而需借助催化剂加速这一过程[6, 10]。

$$对氢 \underset{放热}{\overset{吸热}{\rightleftharpoons}} 邻氢$$

3) 通过采用浆氢(slush hydrogen)提高氢的冷却能力

浆氢是氢的固液混合物,温度约为 14 K。同液氢相比,浆氢具有更低的初始温度,且固体氢融化过程的潜热可提供额外的冷却能力,因而可将氢的热沉提高约 20%[6, 11]。

① 1 atm = 1.013 25×10⁵ Pa。

4）采用氢再循环提高冷却能力。

氢再循环即首先利用浆氢液化来流,此后再利用燃料箱中的浆氢将大于燃烧需用的氢重新液化后回流至燃料箱中,从而减少氢的消耗量[4, 12]。

2. 提高空气的液化温度

第二种减少氢消耗量的方法是提高空气的液化温度。由热力学可知,空气的饱和温度随饱和压力的增大而升高[6, 12],因此,可在预冷器后设置空气压气机(air compressor)提高冷凝器入口空气压力。由于预冷器出口空气温度非常低,增压所需的功耗较小,因此大大简化了压气机的结构尺寸。如上所述,压气机可由氢涡轮带动,进而使氢获得额外的冷却能力并进一步降低消耗量。

3. 采用部分空气液化循环方案

第三种减小氢消耗量的方法是采用部分空气液化循环[6],这方面的代表包括亚燃冲压空气液化循环(RamLACE)、超燃冲压空气液化循环(ScramLACE)等循环,如图3.3所示,此时,由于仅仅液化部分来流,因而总燃料消耗量降低了。被液化的部分空气通常按火箭循环工作,而剩余的空气则通过其他循环加以利用。与Basic LACE相比,RamLACE海平面比冲可达1 400 s[9]。部分空气液化循环还可以同涡轮发动机组成液化空气涡轮火箭发动机(turborocket engine),此时液化空气循环充当产生驱涡工质的燃气发生器[13-15]。

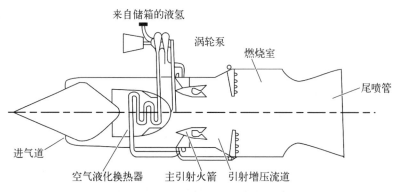

图3.3　冲压-液化空气循环发动机[9]

对于其他减小氢消耗量的方法,文献[16]提出了采用涡流管或涡轮膨胀器等机械液化的方式以避免冷凝器夹点温差的限制。文献[17]提出了一种同时采用浆氢和浆氧(slush oxygen)再循环方案的发动机构型,以利用为纯火箭模式储备的浆氧的冷却能力。文献[18]提出了一种利用液化后的空气作为冷却剂以增大空气液化量的方案。实际上,上述减少氢消耗量的方法可进一步组合使用,从而形成更高效的循环。例如,RamLACE可以配合浆氢形成所谓的再循环冲压液化空气发动机(Recycled RamLACE)方案,如图3.4所示,此时发动机海平面比冲可增加至

2 600 s[9, 11]。Recycled RamLACE 还可以在预冷器后增加压气机,组成机械增压再循环冲压液化空气发动机(Supercharged Recycled RamLACE),则发动机海平面比冲有望进一步提高[9]。对于 SuperLACE,通过对上述方法的优化利用,据悉空气液化的氢当量比可降低至 $\phi=1$,而发动机海平面比冲有望达到 6 000~7 000 s[6]。据不完全统计,当前人们已经提出了上百种与空气液化相关的发动机循环概念[19]。

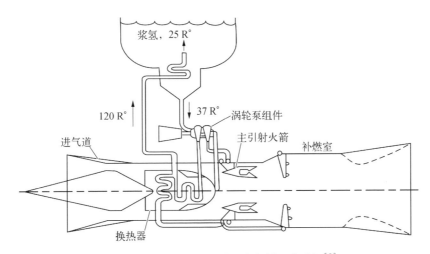

**图 3.4　氢再循环冲压-液化空气循环发动机[9]**

在美国空军和 NASA 的资助下,Marquardt 及 Garrett AiResearch 等公司在 20 世纪 60 年代对 LACE 的换热器进行了地面试验,测试中换热器出现了严重的结冰,这使人们认识到抑制结冰的重要性[6, 20]。日本的三菱重工从 1984 年开始开展了 LACE 发动机的相关研究工作,并对冷凝器进行了地面测试[21, 22]。苏联、法国等也对 LACE 开展了相关研究,主要包括循环性能分析、换热器实验等[23, 24]。国内对 LACE 循环的研究起步较晚,20 世纪 80 年代对 LACE 发动机进行了追踪报道[25],进入 20 世纪 90 年代,西北工业大学、国防科技大学等单位对 LACE 开展了部分理论分析工作[26-28],并开展了换热器的热试工作[16]。

## 3.2　深度预冷循环发动机

### 3.2.1　深度预冷循环概念的提出

与 LACE 不同,深度预冷发动机仅把空气冷却到一定的低温,这样避免了冷凝器中夹点温差的限制并改善了发动机的比冲性能。Robert P. Carmichael 最早对深度预冷概念进行了分析[1],表明来流预冷可增加发动机空气流量,如果再配置氢涡轮驱动的压气机,则可进一步增大空气压比并扩展发动机的飞行包线。

美国 Garrett AiResearch 公司的 Randolph 等在 1954 年提出一种预冷型喷气发动机并申请了专利[29],如图 3.5 所示,其中部件 6 为预冷器。这是一种预冷型的空气涡轮火箭(ATR),采用的是燃气发生器循环构型。来流空气的预冷通过设置于进气道内的换热器完成,冷却剂为低温燃油。为增大涡轮功率而又不超过涡轮材料温度限制,该发动机的燃气发生器采用再热循环,即每个预燃室后面配置有一级涡轮,从相应涡轮流出的富燃燃气进入下一级预燃室后继续加入氧化剂后燃烧增温,然后流过下一级涡轮再次膨胀做功。燃气从最后一级涡轮流出后进入主燃烧室中,与主流空气混合后继续燃烧,最后流过喷管产生推力。Randolph 等在其专利中指出,提出这一发动机概念的理由是在空气密度低的高空飞行区域,必须通过压气机来对来流空气进行压缩,以便发动机内部可流过足够的空气产生推力并推动飞行器前进,而采用冷却来流空气的方式可增加发动机的通流能力。Randolph 方案采用布置于压气机前的冷却管道实现对来流空气的预冷,冷却工质为发动机携带的低温燃料。

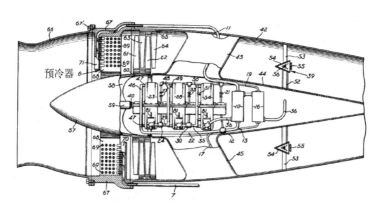

图 3.5　Randolph 等提出的预冷 ATR 专利图[29]

深度预冷技术可以和现有发动机方便地结合,从而形成各种形式的预冷发动机方案,如预冷涡轮火箭(pre-cooled air-turbo-rocket, PC – ATR)发动机[29]、预冷涡喷(precooled turbojet, PCTJ)发动机[30]、深冷涡喷-火箭联合循环发动机(KLIN)[31]、逆循环发动机(inverse cycle engine, ICE)等概念。

### 3.2.2　预冷空气涡轮火箭发动机

预冷空气涡轮火箭发动机是由预冷却技术与空气涡轮火箭(ATR)发动机有机

结合而形成的预冷发动机方案。图 3.6 为典型的 ATR 发动机构型原理图,与典型航空涡轮发动机相比,ATR 发动机的涡轮部件可与压气机同轴布置[图 3.6(a)],也可采用与压气机平行布局的结构形式[图 3.6(b)]。在低马赫数时,ATR 发动机的增压主要由压气机完成,此时 ATR 发动机和燃气涡轮发动机类似;在高马赫数时,ATR 发动机的增压则主要依靠进气道的冲压作用,此时 ATR 发动机更接近于冲压发动机。ATR 发动机的燃气发生器有两个作用:一是产生驱动涡轮的工质,为压气机提供动力;二是为主燃烧室的二次燃烧过程提供燃料。

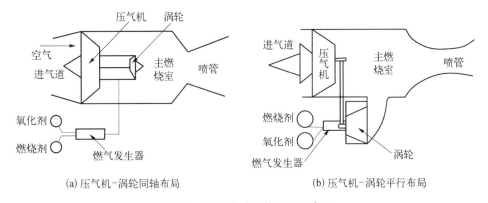

(a) 压气机-涡轮同轴布局　　　　　　(b) 压气机-涡轮平行布局

**图 3.6　ATR 发动机的原理示意图**

与火箭发动机相比,由于 ATR 发动机所需的部分氧化剂来自空气,并非像火箭那样全部依靠自身携带氧化剂,因此 ATR 发动机拥有更高的比冲(500~2 000 s),并且因为飞行器所携带的氧化剂量减小,因而降低了飞行器的空间占用,提升了有效载荷。

与冲压发动机相比,ATR 发动机无须助推器就可以实现从静止状态开始工作并产生推力,而且在低速飞行条件下,由于吸入的空气首先经由压气机主动增压后才参与到后续的燃烧反应中,因此低速飞行段具有更高的循环效率。

与涡轮喷气发动机相比,ATR 发动机涡轮由独立的燃气发生器产生的富燃燃气驱动,无须起动机带动,而且加速工作线不受涡轮流通能力限制,从而避免了加速过程可能出现的喘振问题,因此 ATR 发动机拥有更好的加速性。此外,ATR 发动机涡轮与压气机间没有气动联系,这一额外的自由度,使得同相同尺寸的涡轮喷气式发动机相比,ATR 发动机的推重比更大。因此,ATR 发动机不仅弥补了涡轮发动机与火箭发动机之间的性能空白,还克服了冲压发动机无法自起动的缺陷,其独特的循环方式使得在高马赫数飞行时,发动机既可以被设计为冲压工作模式而实现大气层内的高超声速巡航飞行,也可以被设计为关闭进气道而进入火箭模式,从而可作为单级入轨飞行器的动力。

根据燃气发生器使用的推进剂类型不同,ATR 发动机可分为固体燃料 ATR 发动机和液体燃料 ATR 发动机。1999 年，美国对设计工作点为 $Ma3.0$、高度 9 144 m、长度约为 0.76 m、直径大约为 178 mm 的固体 ATR 发动机进行了飞行试验，试验达到了以 $Ma2.5$ 巡航飞行时，航程超过 90 km 的目标。后来，美国又开始对液体燃料 ATR 发动机开展相关探索，分析了其作为两级入轨航行器一级动力的可行性。然而，ATR 发动机在实际应用中会遇到一些问题。例如，当飞行马赫数增加时，由于来流总温不断增大，对来流的压缩越来越困难，因此，ATR 循环压气机的增压比会随飞行马赫数的增加而不断降低，当飞行马赫数超过 4 时压气机进入风车状态，此时压气机不仅对发动机性能没有任何贡献，反而因为阻碍了气流的流通而产生不利影响。如果采取措施对来流进行预冷，则一方面可以使压气机入口气流参数几乎不随飞行速度的增加而显著变化，进而将压气机工作边界拓展到 $Ma=6$；另一方面，预冷后的气流由于温度较低，显著地降低了压缩功耗，因而可以极大地提高发动机的压比，使发动机的比冲和推重比显著增大。因此，在马赫数 0~6 时，采用预冷 ATR 循环可以显著提高发动机的性能。

日本于 1988 年前后开始了对预冷 ATR 发动机的研究工作，并取得了一系列有价值的进展[32, 33]。日本的预冷 ATR 发动机的设计工作包线为 $Ma0~6$，高度 0~35 km，其用途为两级入轨飞行器的第一级动力装置。早期提出了四种备选 ATR 发动机循环方案，如图 3.7 所示，这些方案均采用叶尖涡轮驱动空气压气机。其中，G-0 型[图 3.7(a)]是参考方案，采用无预冷的燃气发生器循环 ATR 发动机。对于参考发动机的分析表明，当飞行马赫数超过 4.5 时，采用常规金属风扇叶片(叶片未采用冷却技术)的参考发动机将无法工作。G-2 型[图 3.7(b)]是预冷型燃气发生器循环 ATR 发动机，在高马赫数时，此时为了使风扇入口温度和预冷器材料温度均保持在允许范围内，预冷所需的燃料量将超过燃烧所需。G-0 型和 G-2 型发动机中，LH2 和 LOX 的涡轮泵由流经主燃烧室和尾喷管周围的再生冷却通道汽化后的氢气驱动。

E-1 型是预冷型膨胀循环 ATR 发动机[图 3.7(c)]，液氢的加热在预冷器和再生冷却通道内完成，因此当飞行马赫数较低时，由于进气道入口的来流总温较低，如果将燃料流量限制在接近恰当燃烧的范围内，此时将导致用于驱动风扇的氢涡轮入口温度过低而使涡轮无法产生足够的轴功。E-2 型也是预冷型膨胀循环 ATR 发动机[图 3.7(d)]，但是在发动机的尾喷管内部中安装有对氢进行再热的换热器。这一方案中，主燃烧室内的燃料分别在再热换热器前方和后方喷注，以此控制流过换热器的燃气温度，防止再热换热器超温温度。E-2 型发动机涡轮入口温度高，因而再热换热器的管壁温度较高。上述四种 ATR 发动机都需要耐高温材料，因为降低涡轮入口温度可能会牺牲涡轮设计性能和低马赫数时的发动机性能，因此叶尖涡轮均计划采用碳-碳复合材料制造。碳-碳复合材料具有很低的密度、良好的强度/密度比，以及高的高温强度，这对于降低涡轮重量、提升发动机推重比

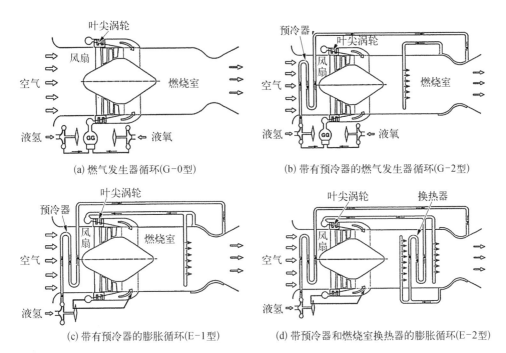

(a) 燃气发生器循环(G-0型)　　　　(b) 带有预冷器的燃气发生器循环(G-2型)

(c) 带有预冷器的膨胀循环(E-1型)　　(d) 带预冷器和燃烧室换热器的膨胀循环(E-2型)

图 3.7　四款备选的 ATR 发动机方案

极为有利。考虑到涡轮工质是氢气或是氢气与水蒸气的结合物,因此碳-碳复合材料可能不会出现在氧化环境中的易损性问题。

1986~1988 年,日本对上述四种 ATR 循环方案,特别是对预冷型膨胀循环 ATR 发动机开展了理论分析[34],结果表明 E-2 型发动机具有较好的性能。因此,从 1988 年开始,日本对 ATR 循环研究的重心转向 E-2 型方案,该发动机后来被命名为 ATREX(Air Turbo Rocket Expander)发动机。图 3.8 给出了完全膨胀 ATREX 发动机的循环原理图,可以看出该发动机循环构型最大的特点有二:其一是对来流空气采用预冷器来进行预先冷却;其二是采用了叶尖涡轮使 ATREX 发动机更为紧凑。因为预冷 ATREX 发动机可以看作是在 ATR 发动机的基础上在压气机入口前加装预冷换热器演变而来,所以自然的,ATREX 发动机也具有通常 ATR 发动机的基本特征。

1988~1992 年,日本通过地面试验验证了 ATREX 发动机的性能[21, 34-36],并在常规风洞中验证了预冷器的性能,同时采用碳-碳材料对叶尖涡轮进行了试制。这一阶段中,由于碳-碳材料当时尚在研制中,因此地面试车中的叶尖涡轮采用钛合金制造。地面试验发动机为设计的 ATREX 原始尺寸的 1/4,试验共进行了 30 次,累计试车时间达 1 190 s,试验测得的最大发动机比冲为 1 400 s,最大推力约为 500 kg,因此测试发动机被命名为 ATREX-500 发动机(图 3.9)。该发动机的风

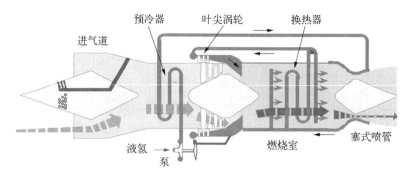

图 3.8 预冷 ATREX 发动机循环构型[29]

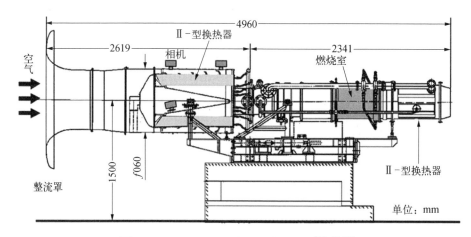

图 3.9 ATREX-500 发动机的构型图[21, 34-36]

扇半径为 300 mm,总长度为 2 200 mm,测试中并未安装预冷换热器,驱动叶尖涡轮的氢由安装在燃烧室后部的换热器加热。

从 1992 年开始,ISAS 致力于 ATREX 发动机的关键部件——预冷器的研发,其发展历程见图 3.10。ATREX 发动机的预冷器使用液氢燃料作为冷却剂来冷却风扇前的来流空气。一方面,对空气预冷可以在飞行马赫数增大时增加发动机推力;另一方面,由于额外的气流压降和预冷器所引入的发动机体积和质量惩罚,则预冷空气所带来的收益将被削弱,特别当预冷器发生严重的结霜时,发动机进口可能被完全堵塞而发生危险。因此,为了充分发挥预冷器的预冷作用,同时减小其负面影响,这使得发展高换热率、低压降的紧凑、轻量化和无结霜的预冷换热器成为预冷 ATREX 发动机的关键。

1994 年,日本利用无人驾驶的飞行试验平台对实际飞行条件下的 ATREX 发动机(无预冷)性能开展试验验证研究。1995 年,日本开展了带有预冷器的 ATREX 发动机地面试验,试验发动机采用 I 型预冷器(图 3.11),以验证预冷对发

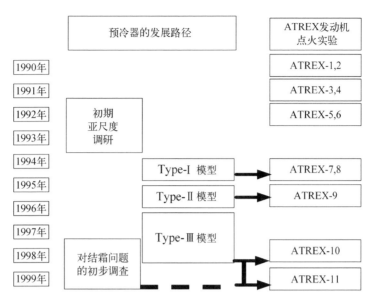

图 3.10　用于 ATREX 发动机的预冷器发展历程[33]

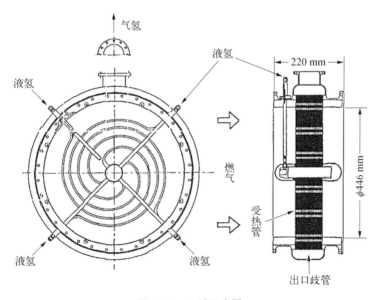

图 3.11　I 型预冷器

动机性能的改善效果。

　　I 型预冷器总质量为 300 kg,由环状排列的 6 720 根直径为 3 mm、厚度为 0.15 mm 的直管组成,径向 24 排,外围 280 排,管排具体布置见图 3.12。这些管排在径向上分为 8 个区块,每个区块有 3 排管束。冷却剂从预冷器管道的内部流向外

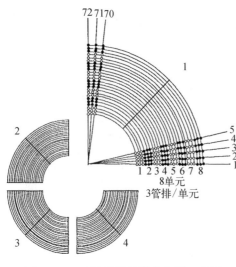

**图 3.12 I 型预冷器的管道布置示意图**

部,空气与径向成 70° 角由外向内流动。

测试结果显示,I 型预冷器的换热效率低于预期,这导致风扇入口空气温度没有达到 160 K 的目标值,使得风扇压比和折合流量也未能达到目标值,最终使得发动机推力减少了约 30%。然而,结果显示发动机的性能在预冷后依然得到了改善,这与预测结果基本一致。试验进一步验证了空气预冷产生的收益:第一,预冷可以保护风扇叶片免受气动加热的影响,从而可以将飞行范围扩大到更高的马赫数;第二,预冷后的空气密度增加从而使得来流空气流量增加,进而增大了发动机的推力;第三,风扇的驱动功率会因中间冷却作用而降低,使得用于驱动涡轮转动的氢燃料流量可以下调,因此可以提高发动机的比冲。以采用 I 型预冷器编号为 ATREX8-6 的发动机测试结果为例,试验中实测的发动机数据为:推力 4 360 N,比冲 1 460 s,风扇转速 17 000 r/min,风扇入口空气温度 180 K,空气流量 7.81 kg/s,液氢流量 0.30 kg/s,风扇增压比 1.65,涡轮入口温度 550 K,涡轮落压比 4.84。

1996 年,日本对安装了经过改进的 II 型预冷器(图 3.13)和再生冷却燃烧室(图 3.14)的发动机开始地面试验,以验证对发动机性能的改善情况。II 型预冷器冷却管外径 5 mm,厚度 0.3 mm,长 820 mm,预冷器总质量 350 kg。II 型预冷器的总换热管数目为 3 168 根,换热面积 40.8 m²,径向和外围分别布置 18 排、176 排管束。结构上,II 型预冷器和 I 型预冷器类似,但是在可靠性和寿命方面得到了改善,减小了空气侧压降。其中,为了提高可靠性和寿命,II 型预冷器采用了更大直径的冷却管道,这些冷却管道在管组件的前端弯曲,以减少钎焊点的数目。此外,支撑板与冷却管设计为在空间上呈直角交叉的形式以简化制造工艺和流程。在减小来流空气压降方面,除了增大进口的气流面积外,还在外管组件上设置了唇板以使得进气气流更加均匀。

采用 II 型预冷器的发动机测试结果显示,在成功试车了 6 次、累计 280 s 的试验中,做了如上改进的 II 型预冷器没有发生任何故障,且来流空气的压降减少了 30%。试验中还测试了不同湿度来流的影响,结果显示即使下雨天,预冷器中也未出现严重的结冰现象。采用 II 型预冷器编号为 ATREX9-7 的测试工况实测数据为:发动机推力 3 160 N,比冲 1 420 s,风扇转速 17 300 r/min,风扇入口空气温度 226 K,空气流量 7.24 kg/s,液氢流量 0.23 kg/s,风扇增压比 1.3,涡轮入口温度

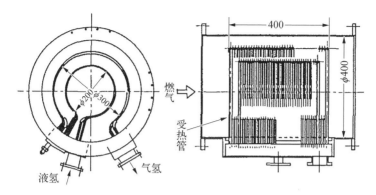

图 3.13　Ⅱ型预冷器(单位: mm)

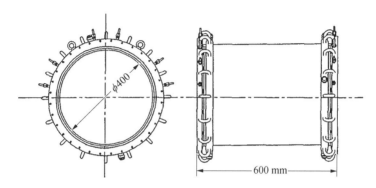

图 3.14　再生冷却燃烧室(单位: mm)

669 K,涡轮落压比 4.39。

　　1998 年,日本对安装有Ⅲ型预冷器(图 3.15)的 ATREX 发动机开展了地面试验,获取了包括热交换率、预冷器总压损失和预冷器结霜速度等在内的预冷器特性数据。Ⅲ型预冷器的冷却管外径为 2 mm,厚度为 0.15 mm,长度为 525 mm,换热面积为 44.4 m² 。为了验证Ⅲ型预冷器的性能,在更恶劣的条件下进行了 23 次测试,累计测试时间 1 610 s,结果表明除了管道有微小的振动外,未出现其他损伤。测试结果还表明,Ⅲ型预冷器的换热率显著优于其他换热器,但预冷器的总压损失较大,这是Ⅲ型预冷器管排之间的间隙较小造成的。采用Ⅲ型预冷器编号为 ATREX10 - 3 的发动机实测数据为:发动机推力 2 500 N,比冲 1 110 s,风扇转速

图 3.15　Ⅲ型预冷器的 1/4 单元

17 400 r/min,风扇入口空气温度 205 K,空气流量 5.20 kg/s,液氢流量 0.23 kg/s,风扇增压比 1.5,涡轮入口温度 617 K,涡轮落压比 4.45。Ⅲ型预冷器试验中暴露出结霜问题是影响预冷器和发动机性能的关键因素,这成为日本后续预冷器研制中的重点攻关方向。

在 ATREX - 11 测试工况中,空气在进入预冷器前通过喷射液氮或液氧等方式以抑制结霜。由于霜层的生长速率主要由主流和边界层中内水蒸气的浓度梯度决定,所以通过冷却主流来降低蒸汽浓度的做法是有效的。后续研究表明,对于小型预冷器而言,甲醇是抑制结霜现象的最佳添加剂,因此,自 2001 年起,Ⅲ型预冷器中安装了数个甲醇喷射器(图 3.16),甲醇由氮气加压的储罐供应[37-43]。2003 年的试验结果显示[44-48],当没有甲醇喷射时,预冷器中出现了显著的结霜现象[图 3.17(a)],流经预冷器的空气总压迅速降低,而当有甲醇喷射时,虽然不能完全阻止结霜的发生,但霜层的厚度显著减小,同时气流压降减小了80% [图 3.17(b)]。

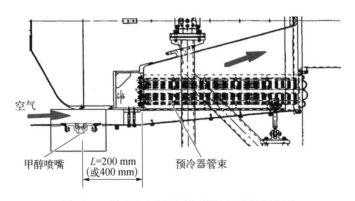

图 3.16 带有液态甲醇喷射器的预冷器侧视图

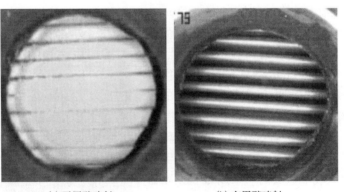

(a) 无甲醇喷射　　　　　　(b) 有甲醇喷射

图 3.17 甲醇喷射对防止预冷器结霜的作用

自 1988 年起,日本对预冷型的 ATREX 发动机的研究工作持续到 2003 年。在此期间,日本对氢燃料为工质的多种形式的膨胀循环发动机(图 3.18)进行了多次地面试验并积累了大量的测试数据。试验发动机的实测最大推力和比冲分别为 4 800 N、1 570 s。预冷 ATREX 发动机是目前唯一进行了整机地面试验的、带有预冷换热器的发动机,一共累计进行了 67 次点火试验,试验时间共计 3 636 s。

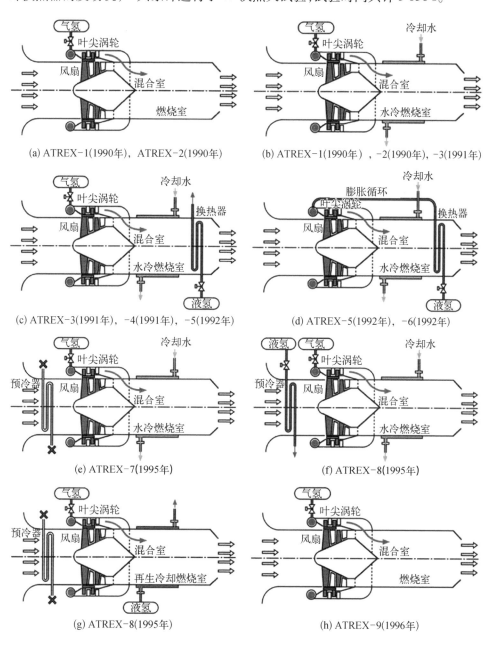

(a) ATREX-1(1990年),ATREX-2(1990年)

(b) ATREX-1(1990年),-2(1990年),-3(1991年)

(c) ATREX-3(1991年),-4(1991年),-5(1992年)

(d) ATREX-5(1992年),-6(1992年)

(e) ATREX-7(1995年)

(f) ATREX-8(1995年)

(g) ATREX-8(1995年)

(h) ATREX-9(1996年)

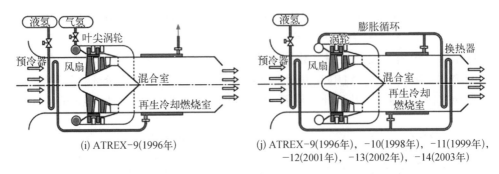

(i) ATREX-9(1996年)　　　　　(j) ATREX-9(1996年)，-10(1998年)，-11(1999年)，
　　　　　　　　　　　　　　　　　　　-12(2001年)，-13(2002年)，-14(2003年)

图 3.18　1990~2003 年的 ATREX‒500 发动机地面试验[48]

虽然预冷 ATREX 发动机的地面试验是成功的,但是在研发过程中发现了一些工程实现和应用方面的难题。首先,由于 ATREX 发动机采用燃料驱动涡轮,进而带动压气机工作,因此如果选取过大的压气机增压比,这将导致涡轮的膨胀比也过高,这在实际中实现较为困难,并且在高飞行马赫数时采用液氢燃料直接预冷空气存在因液氢泄漏而引发的危险。其次,已开展的大量试验结果表明,所获取的发动机最大比冲在 1 570 s 左右,与预想中的性能有较大差距。最后,由于采用碳‒碳复合材料的叶尖涡轮加工制造也存在较大的难度。因此,日本在后期逐渐放弃了 ATREX 发动机的研究工作,转而投入了预冷涡喷发动机的研究。但不可否认的是,ATREX 发动机的发展极大地推动了日本在预冷发动机技术方面的积累,如高效紧凑换热器技术、换热器结霜控制技术、可调进气道技术、加力燃烧室技术和塞式喷管技术等,为日本下一步发展预冷涡喷发动机奠定了基础。

## 3.2.3　预冷涡喷发动机

在预冷 ATREX 发动机研发的同时,日本也于 1998 年开始了预冷涡轮喷气式(precooled turbojet, PCTJ)发动机的研究工作[49]。PCTJ 发动机由变几何进气道、预冷器、核心机、加力燃烧室和变几何尾喷管组成。

PCTJ 发动机工作原理如图 3.19 所示,采用液氢燃料,其中一部分燃料直接喷入主燃烧室中,与流经压气机的空气燃烧,而另一部分燃料则先进入位于压气机入口前的预冷器中来对来流进行冷却,然后再流入加力燃烧室壁面进行结构的再生冷却,最后喷入加力燃烧室与涡轮后的燃气继续燃烧。

早期对 PCTJ 发动机的研究以理论评估和性能分析为主[49],考虑了几种在当时看来很先进的预冷换热器概念,并选择了其中两种代表结构对 PCTJ 发动机进行了性能评估。研究表明,对压气机入口空气进行预冷的方式可使 PCTJ 发动机的运行马赫数上限增大,而当燃料当量比超过 1 时,发动机的最大运行马赫数还可进一步得到扩展。例如,在高马赫数飞行条件下,采用预冷概念的 PCTJ 发动机可以将

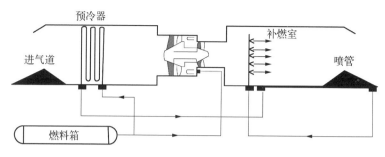

**图 3.19　预冷涡喷发动机的循环示意图**

运行的马赫数上限从 4.0 扩充至 5.0。除了可以增大发动机的运行马赫数,在高速来流的条件下,预冷还能显著提升发动机的推力,这是由于预冷使得发动机的共同工作点发生移动,进而增加了流过发动机的空气流量。可以看出,上述优势和预冷 ATR 发动机存在很多相似之处。

2001 年,日本国立宇航实验室的 Hideyuki 等以两级入轨为应用背景,论证了可从 Ma0 工作至 Ma6.0 的发动机方案,将 PCTJ 发动机与预冷 ATR 发动机、涡轮冲压发动机和火箭冲压发动机等方案的性能进行了比较分析,结果显示 PCTJ 发动机的性能是这些备选方案中最优的[50-52]。研究指出 PCTJ 发动机比预冷 ATR 发动机性能更优,其原因是预冷 ATR 发动机涡轮入口的氢温度限制了压气机能达到的最大压比。

同年,日本空间与航天科学研究所同样针对两级入轨的发动机方案,采用了遗传算法同时对发动机、机身和弹道进行了优化设计,并以有效载荷比作为评价函数,对 PCTJ 发动机、预冷 ATREX 发动机、预冷燃气发生器循环 ATR 发动机和涡轮冲压发动机总体性能进行了定量比较,重点对比了发动机在加速阶段的比冲、比推力、当量比、压气机增压比、压气机叶尖转速和涡轮效率等发动机性能参数,结果表明 PCTJ 发动机是涡轮基组合循环发动机中最具发展前景的发动机类型。针对同一时期日本仍在大力研制的预冷 ATREX 发动机,此项研究指出,预冷 ATREX 发动机因为驱动涡轮旋转的氢分子量太小而导致了涡轮的效率很低,因此预冷 ATREX 发动机在比冲和比推力方面不可能胜过预冷涡喷发动机。

2004 年,日本宇航研究开发机构(Japan Aerospace Exploration Agency,JAXA)总结了前期日本在高马赫数涡轮发动机方向所做的研究工作[48],并梳理出了预冷高速涡轮发动机发展路线图,将后续研究工作的重点转为开展 PCTJ 发动机的地面实验和飞行试验验证。为降低难度,PCTJ 发动机采用了燃气涡轮循环,即压气机由主燃烧室产生的燃气直接驱动,而氢仅用于驱动氢泵。为防止涡轮超温,主燃烧室内贫油燃烧,剩余的燃料则在加力燃烧室继续燃烧。基于前期 ATREX 发动机积累的技术,日本于 2004 年开始了用于飞行验证用的预冷涡轮发动机研制工作,并将飞行验证用发动机命名为 S-engine(small precooled turbojet engine),它是一台带有预冷却器的小尺寸高速涡轮喷气发动机的验证机,目标应用对象是 JAXA 正在发展的一型 100 座级高超声速客机(图 3.20),其巡航马赫数达 5,设想在东京与洛杉矶之间运营。S-engine 的主要特征参数为:压气机入口半径 0.10 m,空气流量 1.1 kg/s,推力 1.2 kN,比冲 2 100 s,采用变几何的进气道和尾喷管[30]。

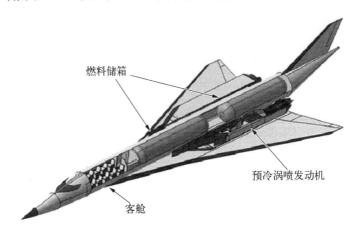

燃料储箱

预冷涡喷发动机

客舱

**图 3.20 高超声速客机概念图**

2004 年,JAXA 对 S-engine 的循环和控制程序进行技术验证[53]。S-engine 由进气道、预冷器、核心发动机(即压气机、燃烧室和涡轮)、加力燃烧室和尾喷管组成,如图 3.21 所示。其中,进气道由三个斜坡组成,其中第二和第三斜坡可根据飞行马赫数调节以形成组织良好的激波压缩结构。由于试验用的 S-engine 铝合金原型机仅工作于 $Ma2.0$,因此进气道采用固定几何结构。预冷器为液氢为冷却介质的管壳式换热器。考虑到核心发动机的尺寸和重量要求,试验发动机采用斜流式压气机、反向环型燃烧室和单级轴流式涡轮。可变几何的单斜坡矩形塞式尾喷管连接在加力燃烧室后方。由于加力燃烧室和尾喷管内燃气温度将超过 2 000 K,壁面采用氢再生冷却防止材料超温,冷却后的氢进入加力燃烧室与富氧的燃气最终燃烧。

2007 年,日本在 JAXA 的 Noshiro 测试中心对 S-engine 先后进行了两次点火试验[54]。第一次测试于 2007 年 3 月展开,所测试的发动机称为 PCTJ-1。这次试验主要检查了新制造的主机部件,主要目标是确保压气机和涡轮之间的功率平衡。测试所用的压气机和涡轮的机械转轴相连,但是两者在空气动力学上是相互独立的,即通过压气机的空气被直接排到环境中,涡轮的驱动空气由外部气源提供。此次测试验证了压气机和涡轮间的功率平衡,转子的转速达到 70 000 r/min,为设计值的 85%。

第二次测试于 2007 年 10 月展开,所测试的发动机称为 PCTJ-2,此次试验测试了包括气动整流罩、供气系统和控制系统在内的与飞行用模型相同的部件系统,其中碳-碳复合材料用作尾喷管唇罩的一部分。图 3.22 给出了测试用氢供给系

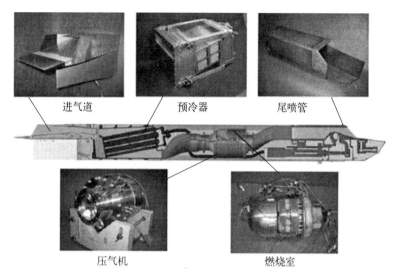

进气道　　　　预冷器　　　　尾喷管

压气机　　　　　　　　燃烧室

**图 3.21　缩比尺寸预冷涡喷发动机(S - engine)各部件组成图**[53]

统。氢作为主燃烧室和加力燃烧室的燃料,其中主燃烧室的氢流量约为 8 g/s,液氢通过位于涡轮下游的蒸发器中汽化,然后喷入主燃烧室中,与空气以贫燃状态发生燃烧,产生的燃气驱动核心机涡轮。加力燃烧室中氢流量约为 52 g/s,这部分氢先流经预冷器和尾喷管壁面后再喷入加力燃烧室中,与涡轮排出的富氧燃气继续燃烧,由于氢流量大于恰当油气比,因此加力燃烧室实际上为富油状态。

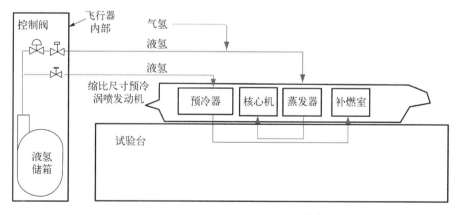

**图 3.22　PCTJ - 2 的氢供给系统**[53]

2008 年,JAXA 计划进行基于气球的 S - engine 超声速飞行试验[55],基于气球的超声速飞行器(Balloon based Operation Vehicle, BOV)的概念如图 3.23 所示。BOV 全长 4.6 m,机身直径 0.556 m,总质量 600 kg,机身由碳纤维增强聚合物复合材料(carbon fiber-reinforced polymers, CFRP)制成的圆柱形壳体组成,壁厚 3mm。

BOV 的圆柱体分为三段,分别为电气设备部分、推进剂部分和降落伞部分。电气设备部分采用气密结构设计,推进剂部分采用水密结构设计,试验后 BOV 飞行器可以漂浮在海面上。BOV 机翼和尾翼采用夹芯结构,由碳纤维制成的蒙皮胶粘在发泡聚氨酯芯体的两侧。

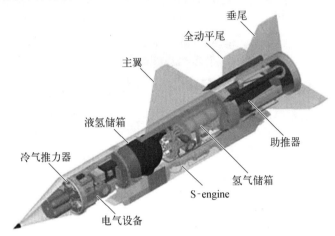

图 3.23　S‑engine 的飞行试验用飞行器[55]

BOV 机身装有一个发动机支架,用于承载测试发动机。该机身的结构设计考虑了高空气密结构段的压差、下落时所增加的气动载荷、气球发射、降落伞充气、迫降时的冲击等。BOV 的设计,一方面为了使 BOV 通过自由落体突破声速(图 3.24),这要求 BOV 的阻力要小,且稳定裕度为正;另一方面,为了降低开发成本,机身需要尽可能简化制造,因此最终选择了图 3.23 所示的简单锥筒形状。

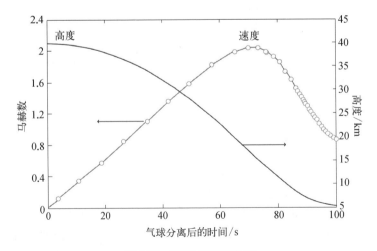

图 3.24　BOV 的飞行轨迹

在飞行试验前,研究团队通过风洞试验和计算流体力学评估了 BOV 的气动性能[55],结果表明 BOV 的纵向静稳定裕度满足要求,但横向静稳定裕度相对较小。造成该结果的原因是,安装在飞行器底部的测试发动机产生了较大的侧向力。为了提高 BOV 的水平稳定性,飞行器垂直尾翼尺寸相比水平全动尾翼尺寸增加了 30%。由于 BOV 与气球分离高度的大气密度非常低,因而即使飞行器有很高的静稳定裕度,仅通过气动力依然很难使 BOV 处于姿态稳定状态,为此,BOV 采用了 8 个推力为 50 N 的冷气喷射推进器进行初始的姿态控制,以保持俯冲姿态和方向不变。冷气喷射推力器的工作流体为 2 MPa 的高压空气,气球分离时的初始姿态信息由太阳传感器、GPS 传感器、磁传感器、陀螺仪和倾角计等传感器来获取。

2008 年,测试团队首先对飞行试验用的发动机进行了试验,其设计推力为 1 kN,总长为 2.66 m,矩形截面高 2.25 m、宽 2.25 m,总重约 140 kg。此发动机由超声速进气道、预冷器、核心机、加力燃烧室和变几何尾喷管构成,其中核心机由单级混流式压气机(设计空气流量为 1 kg/s,增压比为 6,转速为 80 000 r/min)、以氢为燃料的主燃烧室和单级轴流式涡轮组成。

飞行试验发动机所用的预冷器采用管壳式换热器结构,空气在壳内流动而液氢则在冷却管道内流动,该预冷器由 6 个逆流换热器串联而成,设计点的换热效率为 45%,其中冷却管采用 648 根直径为 2 mm 的不锈钢管,壁厚为 0.15 mm,总换热面积为 2.64 m$^2$。

液氢被高压氦气压至 3 MPa,在燃料箱出口处分为两支,流经核心管道的液氢通过涡轮排气所产生的热量在热交换器中蒸发,然后供给核心机主燃烧室;流经预冷器管路的液氢首先在压气机上游与空气进行换热,然后流入加力燃烧室和尾喷管壁面对结构进行再生冷却,最后流入加力燃烧室。

试验结果表明[55],当发动机入口温度为常温(288 K),也即不采用空气预冷时,若要维持 56%的发动机转速(45 000 r/min),此时发动机对应的运行参数为:燃油流量 2.4 g/s,空气流量 0.35 kg/s,压气机入口压力 0.099 7 MPa,压气机增压比为 1.8,涡轮前温度为 1 123 K;然而当采用空气预冷时,若要维持 56%的发动机转速(45 000 r/min),此时对应的发动机运行参数为:燃油流量 2.5 g/s,冷却剂流量 34/s,空气流量 0.54 kg/s,压气机入口压力为 0.098 1 MPa,压气机增压比 2.4,涡轮前温度 798 K。

以上测试表明,通过空气预冷可以改善发动机的稳态性能,主要表现为:增加了空气的质量流量(由 0.35 kg/s 升至 0.54 kg/s),增大了压气机的压比(由 1.8 升至 2.4),降低了涡轮前温度(由 1 123 K 降至 798 K,如图 3.25 所示),发动机在加速过程中的稳定工作裕度可提高 4 倍。

2009 年,JAXA 进一步对飞行试验用的 S - engine 进行了地面点火试验验

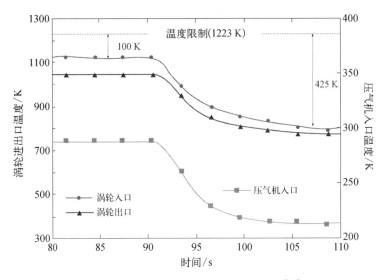

**图 3.25　空气预冷对涡轮前温度的影响**[55]

证[56],如图 3.26 所示,并披露了更多的飞行器与发动机技术细节。其中,BOV 机壳和与 $Ma2.0$ 飞行实验相对应的进气道均采用铝合金制造。压气机采用钛合金制造以便能承受设计转速下的应力。主燃烧室和涡轮均采用镍基合金制造,由于涡轮并未采用冷却技术,因此其中主燃烧室的最高温度限制在 1 223 K。核心发动机的机壳和尾喷管大部分采用不锈钢制造,尾喷管再生冷却段采用镍合金制造,变几何部分和外膨胀部分均采用不锈钢材料制成。加力燃烧室的喷油嘴位于尾喷管的上游,喷嘴部分采用浸渍硅的碳-碳复合材料制成。

**图 3.26　点火试验图**[56]

S-engine 试验装置流程图如图 3.27 所示。液氢采用氦气增压的挤压式供给系统供应,液氢先后通过预冷器和再生冷却通道,然后注入加力燃烧室中获得高温燃气。为了在预冷器中达到对空气深度冷却的效果,测试中预冷所用的燃料量大于恰当燃烧所需,这使得加力燃烧室始终处于富燃工况。

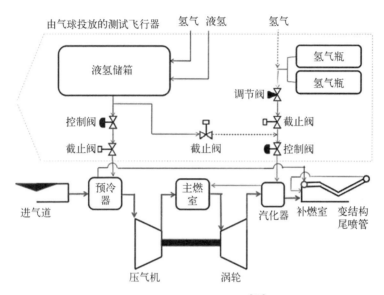

**图 3.27　试验装置流程图**[56]

2010 年 9 月,JAXA 进行了第一次基于 BOV 的 *Ma*2.0 飞行试验,飞行器由 40 km 高度与气球分离后,通过自由落体加速至 *Ma*2.0。考虑到首次测试的安全性,飞行试验发动机采用气态氢作为燃料,并以液氮为预冷器的冷却剂。冷却剂存储罐采用真空绝热的方式以防在发动机点火前长达 4 h 的飞行中发生汽化,而在发动机点火工作期间,罐内被加压至 3 MPa 以便向预冷器中提供液氮进而预冷来流。预冷器的换热效率见图 3.28。

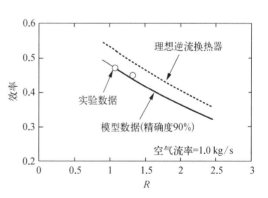

**图 3.28　试验用预冷器的温度效率**[57]

*R* 表示水当量比

在前期实验结果的基础上,JAXA 于 2014 年 2 月启动了 S-engine *Ma*4.0 风洞试验,用以验证发动机在风车状态下的启动性能[58],如图 3.29 所示。试验中,发动机转速先由来流冲击作用在第 32 s 时加速至 35 000 r/min,从 42 s 开始,发动机开始喷油,此后发动机转速由于涡轮的带动而迅速增大,在第 52 s 时达到 70 000 r/min。此后,当尾喷管喉道面积缩小而燃油流量不变时,发动机转速从第 60 s 开始降低,随后燃油流量降为 0。对于预冷器,从第 32 s 开始预冷器中开启液氮供应,随后预冷器出口空气温度迅速降低。

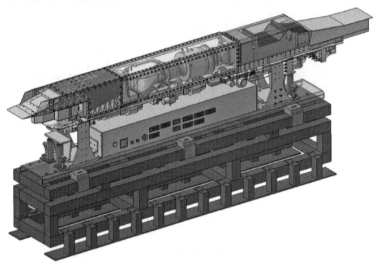

图 3.29　Ma4.0 一级风洞测试中的预冷器涡喷发动机[58]

　　试验 35 s 后,预冷器出口的空气温度反而增加,这是由于此时来流为真正的 Ma4.0 空气。在第 50 s 时预冷器出口不同测温点测得的出口空气温度为 440~520 K,据此可估算预冷器出口空气的平均温度为 480 K,进而可得因预冷而带来的空气温降约为 270 K。测试过程的详细数据如图 3.30 所示。

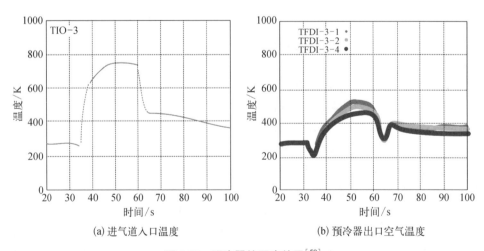

(a) 进气道入口温度　　　　　　　(b) 预冷器出口空气温度

图 3.30　预冷器的预冷效果[58]

对于空气的增压效果,试验表明进气道出口总压约为 130 kPa,总压恢复系数约为 16%,压气机出口的最大总压发生在 50 s,约为 300 kPa,而从 50 s 后该值开始随尾喷管喉道面积的减小而降低,原因是尾喷管喉道面积的减小造成了空气流量和转子转速的降低,具体如图 3.31 所示。以上试验证明了 S - engine 的外部结构能够承受 Ma4.0 飞行条件下气动加热。

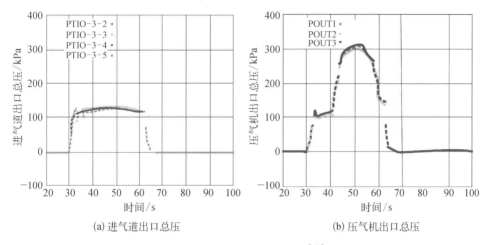

(a) 进气道出口总压　　　　　　　　　(b) 压气机出口总压

图 3.31　对空气的压缩效果[58]

2015 年,JAXA 对进行风洞试验的发动机测试装置结构进行了改进并对发动机开展了进一步的测试[59],如图 3.32 所示。其中,在发动机预冷换热器的进口处安装了厚度为 4 mm 的保护屏障,以防止空气加热器中储热物质中的微粒脱落后被

图 3.32　Ma4.0 风洞的实验装置设置

吸入发动机而造成预冷器换热管的腐蚀和破坏。此次测试中,S-engine 共有 4 个可调变量:第 1 个是,进气道斜坡角度,通过调节以便在不同的测试马赫数下获得最大总压恢复系数;第 2 个是燃烧室壁面液氮冷却剂的流量,用以模拟液氮对加力燃烧室的冷却情况;第 3 个是预冷器内液氮冷却剂的流量,用以调节预冷器的换热量;第 4 个是主燃烧室内的燃油流量,用以调节发动机转速。此外,此次风洞试验中确认了风车工况下发动机的启动时序。

    日本发展 S-engine 的目的是研发用于巡航马赫数达 5.0 的高超声速客机发动机。从路线图看,JAXA 今后的工作重点是评估和验证 S-engine 在 $Ma5.0$ 飞行条件下的性能,之后逐步开展飞行试验,用于试验的"高超声速技术试验飞行器"(hypersonic turbojet experimental vehicle, HYTEX)也正在研制中,该方案拟通过固体火箭推进器加速到 $Ma5.0$,以提供 S-engine 的试验验证环境。飞行试验将主要验证 S-engine 的部件性能,包括高马赫数飞行时高温条件下的预冷却器、低压条件下的核心机和可工作于苛刻环境的燃料供给系统等性能。

### 3.2.4 KLIN 循环

    针对单级入轨飞行器的动力需求,俄罗斯 CIAM 的 Balepin 等[60-62]在深度冷却涡轮发动机和液体火箭发动机的基础之上,提出了两者组合而成的新型循环发动机,用于垂直起飞-水平降落(vertical take off horizontal landing, VTOHL)的单级运输系统,并将其取名为 KLIN(在俄语中为楔的意思)循环,如图 3.33 所示。KLIN 循环中,液氢除了用于对来流空气进行深度冷却之外,还需对燃烧室和尾喷管进行再生冷却。

    KLIN 循环的提出是建立在对发射系统性能分析(图 3.34)的基础上。与其他纯吸气式组合循环发动机不同,KLIN 循环为深度预冷涡喷发动机(deeply cooled turbojet engine, DCTJ)

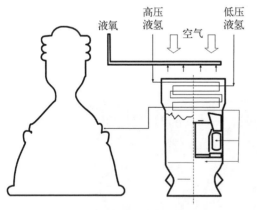

**图 3.33 KLIN 循环发动机示意图**[61]

同液体火箭发动机(liquid rocket engine, LRE)的组合循环,液氢既作为 DCTJ 和 LRE 的燃料,同时也用于对 DCTJ 的入口空气进行预冷,因此 KLIN 循环中的涡轮和火箭之间还存在热耦合关系。图中的区域 1 为吸气式发动机所处的特性区域,2 为火箭发动机所处的特性区域。由图 3.34 可见,对于吸气式发动机为动力装置的发射系统,提高发动机的推重比是增加有效载荷的最有效途径,而继续提高比冲带来的有效载荷收益非常有限,火箭发动机则恰好相反;对吸气式发动机,在当前的技术水平下,进一步提高推重比非常困难,而对火箭发动机,比冲性能已经趋近于氢氧发动机的性能极限,继续提高同样非常困难。可见,吸气式发动机同火箭发动机的并联组合,则恰好利用各自的性能优点,弥补了各自的性能不足之处,有可能进一步提高有效载荷。

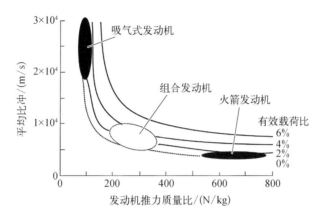

**图 3.34　有效载荷同比冲及推重比的关系**

1998 年,Balepin 等分析了 KLIN 循环发动机用于垂直起飞(vertical take off, VTO)升力体飞行器(图 3.35)的系统性能,并指出 KLIN 循环发动机是 VTO 的最佳动力选择[63]。

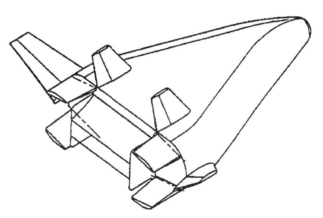

**图 3.35　KLIN 循环发动机可能应用的升力体飞行器**[63]

Balepin 从理论上指出,对于升力体构型而言,由于其能产生足够的升力进而具有平稳返回的优势,然而,如果采用纯火箭发动机动力,则在发射过程的爬升段,由于火箭动力飞行器陡峭的轨迹特征,使得飞行器不能充分利用自身升力体构型的优势。然而,KLIN 循环是火箭发动机和涡喷发动机的有机结合,其能够在发动机性能、发动机质量惩罚等因素间取得较好的折中,因此采用 KLIN 循环发动机的飞行器具有更高的有效载荷,而火箭发动机和涡喷发动机的组合方式使得对于不同的着陆场景(如水平着陆或垂直着陆),KLIN 循环发动机均具有较好的适应性。如图 3.36 所示,通过具体的发动机性能及任务性能分析表明,与纯火箭发动机相比,采用 KLIN 循环发动机的入轨飞行器可节省 30% ~ 35% 的氧化剂携带量,飞行器总起飞质量可减少约 2/3,并能减少 30% ~ 37% 的系统干重。

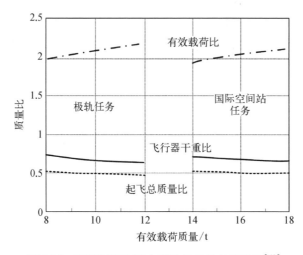

图 3.36    KLIN 循环/纯火箭的任务发射质量比[63]

2001 年,Balepin 对 KLIN 循环发动机方案开展了优化和改进[64],新方案中的 DCTJ 采取图 3.37 所示的构型。其中,截面 1 表示预冷器入口,对应截面的气流温度为 243 K,此温度是由 288 K 的来流和用于防止预冷器结冰而注入的、为来流空气 10% 流量的 55 K 液氧混合造成的;截面 2 表示预冷器之后、压气机前的位置,对应的截面气流温度为 110 K、总压恢复系数约为 0.85,预冷器出口的氢温度为 85 K、压降大约 2%;截面 3 表示压气机出口,在海平面标准条件下 4 级压气机达到设计点增压比后,压气机出口气流温度为 550 K;截面 4 为燃烧室出口,DCTJ 燃烧室采用贫油燃烧,燃烧室温度不超过 1 700 K;截面 5 为涡轮出口位置,涡轮采用单级设计,落压比约为 2、涡轮比功约 200 kJ/kg,而通常的涡喷发动机涡轮比功为 400 ~ 500 kJ/kg;截面 6 为加力燃烧室内部,燃气最高温度 2 505 K,采用再生冷却技术进行结构冷却。

KLIN 循环发动机的运行时序如下:① 从地面起飞到 Ma0.8,这一阶段 DCTJ 和 LRE 协同工作以满足垂直起飞所需的大推力需求。其中,DCTJ 单元全部开启,LRE 全部或部分单元工作。在此阶段,预冷器前将喷注液氧,目的在于防止预冷器结冰,同时喷入的液氧还能增加约 20% 的推力。已有研究指出,只需向空气中喷射

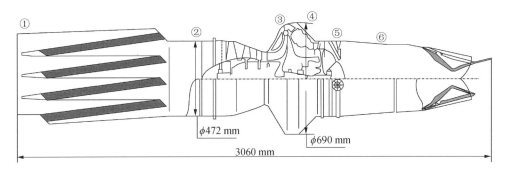

**图 3.37　7 吨量级的 DCTJ 截面示意图**[64]

大约为空气流量 4%～6% 的液氧就能完全解决预冷器的结冰问题[8]；② $Ma0.8$ 至约 $Ma1.2$，此时 DCTJ 和 LRE 协同工作，预冷器前液氧的喷射流量逐渐减小直至停止喷射；③ $Ma1.2$ 至 $Ma6.0$，LRE 停止工作，此时只有 DCTJ 提供推力，发动机推力显著下降，而比冲显著提升；④ $Ma6.0$ 以后，DCTJ 全部关闭，只由 LRE 提供推力。此时，不提供推力的 DCTJ 在关闭后可以同飞行器分离，进而可以回收再利用。

KLIN 循环的优点主要包括以下几个方面：① 结构相对较为简单；② 涡轮发动机与火箭发动机技术成熟度高，短期内具备应用能力；③ 推重比高；④ 比冲相较于 LRE 提高了 2～3 倍，虽然涡轮机械部件的加入增加了发动机质量，但是节省的氧化剂携带量和深度预冷技术的引入显著降低了系统干重。

### 3.2.5　逆循环发动机

涡喷发动机尽管具有良好的性能，但是在高速条件下，向高总温的空气中继续注入热量较为困难，从而限制了涡喷发动机在高速场景下的应用。1955 年 Hodeg 意识到了该问题并试图加以解决，由此提出了一种逆向燃气涡轮发动机概念[65]，如图 3.38 所示。可以看出，这一发动机概念将传统涡喷发动机逆向布置，气流流过的部件顺序也由传统涡喷发动机的压气机—燃烧室—涡轮变为燃烧室—涡轮—压气机。但是，这一发动机概念并未受到人们的重视，其原因主要在于：① 在未经增压的来流空气中直接组织燃烧，导致发动机燃料消耗量较大；② 流入压气机的气流温度更高，降低了发动机压比。这些不足限制了逆向燃气涡轮发动机的应用。

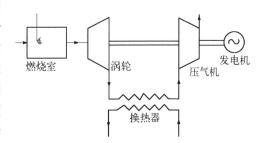

**图 3.38　Hodeg 提出的逆涡喷发动机概念**[65]

逆向燃气涡轮发动机概念虽然没有得到应用,但是其对传统涡喷发动机循环构型改进的思路启发了后面的研究者。1961 年,德国学者 Mordell 进一步提出了逆循环发动机(inverse cycle engine, ICE)概念[66](图 3.39),并于 1963 年申请了相应的专利(图 3.40)。

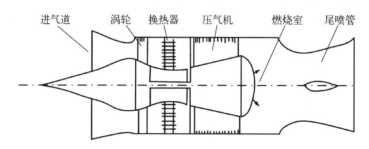

图 3.39　逆循环发动机结构示意图

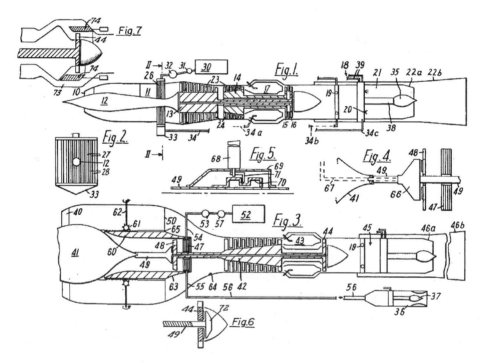

图 3.40　Mordell 申请的逆循环发动机专利[67]

逆循环发动机也称为逆涡喷发动机(inverse turbojet engine, ITE),为了区别于 Hodeg 提出的逆向燃气涡轮发动机概念,本书用 ICE 表示逆循环发动机。Mordell 在其专利中提出了采用换热器或者涡轮从进气道来流中提取能量,以降低来流温度来扩大发动机工作马赫数范围的方法,并指出了这两种提取能量的方法可以配合利用。

实际上,Mordell 在专利中提出的单独采用换热器预冷来流的循环也即预冷涡喷发动机的工作循环,而采用涡轮和换热器先后提取能量的循环即是当前人们所熟知的逆循环发动机概念。

逆循环发动机的结构示意图如图 3.39 所示,可见与布雷敦循环发动机中气流依次流过进气道—压气机—燃烧室—涡轮—尾喷管不同,逆循环发动机中气流依次流过进气道—涡轮—换热器—压气机—燃烧室—尾喷管,一般采用液氢作为发动机燃料和换热器的冷却剂。

与布雷敦循环相比,逆循环发动机最大的特点在于通过布置于进气道内的涡轮从来流中提取功,进而在高速飞行时不仅达到了降低来流总温的目的,同时提取的功用以带动压气机对空气增压,因此在热力循环层面上避免了涡喷发动机由于飞行速度不断增大而导致来流总温不断升高时,为避免燃烧室和涡轮材料超温而必须降低循环加热量所带来的发动机性能恶化问题,因此逆循环发动机能够工作在更高的飞行速度下。

ICE 概念提出后,Sreenath 在其导师 Mordell 的指导下,对逆循环发动机进行了系统的分析[68]。研究假设涡轮入口温度为 1 450 K,通过涡轮后空气温度降低 455 K,结果表明,采用逆循环的发动机运行马赫数上限可提升至 $Ma6.0$,同时,发动机在 $Ma5\sim6$ 内具有较好的巡航经济性。

在 $Ma6.0$、高度 27.4 km 的工作点上,Sreenath 进一步对分别采用水/煤油和液氢/液氢作为冷却剂/燃料的 ICE 与有/无再热的涡喷发动机及预冷涡喷发动机的性能进行了对比分析,结果显示,采用水/煤油作为冷却剂/燃料的预冷涡喷发动机的比推力为 89.5 s、比冲为 498 s,而采用同样工质的逆循环发动机的比推力为 100.8 s、比冲为 540 s;采用液氢/液氢作为冷却剂/燃料的预冷再热涡喷发动机的比推力为 88.5 s、比冲为 2 950 s,而采用同样工质的逆循环发动机的比推力为 100.8 s、比冲为 3 360 s。因此,在同等飞行条件下,产生同样的推力时,预冷涡喷发动机空气流量需要比逆循环发动机的空气流量高出 15%。

尽管逆循环发动机具有更好的高速性能,然而在低速飞行阶段,由于此时来流总压和总温过低,因此无法提供足够的涡轮功用以压缩空气。针对逆循环发动机在低马赫数时发动机性能不足的问题,Ribaud 对 Mordell 提出的原始循环方案进行了改进,在空气涡轮前增加了燃烧室以提高来流的做功能力[69]。这一措施虽然增加了低马赫数时气流的热焓,但是由于进气道的增压作用在低速时非常有限,因此必须同时增加低马赫数时涡轮前气流的压力,才能从根本上解决逆循环发动机在低马赫数时的性能问题。因此,1993 年 Ribaud 对 Mordell 的循环方案做了进一步改进,在燃烧室的上游又额外增加了压气机用以提高涡轮入口气流的压力[69]。然而,如此一来,在低速飞行时发动机的热力循环实际上又回退为涡喷发动机的布雷顿循环,因而在高速飞行时,发动机不仅失去了原本逆循环带来的好处,反而增大了发动机的干重。

Scott 从瑞利加热损失的角度对逆循环发动机概念进行了系统的仿真分析[70],指出 ICE 概念的好处是能够降低正激波前来流的速度,因而可以减小激波损失(ICE 概念中正激波位置见图 3.41)。

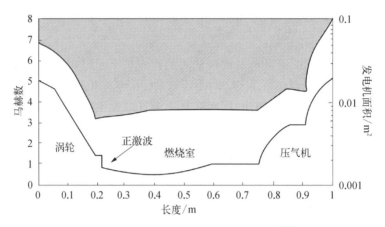

**图 3.41 正激波在 ICE 概念中的位置**[70]

然而,ICE 概念在减小激波损失的同时,如果采用额外冷却工质(非燃料)将降低气流的总温,因此与冲压发动机相比,这意味着 ICE 要向来流注入更多的热量才能达到和冲压发动机相等的单位推力。虽然 ICE 有这一不足,但当来流马赫数足够高时,在同样的温度限制下 ICE 比冲压发动机产生更大的推力。因此,虽然 ICE 产生单位推力所消耗的热量比冲压发动机多,但是却因为燃烧室来流总温降低而可以工作于更高的飞行马赫数。

Tsujikawa 等分析了循环参数对逆循环发动机性能的影响,对比了逆流式板翅换热器和横流式板翅换热器应用于逆循环发动机的换热特性[71]。针对实际发动机不可能始终运行在最优状态点的问题,讨论了发动机设计点的选择问题,进一步分析了逆循环发动机与涡喷发动机、冲压发动机和氢氧火箭发动机的性能差异,指出涡轮前配置燃烧室对增加低马赫数飞行时逆循环发动机性能的重要性,揭示了逆循环发动机的比推力和比冲相对其他发动机更优。

不难发现,ICE 循环的缺点在于,进气道内的气流经过涡轮膨胀后,由于密度减小,为保证涡轮后马赫数在合理范围内,通道面积必须增加,这将引起发动机迎风面积及体积的增大,给发动机部件匹配带来一定困难。

## 3.3　小结

本章介绍了液化空气循环,以及基于非液化思想构建的四类典型深度预冷循环发动机,这些循环的共同特点是其压缩过程不再是布雷敦循环所采用的绝热压缩过程。以换热器预冷的 ATR 循环为例,由于对进气道压缩后的来流进行冷却,降低了来流温度,因此即使在较高的马赫数下,压气机依然可以提供增压能力,使发动机更加紧凑,因而降低了发动机的结构重量,提高了发动机的推重比。

在这些采用燃料直接预冷概念的发动机中,燃料同时承担着推进剂、冷却剂和涡轮工质三重角色。燃料承担着多重功能,这给发动机的设计、运行及控制带来一系列不同于传统涡轮喷气发动机的约束条件。首先,可用的燃料量非常有限;以氢燃料为例,1 kg 空气完全燃烧,仅需要约 0.029 kg 的氢;对碳氢燃料而言,完全燃烧所需要的燃料量也不超过 0.07 kg。如此小的燃料量,不仅要完成对数百倍于自身量的来流的冷却作用,还要保证对发动机结构的冷却,可见,预冷循环发动机的运行面临着很大的冷却需求。额外增加燃料量用于冷却,虽然有可能满足冷却需求,但由于这部分燃料不能参与燃烧释热,而不可避免地造成资源的浪费。因此,燃料冷却能力的优化利用,是一个亟待研究的课题。其次,预冷循环往往采用燃料涡轮驱动压气机,而燃料的物性一般同空气物性有显著差异,这导致涡轮与压气机之间的匹配较为困难,因此,涡轮与压气机的匹配约束是构建高效循环必须要考虑的问题;最后,换热器是预冷组合循环发动机的关键部件之一,为提高换热器的功率密度,降低换热器重量,预冷组合循环发动机必须采用紧凑换热器。换热器给发动机的运行带来一系列新的约束条件,如换热器的流程布置形式、最大温度、压力限制、变工况特性等。如何突破燃料直接预冷带来的问题,并增加循环设计的自由度,这是预冷发动机循环方案发展需要解决的一个重要问题。

# 参考文献

[ 1 ]　Sloop J. Liquid hydrogen as a propulsion fuel[R]. BASA-SP-4404, TL 785S58, 1978.

[ 2 ]　Escher W J. A US history of airbreathing/rocket combined-cycle (RBCC) propulsion for powering future aerospace transports, with a look ahead to the year 2020[R]. IS-030, 1999.

[ 3 ]　Builder C H. Liquid air jet propulsion engine and method of operating same[P].USA3452541, 1961.

[ 4 ] Hall J R. Liquid air engine cycle with reliquefaction[ P ]. USA3561217, 1971.

[ 5 ] Builder C, Sessler C. Liquid air engine[ P ]. USA3775977, 1973.

[ 6 ] Escher W J. Cryogenic hydrogen-induced air-liquefaction technologies for combined-cycle propulsion applications[ R ]. N92 – 21526, 1992.

[ 7 ] William E. Synerjet for earth/orbit propulsion — revisiting the 1966 NASA/marquardt composite (airbreathing/rocket) propulsion system study ( NAS7 – 377) [ C ]. Lake Buena Vista: 32nd Joint Propulsion Conference and Exhibit, 1996.

[ 8 ] Richard V, Alan B. A comparison of propulsion concepts for SSTO reusable launchers[ J ]. Journal of the British Interplanetary Society, 2003, 56: 108 – 117.

[ 9 ] Bendot J G, Brown P N, Piercy T G. Composite engines for application to a single-stage-to-orbit vehicle[ R ]. NASA CR-2613, 1975.

[10] Sherman A. Cooling by conversion of para to ortho-hydrogen[ P ].USA4393039, 1983.

[11] Escher W, Teeter R, Rice E. Airbreathing and rocket propulsion synergism: Enabling measures tortomorrow's orbital transports[ C ]. Reston: 22nd Joint Propulsion Conference, 1986.

[12] Togawa M, Aoki T, Hirakoso H, et al. A concept of LACE for SSTO space plane [ C ]. Orlando: 3rd International Aerospace Planes Conference, 1991.

[13] Soller S, Blasi R, Strunz R, et al. Rocket gas generator for turbofan engine[ P ].USA3002340, 1961.

[14] Wesley A K. Turborocket engine[ P ]. USA3237400, 1966.

[15] Sakata K, Minoda M, Yanagi R, et al. Hypersonic turbomachinery-based air-breathing engines for the earth-to-orbit vehicle[ J ]. Journal of Propulsion and Power, 1991, 7(1): 108 – 114.

[16] Qi F, Wang J, Chen C P. Preliminary analysis of an airbreathing and rocket combined-cycle engine[ J ]. Journal of Propulsion and Power, 1998, 14(5): 613 – 619.

[17] de Luca, Fausto G, Giuseppe E, et al. An optimization study for the aerospaceplane's slush hydrogen turbopumps system[ C ]. Norfolk: Space Plane and Hypersonic Systems and Technology Conference, 1996.

[18] Hirakoso H, Aoki T. Rocket engine [ P ]. USA5025623, 1991.

[19] Lindley C A. Early aerospaceplane propulsion research: Marquardt corporation: ca 1956 – 1963 [ R ]. N92 – 21518, 1992.

[20] Rupert S, Robert A. History of ramjet propulsion development at the Marquardt company — 1944 to 1970 [ C ]. Tucson: 41st AIAA/ASME/SAE/ASEE Joint Propulsion Conference & Exhibit, 2005.

[21] Tatsuo Y. 'Spaceplanes' R&D status of Japan. [ C ]. Orlando: 3rd International Aerospace Planes Conference, 1991.

[22] Togawa M, Aoki T, Kaneko Y. On LACE research [ C ]. Orlando: 4th Symposium on Multidisciplinary Analysis and Optimization, 1992.

[23] Laurence C, Eric H. Study of liquid air augmented rocket for future launchers[ C ]. Monterey: 25th Joint Propulsion Conference, 1989.

[24] Gubertov A, Borisov N, Pritumanov S, et al. A compressor LACE as an engine for a reusable single-stage-to-orbit space transportation system [ C ]. Norfolk: Space Plane and Hypersonic Systems and Technology Conference, 1996.

[25] 李平.空气冷凝式喷气推进系统[J].推进技术,1987(4): 77 – 80.

[ 26 ]  郑庆雄,廉小纯,陈辅群.液化空气循环对组合发动机性能影响的研究[J].西北工业大学学报,1992(1):14-20.

[ 27 ]  祁锋.一种新型吸气式与火箭组合发动机(LOCE)及先进天地往返运输系统的发展[J].推进技术,1997(5):1-4,21.

[ 28 ]  黄奕勇,张育林.空气液化发动机参数分析[J].推进技术,2001(1):22-25.

[ 29 ]  Rae R S, Monica S. Jet propulsion unit with cooling means for incoming air[P]. USA 3040519, 1962.

[ 30 ]  Sato T, Taguchi H, Kobayashi H, et al. Development study of precooled-cycle hypersonic turbojet engine for flight demonstration[J]. Acta Astronautica, 2007, 61(1-6): 367-375.

[ 31 ]  Balepin V V, Maita M, B. Murthy S N. Third way of development of single-stage-to-orbit propulsion[J]. Journal of Propulsion and Power, 2000, 16(1): 99-104.

[ 32 ]  Kazuhide M, Takakage A, Hiromu S. Conceptual feasibility of reusable launch vehicles based on the ATREX engine[C]. Norfolk: 9th International Space Planes and Hypersonic Systems and Technologies Conference, 1999.

[ 33 ]  Kenya H, Nobuhiro T, Tetsuya S. Development study on precooler for ATREX engine[C]. Norfolk: 9th International Space Planes and Hypersonic Systems and Technologies Conference, 1999.

[ 34 ]  Tanatsugu N. Development study on expander cycle air turbo-ramjet with intake air cooler for space plane[C]. Warrendale: SAE Aerospace, 1990.

[ 35 ]  Yasuda A, Fujitsuna Y, Yasu S, et al. Mission analysis of a small, unmanned airbreathing space plane[C]. Orlando: 4th Symposium on Multidisciplinary Analysis and Optimization, 1992.

[ 36 ]  Nobuhiro T, Yoshihiro N, Itaru R. Test results on air turbo ramjet for a future space plane[C]. Orlando: 4th Symposium on Multidisciplinary Analysis and Optimization, 1992.

[ 37 ]  Harada K, Kimura T, Sato T, et al. Improvement of performance of the precooled cycle engine spoiled by icing[C]. Kyoto: 10th AIAA/NAL-NASDA-ISAS International Space Planes and Hypersonic Systems and Technologies Conference, 2001.

[ 38 ]  Harada K, Tanatsugu N, Sato T. Development study of a precooler for the air-turboramjet expander-cycle engine[J]. Journal of Propulsion and Power, 2001, 17(6): 1233-1238.

[ 39 ]  Kousuke I, Junsuke O. A comparative study of an ATREX engine and a turbo jet engine[C]. Salt Lake City: 37th Joint Propulsion Conference and Exhibit, 2001.

[ 40 ]  Kousuke I, Junsuke O, Takeshi M, et al. A feasibility study of an ATREX engine at approved technology levels[C]. Kyoto: 10th AIAA/NAL-NASDA-ISAS International Space Planes and Hypersonic Systems and Technologies Conference, 2001.

[ 41 ]  Kozo F, Kazuhiro I, Tetsuya S. Computational analysis of the flow field near the boat-tail region of annular plug nozzles[C]. Kyoto: 10th AIAA/NAL-NASDA-ISAS International Space Planes and Hypersonic Systems and Technologies Conference, 2001.

[ 42 ]  Takayuki K, Nobuhiro T, Tetsuya S, et al. Development study on axisymmetric air inlet for ATREX engine[C]. Kyoto: 10th AIAA/NAL-NASDA-ISAS International Space Planes and Hypersonic Systems and Technologies Conference, 2001.

[ 43 ]  Tetsuya S, Nobuhiro T, Hiroshi H, et al. Development study of the ATREX engine for TSTO spaceplane[C]. Kyoto: AIAA 10th AIAA/NAL-NASDA-ISAS International Space Planes and Hypersonic Systems and Technologies Conference, 2001.

[44] Shujiro S, Tetsuya S, Hiroaki K, et al. Flight test plan for ATREX engine development[C]. Norfolk: 12th AIAA International Space Planes and Hypersonic Systems and Technologies, 2003.

[45] Takayuki K, Hideyuki T, Takuya A, et al. Development study of the air-intake of the ATREX engine[C]. Norfolk: 12th AIAA International Space Planes and Hypersonic Systems and Technologies, 2003.

[46] Tetsuya S. Development study of the ATREX engine [C]. Bremen: 54th International Astronautical Congress of the International Astronautical Federation, the International Academy of Astronautics, and the International Institute of Space Law, 2003.

[47] Tetsuya S, Hiroaki K, Nobuhiro T, et al. Development study of the precooler of the ATREX engine[C]. Norfolk: 12th AIAA International Space Planes and Hypersonic Systems and Technologies, 2003.

[48] Kobayashi H, Sato T, Taguchi H, et al. Development status of Mach 6 turbojet engine in JAXA [C]. Vancouver: 55 thInternational Astronautical Congress, 2004.

[49] Powell T, Glickstein M. Precooled turbojet engine cycle for high Mach number applications [C]. Boston: 24th Joint Propulsion Conference, 1988.

[50] Hideyuki T, Hisao F, Ryoji Y, et al. Analytical study of pre-cooled turbojet engine for TSTO spaceplane[C]. Kyoto: 10th AIAA/NAL-NASDA-ISAS International Space Planes and Hypersonic Systems and Technologies Conference, 2001.

[51] Hiroaki K, Nobuhiro T. Optimization method on TSTO spaceplane system powered by airbreather [C]. Salt Lake City: 37th Joint Propulsion Conference and Exhibit, 2001.

[52] Hiroaki K, Tetsuya S, Nobuhiro T. Optimization of airbreathing propulsion system for the TSTO spaceplane [C]. Kyoto: 10th AIAA/NAL-NASDA-ISAS International Space Planes and Hypersonic Systems and Technologies Conference, 2001.

[53] Sato T, Taguchi H, Kobayashi H, et al. Development study of a precooled turbojet engine[J]. Acta Astronautica, 2010, 66(7-8): 1169-1176.

[54] Sato T, Taguchi H, Kobayashi H, et al. Development study of precooled-cycle hypersonic turbojet engine for flight demonstration[J]. Acta Astronautica, 2007, 61(1-6): 367-375.

[55] Hiroaki K, Shujiro S, Hideyuki T, et al. Hypersonic turbojet engine design of a balloon-based flight testing vehicle [C]. Dayton: 15th AIAA International Space Planes and Hypersonic Systems and Technologies Conference, 2008.

[56] Hideyuki T, Kenya H, Hiroaki K, et al. Firing test of a hypersonic turbojet engine installed on a flight test vehicle[C]. Bremen: 16th AIAA/DLR/DGLR International Space Planes and Hypersonic Systems and Technologies Conference, 2009.

[57] Hiroaki K, Hideyuki T, Takayuki K, et al. Performance analysis of Mach 5 hypersonic turbojet developed in JAXA[C]. Tours: 18th AIAA/3AF International Space Planes and Hypersonic Systems and Technologies Conference, 2012.

[58] Hideyuki T, Kenya H, Hiroaki K, et al. Mach 4 wind tunnel experiment of hypersonic pre-cooled turbojet engine[C]. Atlanta: 19th AIAA International Space Planes and Hypersonic Systems and Technologies Conference, 2014.

[59] Taguchi H, Kobayashi H, Kojima T, et al. Performance evaluation of hypersonic pre-cooled turbojet engine[C]. Glasgow: 20th AIAA International Space Planes and Hypersonic Systems

and Technologies Conference, 2015.

[60] Balepin V, Maita M, Murthy S, et al. 'Third Way' of development of SSTO propulsion[C]. Norfolk: Space Plane and Hypersonic Systems and Technology Conference, 1996.

[61] Balepin V, Maita M, Tanatsugu N, et al. Deep-cooled turbojet augmented with oxygen (cryojet) for a SSTO launch vehicle[C]. Lake Buena Vista: 32nd Joint Propulsion Conference and Exhibit, 1996.

[62] Balepin V, Maita M, Balepin V, et al. KLIN cycle — combined propulsion for vertical take off launcher[C]. Seattle: 33rd Joint Propulsion Conference and Exhibit, 1997.

[63] Balepin V, Hendrick P. Application of the KLIN cycle to a vertical takeoff lifting body launcher [C]. Norfolk: 8th AIAA International Space Planes and Hypersonic Systems and Technologies Conference, 1998.

[64] Balepin V V, Czysz P A, Moszé R H. Combined engine for reusable launch vehicle ( KLIN Cycle)[J]. Journal of Propulsion and Power, 2001, 17(6): 1239 - 1246.

[65] Hodge J. Cycles and performance estimation[M].New York: Academic Press Inc., 1955.

[66] Mordell D, Eyre F, Sreenath A. The inverted turbojet[C]. London: Eighth Anglo-American Aeronautical Conference, 1961.

[67] Mordell D L. Jet propulsion gas turbine engines with selectively operable air cooling means[P]. USA3204403, 1963.

[68] Sreenath A V. Studies of turbojet engines for hypersonic propulsion[D]. Montreal: Department of Engineering, McGill University, 1961.

[69] Ribaud Y. Inverse cycle engine for hypersonic air-breathing propulsion [C]. Athens: 9th International Symposium on Air Breathing Engines, 1989.

[70] Scott T W. Investigation and analysis of the inverse cycle engine and virtual turbomachinery concepts for high Mach number flight[D]. Ann Arbor: University of Missouri — Rolla, 1999: 271.

[71] Tsujikawa Y, KanekoK, Tokumoto S. Inverted turbo-jet engine For hypersonic propulsion[C]. Reno-Tahoe: ASME Turbo Expo, 2005.

# 第 4 章
# 间接预冷组合发动机

从预冷来流的角度,采用液氢燃料直接在换热器中对空气进行冷却的方案最为简单。但是,液氢-空气直接换热的方案存在其他方面的不足,诸如高温高压的氢引起换热器材料的氢脆问题、换热器氢气泄漏带来的安全风险、从来流中提取的热量的高效利用问题、氢及空气之间巨大的物性差异导致涡轮-压气机难以高效匹配的问题、氢同时兼做燃料和冷却剂带来的系统设计约束问题等。为避免上述不足,引入第三工质的间接预冷方案受到了人们的重视,这一方案以第三工质形成的闭式循环为"桥梁",实现热量由空气向燃料的搬运,同时向发动机的其他系统输出功。可见,间接预冷方案在空气与氢燃料之间构建了隔离层,避免了高温氢脆问题,增加了系统设计的自由度。本章对间接预冷方案的发展过程进行回顾。

## 4.1　间接预冷循环概念的提出

间接预冷方案最早由 Alan 等在对 RB545 发动机进行性能优化时提出的[1]。为了配合英国于 20 世纪 80 年代提出的水平起降(Horizontal Take-off and Landing, HOTOL)空天飞机计划,罗罗公司的 Alan 等于 1982 年开始负责研发了 RB545 发动机[2],如图 4.1 所示,而 RB545 则是基于对液化空气循环发动机(LACE)的改进而提出的[3]。

HOTOL 空天飞机旨在通过采用吸气式组合发动机方案实现水平起降天地往返运输,进而大幅度降低进入太空的费用,提高系统的可靠性。为了实现这一目标,这要求发动机须具有如下的特征[3]:

(1) 在吸气式爬升段的终点,发动机需具备转入以闭式循环方式工作的高比冲火箭模态;

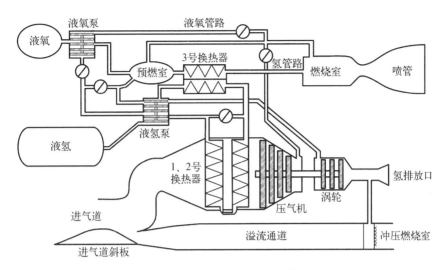

**图 4.1　RB545 发动机工作示意图**

（2）吸气模态需能够开展自主运行测试的能力以最大限度地降低开发成本；

（3）吸气模态运行轨迹需要同时使得发动机和飞行器的性能最优，因而吸气/火箭模态的最大转换马赫数应该为 6~7；

（4）发动机安装推重比应当远大于冲压发动机及涡轮火箭发动机，并且比冲比 LACE 有大幅度的提升；

（5）吸气模态所需的部件质量即发动机截面积应当尽量小。

除了燃料消耗量巨大外，LACE 能满足以上大部分要求，因此 Richard 等[3] 指出，由 LACE 演化而来的 RB545 循环的一个目的即大幅度提高发动机比冲。正如 3.1 节所述，LACE 的巨大燃料消耗量源自空气的冷凝过程，而由于对液化空气压缩所需的功耗相对于气态空气大幅度降低，这使得从预冷器及冷凝器中排出的经过加热的高压氢气的做功能力也不能得到充分利用，因此 RB545 循环方案的构建建立在这样的基础上，即通过取消空气的液化过程进而在空气的冷却需求和压缩需求之间取得更好的平衡。

在 RB545 发动机循环中，使氢消耗量最小的预冷温度约在空气的饱和蒸汽线附近，因此空气仅仅被冷却到约 80 K，这不仅避免了冷凝过程夹点温差导致的大量燃料消耗问题，同时依然确保有足够量的氢用以驱动氢涡轮压气机，从而使得空气的压力可以达到典型火箭发动机燃烧室压力水平[3]。如图 4.1 所示，在实际中冷却完空气的氢约有 1/3 经由预燃室而后进入主燃室参与燃烧，而剩余的 2/3 通过驱动空气压气机的涡轮做功后直接排入大气。

与 LACE 相比，RB545 方案将预冷所需的燃料空气比值降低至 0.1 左右，并且依然保持着 LACE 发动机结构相对简单的优势，因此在不降低推重比的前提下使发动机海平面比冲有了较大的提升。然而,预冷器金属材料的氢脆限制使得高马赫数飞行时,RB545 发动机依然要消耗远大于燃烧需用量的氢以防止预冷器超过氢脆温限;此外,氢涡轮与空气压气机的匹配较为困难,而且液氢直接预冷来流存在安全性等问题[3]。从 1989 年起,当 HOTOL 计划终止后,Alan Bond 等成立了反应动力公司(REL),以继续推进采用吸气式发动机实现单级入轨这一终极目标的梦想[1]。在解决 RB545 循环面临的问题的过程中,Alan Bond 等进一步提出了一个颠覆性的改进方案——SABRE 循环,如图 4.2 及图 4.3 所示。这一方案在进气道出口空气和液氢之间引入了氦气中介循环作为"搬运工"以实现对空气的预冷和有用功的提取,同时避免了液氢同空气的直接接触以及材料的氢脆问题,且氦气涡轮同空气压气机的匹配更加容易[4-6]。

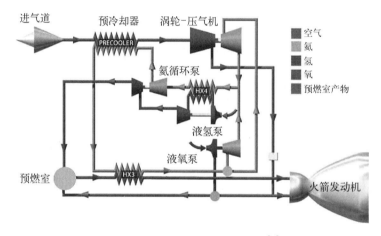

图 4.2　简化的 SABRE 循环原理[7]

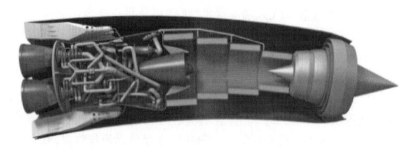

图 4.3　SABRE 示意图[7]

　　图 4.2 为简化的 SABRE 循环原理。液氢燃料首先用于冷却充当中间工质的氦气,随后氦气经由压缩机压缩后进入预冷器与经过进气道减速增压的空气换热,在完成预冷后,空气进入压气机进行增压,而氦气则进入再热器与预燃室流

出的高温燃气热交换以维持氦涡轮入口温度的恒定；流出再热器的氦气一部分用于驱动液氧涡轮泵，另一部分用于驱动空气压气机，做功后的两路氦气汇集后进入再生器和液氢换热后回到初始状态，因而完成了一个完整的循环过程；经过再生器加热的高压氢则用以驱动氢涡轮泵及氦压气机。SABRE 关键循环参数见表 4.1。

表 4.1　SABRE 循环参数

| 吸气模态（最大推力状态） | 总 参 数 |
| --- | --- |
| 高度/km | 20.3 |
| 马赫数 | 4 |
| 进气道总压恢复系数 | 0.159 |
| 液氢流量/(kg/s) | 31 |
| 当量比 | 2.8 |
| 空气流量/(kg/s) | 382 |
| 室压/bar① | 103.8 |
| 核心机推力/kN | 1 045 |
| 总推力/kN | 1 450 |
| **火箭模态（100%节流状态）** | **总 参 数** |
| 液氢流量/(kg/s) | 46 |
| 液氧流量/(kg/s) | 278 |
| 室压/bar | 145 |
| 总推力/kN | 1 458 |

图 4.4 与图 4.5 分别为 Richard 等[3]评估给出的 SABRE 安装推重比及推力，评估中假设所有发动机都采用了被广泛使用的材料和气动热力等方面的技术。可见，采用间接预冷方案的 SABRE 拥有同涡轮火箭发动机类似的比冲性能，同时发动机安装推重比依然可以达到液化空气循环发动机的水平。因此，SABRE 以相对适中的比冲以及较高的推重比，这一性能组合使其特别适用于单级入轨（single stage to orbit，SSTO）飞行器的动力。

---

① 1 bar = 10⁵ Pa。

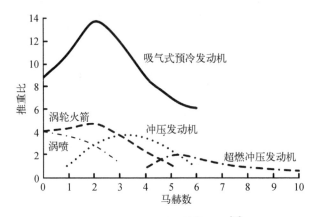

**图 4.4　SABRE 的安装推重比**[3]

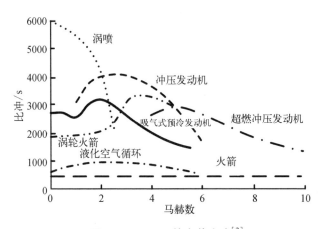

**图 4.5　SABRE 的安装比冲**[3]

## 4.2　间接预冷循环发动机

图 4.2 所示的循环方案最初为单级入轨这一种加速型任务而设计的,循环参数的选择着重考虑了对发动机性能在比冲和推重比之间的最优组合[3]。针对高超声速运输机、客机等以巡航飞行为主的应用场景,Alan Bond 等进一步提出了 Scimitar 发动机,如图 4.6 所示。Scimitar 发动机循环也采用间接预冷方案,其关键技术均来自 SABRE,如轻质高效换热器、无静叶对转涡轮、结霜控制技术等[8]。$Ma = 5$ 时,SABRE 循环空气预冷温度为 140 K,预冷燃料当量比大于 2,而 Scimitar 发动机循环

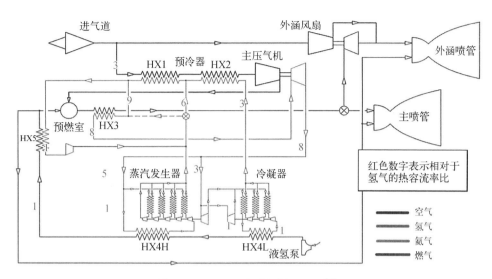

图 4.6　Scimitar 发动机循环原理[8]

空气预冷温度高达 600~700 K,预冷燃料当量比约为 0.85,可见其循环参数针对巡航任务做了相应的优化[8]。

　　Jivraj 等[8]指出,除了关键技术继承自 SABRE 循环外,Scimitar 发动机循环方案也由图 4.2 所示循环经过优化而得到。与图 4.2 所示的简单系统不同,Scimitar发动机循环中氢-氦之间的换热通过一系列平行的多分支结构来完成。Jivraj 等对采用这一多分支结构的原因进行了简要分析,指出对于所有吸气式发动机,其能量转化过程可由图 4.7 所示模型表示[8],其中 $\dot{m}_a$、$\dot{m}_f$ 分别表示空气及燃料质量流量;$V$、$V_{ex}$ 分别表示来流及排气速度;$Q_f$ 表示单位质量燃料的热值;$F$ 为发动机产生的推力。推力 $F$ 可由式(4.1)所示动量守恒公式计算:

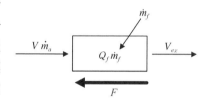

图 4.7　吸气式发动机能量
转化模型[8]

$$F = (\dot{m}_a + \dot{m}_f)V_{ex} - \dot{m}_a V_0 \tag{4.1}$$

发动机能量守恒可由式(4.2)保证:

$$\left(\dot{m}_a \frac{1}{2}V^2 + Q_f \cdot \dot{m}_f\right)\eta = (\dot{m}_a + \dot{m}_f)\frac{1}{2}V_{ex}^2 \tag{4.2}$$

质量守恒隐含于式(4.1)及式(4.2)中。在式(4.2)中,$\eta$ 表示图 4.7 所示模型发动机所有输入能量最终转化为燃气动能的效率,并记 $f = \dot{m}_a / \dot{m}_f$ 为空燃比,基于式(4.1)、式(4.2)及相应的参数定义,可得发动机排气速度及推力为

$$V_{ex} = \sqrt{\left(\frac{2 \cdot Q_f + f \cdot V^2}{1 + f}\right) \cdot \eta} \qquad (4.3)$$

$$F = \sqrt{(1 + f)(2 \cdot Q_f + f \cdot V^2) \cdot \eta} - f \cdot V \qquad (4.4)$$

则可得发动机的比冲为

$$\bar{V}_{\text{eff}} = \frac{F}{\dot{m}_f} = V\left(\sqrt{(1 + f)\left(2 \cdot \frac{Q_f}{V^2} + f\right) \cdot \eta} - f\right) \qquad (4.5)$$

由式(4.5)可得在给定的燃料热值 $Q_f$ 及发动机能量转换效率 $\eta$ 下使得发动机比冲取最大值的空燃比为

$$f_{\text{opt}} = \frac{1}{2}\left(\sqrt{\frac{(a - 1)^2}{1 - \eta}} - (a + 1)\right) \qquad (4.6)$$

对于氢燃料，$Q_f = 120\ \text{MJ/kg}$，空气-氢燃烧的当量空燃比 $f = 34.29$，假设发动机能量转换效率 $\eta = 0.8$，则可由式(4.6)得到不同飞行马赫数下发动机的最佳燃空比(或当量比)，如图 4.8 所示，可见随着飞行速度的增加，最佳当量比随之单调增加，而在 $Ma = 7$ 附近，最佳当量比取值约为 1。

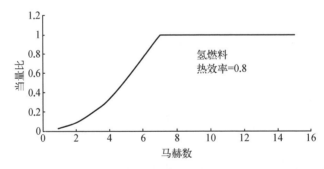

图 4.8　不同飞行马赫数下的最佳当量比(氢燃料)[8]

基于图 4.8 所示的结果，可得发动机的最优比冲，如图 4.9 所示，可见对于氢燃料，在 $Ma < 5$ 时，相对于最佳当量比的情况，当量比取值为 1 运行时发动机比冲依然具有较大的取值，这意味着对于预冷发动机这类循环方案，取较大的当量比不仅能增加发动机比推力，更有利于构建更为紧凑(预冷程度更大)的发动机[8]。这一分析意味着，对于间接预冷发动机，通过选择适当的当量比(或空气-燃料热容流率比值)，从热力循环上可以构建更为实用的方案，同时不至于由于预冷燃料效率而使得发动机性能大幅度降低。

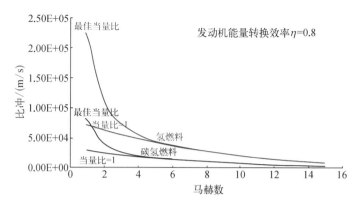

**图 4.9　不同飞行马赫数下发动机最优比冲**[8]

Jivraj 等[8]进一步指出,为了降低换热过程的熵产,换热器两侧流体热容流率必须匹配,可以证明,这要求空气-燃料的热容流率比值必须为有理数,同时为了保证发动机性能,由图 4.9 结果可知,此时对应的燃料当量比不能显著地偏离最优值。对于 Scimitar 发动机,经过权衡,最终空气-燃料热容流率比值取值为 1/3,其对应的空燃比为 43.087,当量约为 0.796。

对于预冷器,如果采用热容流率匹配的逆流布置方案,此时预冷器高温端氦气温度将会非常接近于来流总温[8],高马赫数时将超过材料温度限制,为此,高温段换热器(即 HX1)空气-氦气热容流率比值需要从匹配状态降低至 1∶3 以维持预冷器壁温始终大于 1 000℃,而在低温段预冷器(即 HX2)中,空气-氦工质热容流率比值维持匹配状态。由于氢-空气热容流率比值为 1∶3,因而氦-氢总热容流率比值将达到 1∶9,这需要将再生器分成若干个分支,并通过不同分支之间的梯级冷却方案,在维持再生器中热容流率匹配的同时,实现预冷器不同分段中空气-氦热容流率符合设计值,因此,Scimitar 发动机最终的循环演变为如图 4.6 所示的复杂多分支方案。

同 SABRE 类似,Scimitar 发动机的循环方案中也需要布置预燃室以弥补低马赫数飞行时来流总焓不足以驱动多分支中介循环高效运行的问题,同时维持氦涡轮入口温度始终为定值,因而无论运行环境参数如何变化,中介循环始终工作于设计点附近。同时,发动机中同样需要布置冲压发动机涵道以适配进气道捕获空气量同核心机所需空气量之间的差异,防止由于进气道与核心机流量不匹配引起溢流而带来溢流阻力。此外,虽然设计巡航马赫数为 5,Scimitar 发动机依然需具备亚声速时高效运行的能力,以防止飞越居民区上空时产生"声爆",并能在起飞及着陆时满足有关噪声和排放的国际标准,为此,Scimitar 发动机在冲压涵道布置了增压风扇以满足亚声速飞行时的需求。

基于上述考虑给出的 Scimitar 发动机最终配置如图 4.10 所示[8],其中 3 波系轴对称进气道动能效率 $\eta_{KE}=0.9$，预冷器共有 6 个分段，每段由大约 70 个模块组成，设计点空气预冷温度为 635 K，双转子对转空气压气机压比约为 4.07，由无静子的对转氦涡轮驱动，再生器布置于压气机周围。由再热器 HX3 中排出的燃气可以通过阀门的控制通入核心机的主燃室或喷管，或者通入外涵冲压通道风扇的轮毂涡轮以实现发动机运行状态的变换。在 $Ma=5$ 的发动机设计点，循环对应的参数见图 4.11。

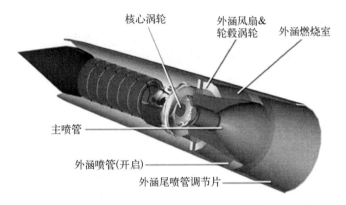

**图 4.10　Scimitar 发动机示意图**[8]

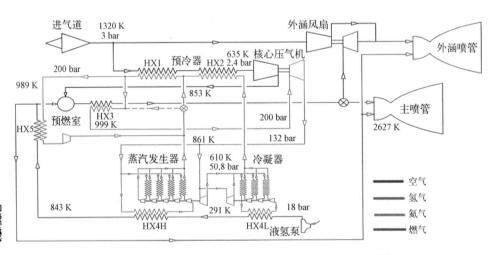

**图 4.11　Scimitar 发动机在 $Ma=5$ 运行点的循环参数**[8]

　　图 4.11 所示的 Scimitar 发动机设计点循环参数为考虑了各循环部件实际效率后给出的，按照设计，氦工质闭式循环在所有运行工况点都按照相同的压比及温比运行，因此由于驱动空气压气机的氦涡轮进出口温比始终为常值，整个闭式循环的功率水平通过调整氦工质流路的总流量或压力进行调节。Scimitar 发动机典型工作点的参数如表 4.2 所示。

表 4.2　Scimitar 发动机性能[8]

| 高度/m | 马赫数 | 当量比 | 推力/N | 空气流量/(kg/s) | 氧燃比 | 飞行状态 |
|---|---|---|---|---|---|---|
| 5.3 | 0.392 | 0.8 | 372 254 | 519.9 | 42.87 | 带再热器的跑道加速 |
| 1 230 | 0.408 | 0.407 | 248 134 | 477.0 | 84.28 | 带再热器的亚声速加速 |
| 16 577 | 2.5（B-模态） | 0.7 | 272 771 | 284.2（入口溢出） | 48.98 | 发动机模态转换；亚声速状态 |
| 16 577 | 2.5（P-模态） | 0.7 | 313 105 | 349.5（全捕获） | 48.98 | 发动机模态转换；超声速状态 |
| 5 900 | 0.9 | 0.074 9 | 81 873 | 390.4 | 458.0 | 亚声速巡航 |
| 25 400 | 5.0 | 0.8 | 168 348 | 173.6 | 42.87 | 超声速巡航 |

　　针对加速型任务，REL 对图 4.2 所示循环方案进行了进一步的改进以降低技术风险。改进后的循环方案如图 4.12 所示，被称为 SABRE4 循环，可见其与 Scimitar 发动机循环方案较为相似，不同之处在于再生器的分支数目上。除此之外，相对于图 4.2 方案，SABRE4 循环吸气模态及火箭模态不再完全共用尾喷管，而改为双喉道喷管以降低共用喷管导致空气需要被压缩至极高的压力所带来的技术难题。对于 SABRE 系列发动机循环方案演变的总体设计及热力学方面的原因将在本书第 11 章深入讨论。

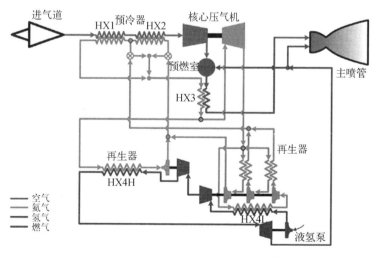

图 4.12　改进的 SABRE4 循环构型[9]

REL 提出的 SABRE 系列循环方案在国内外引起了广泛的关注,文献[10]对 SABRE 循环进行了经典㶲分析,指出未燃烧的氢是系统最大的㶲损来源,据此作者提出了一种氢气再循环的改进方案,如图 4.13 所示,结果表明改进方案使飞行轨迹上的总燃料消耗量降低了 9%,循环效率提高了 5.6%。文献[11]提出了一种基于 SABRE 循环的简化方案作为两级入轨飞行器的第一级动力,如图 4.14 所示,这一方案采用壁面换热器代替了预燃室,并且不包括火箭模态。

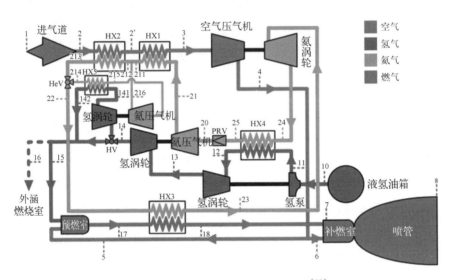

图 4.13　带有氢气再循环的改进方案[10]

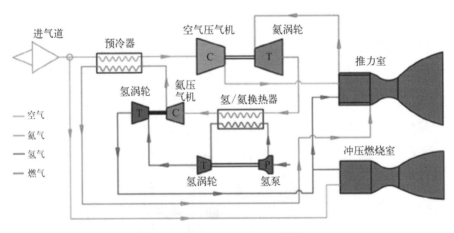

图 4.14　PATR 循环构型[11]

## 4.3　SABRE 系列发动机的最新进展

经过 REL 多年的攻关,SABRE 系列发动机关键技术近几年取得了实质性的突破。2019 年 4 月 8 日,REL 宣布 SABRE 系列发动机预冷器在超声速热环境下的地面测试取得了成功。这一测试用于检验超声速热条件下预冷器的工作能力,测试中的来流温度对应于马赫数 3.3 飞行时空气总温。测试结果表明,在不到 50 ms 的时间内,预冷器成功地将来流从 420℃ 冷却下来,预冷器总传热功率达到了 1.5 MW。REL 表示,当前的测试是后续大规模试验计划的第一阶段任务,而在未来的测试中,预冷器试验件将在马赫数 5 的高超声速来流条件下进行进一步测试验证,届时来流总温将超过 1 000℃[12]。

此次试验在 REL 最近启用的 TF2 测试设施上进行,这一测试设施由 REL 负责建造,用于对 SABRE 系列发动机的预冷器技术进行地面热测试,测试中的高温来流条件由一台通用电气公司 J79 涡轮喷气发动机提供,预冷器测试模块封装在图 4.15 所示的壳体中[12]。在 TF2 测试台建成之前,测试所需的关键技术已经经过了广泛的检测和验证。除了 TF2 预冷器热测试设施外,REL 还在英国建造了 TF1 测试台,用以对 SABRE 系列发动机的核心机进行地面试验。为了推进 SABRE 系列发动机关键技术的演示验证,在过去的四年中,REL 从英国政府、BAE System、Rolls-Royce 及 Boeing HorizonX 等公共或私营机构筹集了超过 1 亿英镑的资金,这为 SABRE 系列发动机关键技术的快速迭代成熟提供了有力的保障[12]。

**图 4.15　模拟来流 *Ma*3.3 预冷器测试件(HTX)实物图**[12]

2019 年 6 月 27 日，REL 与法国宇航局（Centre National D'Etudes Spatiales，CNES）、英国宇航局及法国航空航天实验室（Office National Etudes Recherches Aerospatiale，ONERA）合作开展了以吸气式发动机为动力的未来太空运输系统研究，以此评估和量化呼吸式推进技术对未来欧洲空间发射架构的潜在优势和好处[13]。这项联合研究围绕从法属圭亚那航天中心发射的两级入轨（two-stage-to-orbit，TSTO）概念展开，整个发射系统的第一级采用以 SABRE 为动力的可水平起降并回收的带翼飞行器，第二级采用传统的火箭发动机[13]。2019 年 7 月 17 日，英国国防部启动了一项 1 000 万英镑的为期两年的研究项目以激励英国高超声速推进系统的发展，REL、Rolls-Royce 及 BAE Systems 共同承担了研究任务，以加速实现在未来两年内完成高超声速推进系统的设计及实验。项目虽然未说明采用何种高超声速动力方案，但是考虑到 REL 与 Rolls-Royce 及 BAE Systems 的合作关系，因此有可能是英国军方对 SABRE 方案军事用途的应用评估[14]。

2019 年 10 月 29 日，REL 宣布完成了预冷器模拟 $Ma=5$ 来流条件的地面热测试，测试中，预冷器成功将超过 1 000℃ 的空气在不到 1/20 s 内进行了急速冷却，实验证明预冷器设计达到了 REL 预定的最高温度，并且打破了 2019 年 4 月模拟的 $Ma3.3$ 来流温度的纪录[15]。如图 4.16 所示，该项测试同样由位于科罗拉多航空航天港特别定制的测试设备上完成，由 DARPA 资助，REL 美国分公司负责实施完成。REL 表示，其获得的预冷换热器技术专利除了用于可显著提高现有喷气发动机技术性能的预冷系统外，还可以广泛用于商业热管理体系，如汽车、航空航天、能源和过程工业等场合[15]。

**图 4.16　模拟来流马赫数 5.0 预冷器实物图**[15]

2020 年 5 月 18 日，REL 启动了一项概念研究，以开发用于 SABRE 技术飞行演示用的高超声速试验平台（Hypersonic Test Bed，HTB）。该研究由英国航天局发起，在欧洲航天局一般支持技术计划（General Support Technology Programme，GSTP）下进行。REL 表示在高超声速飞行试验平台上进行飞行验证,这对于 SABRE 技术的发展至关重要。这一研究有两个目的:第一,确定潜在可行的飞行器设计概念以方便对图 4.17 所示缩比 SABRE 验证机进行技术演示;其次,评估以 SABRE 为动力的应用方案在未来太空运输领域的竞争力[16]。

图 4.17　SABRE4 缩比(1/4)演示验证发动机[17]

2020 年 12 月 14 日,REL 宣布与欧洲航天局(European Space Agency, ESA)太空运输部一起完成了一项由 SABRE 推进的航天发射系统概念研究,这一发射系统预期将在 2030 年之后为空间发射提供商业服务。该项目的研究目标是探索如何将 REL 开发的 SABRE 系统部署到合适的发射系统中,以便根据预期的全球商业发射服务市场,对发动机技术、运营方式和经济收益进行针对性的优化,并以此为指导规划 2022~2025 年的研发活动[18]。主要研究内容包括:① 针对 2030 之后发射市场,识别和捕捉对以 SABRE 为动力的发射系统的需求;② 针对需求,权衡和抉择发射系统方案;③ 针对以 SABRE 为动力的发射服务,给出对其商业前景的判断。研究结果表明:① 基于 SABRE 的发射系统的预期前景达到了所设的标准;② 基于前期飞行器概念的积累,进一步深化了有关如何部署以 SABRE 为动力的发射系统(包括发动机、飞行器、上级和地面部分)的认识;③ 最终的可接受方案逐渐收敛到采用两级入轨发射概念[18]。显然,这一结果推翻了 SABRE 初期用以适配 SKYLON 单级入轨的空间运输方案。

2021 年 2 月 17 日,REL 宣布完成了 SABRE 两个重要子系统的测试:HX3 热交换器和氢气预燃器,如图 4.18、图 4.19 所示,这些子系统将为发动机的吸气式核心机提供热能和空气[19]。Airborne Engineering 公司为 HX3 测试设计并建造了定制的热气源,其能够提供具有可变质量流量和温度的富燃燃气,燃气温度可在 428℃至远超 928℃的范围内变化,并且实现了对试验台氢气及空气的质量流量、氦冷却剂的质量流量以及换热器排出的热冷却剂的压力的闭环反馈控制。测试中 HX3 换热器最高温度为 1 126℃,达到了迄今为止最高的测试温度,并且其综合性能超过了模型预测,即换热器具有更大的换热功率,同时压力损失比预期的要小。对于预燃室,测试结果同样表明其性能超出了预期,并且虽然预燃室同时涉及对更多新技术的测试,但是测试中并未出现预计对设计结果进行重大重新设计的因素[19]。

图 4.18　HX3 测试单元[19]　　　　图 4.19　预燃室测试单元[19]

## 4.4　间接预冷发动机换热技术

以 SABRE 系列循环为代表的间接预冷组合发动机依赖于一系列关键技术,特别是换热效率高、结构紧凑、重量轻、体积或质量功率密度大的先进换热器技术,其直接决定着包括直接预冷循环在内的预冷发动机是否具有实用性。本节从间接预冷发动机换热器技术、总体设计及循环参数匹配以及 SABRE 系列发动机最新进展等方面对间接预冷循环组合发动机的关键技术发展进行了回顾。

换热器是间接预冷发动机的关键部件,SABRE 系列发动机从概念的提出到逐渐受到英国航空航天局、欧空局、美国空军及 DARPA 等机构的重视,这与 REL 在轻质高效紧凑型大功率换热器方面的突破性进展密切相关。考虑到第 8 章将对所有类别的预冷发动机换热器进行详细的专题报道,因此本节的关注点仅围绕 SABRE 系列发动机关键换热器的发展。

SABRE 系列发动机换热器包括预冷器、再生器及再热器。预冷器用于实现对高总温来流的冷却,在 $Ma = 5$ 左右的模态转换点或巡航点,由于发动机空气流量大、换热功率高等因素,又由于高温空气为低密度换热介质,因此为实现高效换热,预冷器需要具备合理的流动传热布局方案。Murray 等指出[20],面向预冷发动机的换热器须具备以下几个特征:

(1) 小的总质量;

(2) 较小的体积;

(3) 极高的换热功率——需要在百兆瓦量级。

因此,预冷发动机对换热器技术水平的要求远远超过了地面工业领域,Murray 等[20]预测,对于一个将来流空气从 1 000℃冷却至-140℃、总换热功率为 400 MW 的预冷器,如果采用现有的换热器技术进行设计,预冷器质量将达到 18 t,这是

SKYLON 空天飞机有效载荷的 1.5 倍。

总体上,换热器传热功率同换热器面积成正比关系,因此为了降低预冷器这一大功率换热器的体积和重量,必须采用高紧凑度的换热器方案。此外,SABRE 氦气流路的压力可达 20 MPa,而进气道出口空气的压力一般仅有几个大气压,Varvill[5, 21] 指出在两侧换热流体如此巨大的压力差下,此时采用不带肋片的管式方案可获得最小的预冷器质量。为提高预冷器的紧凑度,这要求换热管的直径尽量小;然而,降低管道的直径使得同等流量下管道压降显著增加,由湍流区的流阻关系可知[20],此时管道压降同管道直径的关系为

$$\Delta P \propto 1/d^{4.8} \tag{4.7}$$

因此,为了避免采用小管道导致换热工质压力损失过高的问题,Murray 等[20] 指出 SABRE 预冷器需要采用大量长度较短的小直径换热管设计方案。

预冷器流动换热方案的设计还需要考虑空气侧的压降问题,由于空气密度较低,较小的流通面积必然导致空气流经预冷器后产生极大的总压损失,这对于发动机性能是不利的,同时,预冷器的布置方案还需要考虑发动机的整体布局。基于上述考虑,Murray 等提出了如图 4.20 所示的预冷器流动布局方案[5],在这一方案中,换热管沿径向按等距螺线排列形成一系列管排,氦工质由入口分流接头分配后由内而外沿管道流动,最终通过布置于管排出口处的汇流接头收集后流入再热器,而空气沿着预冷器径向由外向内流动,最终,这一布局方案形成了一个空气-氦在整体上按逆流布置、管排交错排布且空气横掠管束的管式换热器。

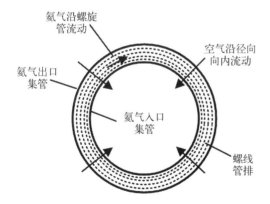
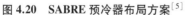

图 4.20　SABRE 预冷器布局方案[5]　　　图 4.21　SABRE 预冷器模块[5]

以上布局方案可以形成如图 4.21 所示的预冷器模块,并且如图 4.3 或图 4.10 所示,通常发动机预冷器由若干个预冷器模块沿发动机轴向排列组成。总之,图 4.21 所示的预冷器布局方案较好地兼顾了同发动机总体布局的匹配、对空气侧大流通面积的需求、两侧流体悬殊的压力差异及高紧凑度的要求,并且利用整体上

形成的逆流换热布局、叉排管束及空气横掠管排的方案进一步提升预冷器的换热效率,是一种在发动机的实际约束下所提出的极具创新性的换热器布局设计方案。文献[20]指出,对于 SABRE,基于图 4.21 方案所设计的轻质高效紧凑预冷器在 400 MW 的总换热功率前提下将来流空气从 1 000℃冷却至−140℃时,预冷器的总质量仅有 600 kg,相当于工业领域换热器的设计水平总质量的 1/30。文献[5]指出 Scimitar 发动机预冷器预测的总质量为 940 kg;在 Ma = 5 的巡航点,预冷器需要将流量为 172 kg 的空气从总温约 1 250 K 冷却至 665 K,并需要保证空气侧压降不超过 0.4 bar,对应的预冷器换热功率密度约为 110 kW/kg。

按照图 4.20 及图 4.21 构建的 SABRE 系列发动机预冷器一般由数十万根直径小于 1 mm、管壁厚度为 0.1 mm 量级的毛细管组成;数量巨大的毛细管如何同分流/汇流接头可靠地连接为预冷器的建造带来极大的挑战。为此,REL 首先构建了 JMHX1 换热器作为预冷器制造的试验验证平台用于测试制造 SABRE 预冷器的合适程序,如图 4.22 所示[20]。JMHX1 模块为 415 根 316 不锈钢材质的外径 0.38 mm/内径 0.28 mm 毛细管组成的叉排管束方案,其尺寸参数及设计的换热性能参数见表 4.3 及表 4.4。JMHX1 连接孔首先由钻头或激光进行打孔,如图 4.23 所示,毛细管采用钎焊的方式同分流/汇流接头连接,填充所需的钎料为特制的镍-铬材料,其强度高、抗侵蚀性强,在 850℃时依然具有良好的抗氧化性能。

**表 4.3　JMHX1 预冷器模块参数**[20]

| | |
|---|---|
| 宽度 | 40 mm |
| 长度 | 40 mm |
| 厚度 | 4 mm |
| 管内/外径 | 0.38/0.28 mm |
| 管排数 | 10 |
| 管道总数 | 415 |
| 管道材料 | 316 号不锈钢 |
| 工作压力(设计点) | |
| 内部流体($N_2$ 和 He) | 绝对压力 100 bar |
| 外部流体($N_2$) | 绝对压力 1 bar |
| 工 作 温 度 | |
| 内部 | 80~300 K |
| 外部 | 300~1 000 K |

表 4.4　JMHX1 预冷器模块的设计性能[20]

| 内部氮气流 | |
| --- | --- |
| 入口温度 | 80 K |
| 质量流率 | 0.023 kg/s |
| 质量通量 | 922 kg/($m^2 \cdot s$) |
| 外部氮气流 | |
| 入口温度 | 1 000 K |
| 质量流率 | 0.023 kg/s |
| 质量通量 | 30 kg/($m^2 \cdot s$) |
| 工作功率 | 8 000 W |
| 管道总质量 | 6.5 g |
| 功率质量比性能 | 1.23 MW/kg |

图 4.22　JMHX 预冷器试验模块[22]

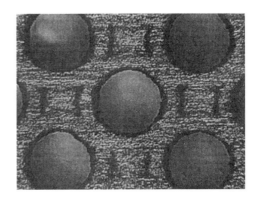

图 4.23　预冷器接头上的毛细管连接孔[20]

　　文献[22]对 JMHX 模块的传热性能及压降特性进行了实验测试。测试中 JMHX 模块的换热功率达到了 2 GW/$m^3$,工质温降达到了 500℃;测试结果表明针对大尺寸管道发展的传热关联式对水力直径低至 0.3 mm 时的情况依然具有良好的预测能力,而阻力关联式对管束外侧工质压降的预测则不够精确。文献[23]分析了预冷器的设计及约束参数如最高温度限制、低温段热容流率等对发动机性能的影响,指出预冷器温度限制条件下,为降低预冷器熵产带来的不可逆损失,有必要将预冷器分为高温段和低温段两部分,如图 4.24 所示,其中高温段采用较小的空气-氦工质热容流率比值以防止管壁超温,而低温段采用匹配的热容流率以降低总换热温差。即便如此,评估表明预冷器依然是氦工质回路中不可逆损失的最大来源,特别对于低温段换热器,虽然具有匹配的热容流率以降低平均换热温差,考

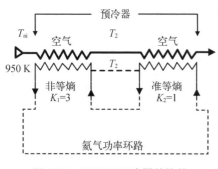

图 4.24　SABRE 预冷器的换热
过程的分割[23]

虑到低温换热器换热功率占总换热功率 60%以上,因此低温段换热器平均温差的降低对发动机性能至关重要。

与 JMHX 试验模块所用的 316 不锈钢不同,SABRE 及 Scimitar 发动机预冷器毛细管采用 Inconel 718 制造,这一材料具有很高的机械强度和抗氧化性能。文献[5]指出,REL 在欧盟远期先进推进概念和技术(Long-Term Advanced Propulsion Concepts and Technologies, LAPCAT)计划的资助下对 Inconel 718 之外可能存在的更为优异的材料进行了大量的探寻,但是并未找到在高温抗氧化性、蠕变强度及拉拔管道所需的延展性等方面综合性能超过 Inconel 718 的替代材料。

Webber 等[24]指出,通过改变换热器紧凑度、壁厚、流动布置等常规方法继续增加 SABRE 系列发动机预冷器的换热能力在实践中已经趋于极限,因此为进一步改善 SABRE 高性能紧凑预冷器的性能,研究常规之外的方法至关重要。为此,Webber 等[24]建造了一款超低速(0~1.5 m/s)风洞用于以可信的方式评估这类方法对性能的提升效果。据悉,该风洞可在所需的雷诺数范围内提供高质量的均匀气流,并且已经用于验证当前预冷器的设计。

SABRE 预冷器的换热功率大约为 400 MW,如前所述,为了降低预冷器的熵产,必须尽可能地减小预冷器的平均换热温差。总体评估表明,如果可将预冷器的总换热系数提高一倍以实现平均换热温差降低一半,则 SKYLON 飞行器的有效载荷可增加 10%[24]。为测量预冷器管排中某个局部空气侧的传热系数,Webber 等[24]选择了以液晶为表面温度计的厚壁面瞬态测量技术;以涂敷在管壁外表面的液晶充当表面温度计可以反映管壁外表面传热系数的整体分布情况,这对于精确测量表面改性带来的局部换热强化效应极为重要;同时,为了保证对改性表面的测量具有足够的分辨率,测试管壁需要有足够大的直径。为此,Webber 等[24]最终建造了一个由直径 20 mm 圆管组成的类似于 SABRE 预冷器几何结构的测试管排用以传热强化测试,如图 4.25 所示。

SABRE 系列发动机再生器采用紧凑型板式换热器(plate compact heat exchanger, PCHE)[23],这一类换热器在工业及舰船潜艇等领域都有广泛应用,适用于成本要求低、高压、紧凑设计及高换热效率要求的场合,如图 4.26 所示,结构上一般采用薄金属板的形式,通常通过化学蚀刻或机械压制在表面形成流体通道,然后将板材堆叠并在压紧状态下加热至接近熔点温度使板材通过扩散黏合在一起,此时板表面之间的晶粒相互合并,因此接头强度可与板材自身的强度媲美;通过以上步骤完

图 4.25　低速风洞中的传热强化测试管排[25]

成换热器芯级结构的制造后,还需要两侧流体的分流管/回流罐通过钎焊连接到换热芯上。对于图 4.26 所示的换热器,相对于芯级的制造,逆流或顺流布置的换热方案如何将分流/汇流接头同换热器芯连接是此类换热器的设计关键。

图 4.26 所示换热器应用于组合发动机这类空间推进任务中时,找到轻质且在某些条件下又能工作于较高的温度下的材料是至关重要的[21]。目前,PCHE 换热器的实际通道尺寸一般最小为 500 μm 宽,对于 SABRE 循环,为了达到要求的性能水平,再生器必须采用更小的流体通道设计方案,如图 4.27 所示,通道的宽度为 20~50 μm,通道之间的壁厚和基底厚度约为 10 μm。

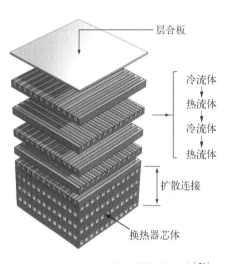

图 4.26　SABRE 再生器换热方案[21]

文献[21]指出,SABRE 再生器的换热通道总数约在 $10^7$ 量级,又由于图 4.27 所示的微通道尺寸限制,给当前的制造技术带来了巨大挑战。对于如此巨量的通道,激光加工的成本很高,而在当前的微通道纵横比要求下化学蚀刻产生的锥形壁轮廓不能满足要求。对于 SABRE 循环,再生器高温氦气入口温度为 697.5 K,低温氢燃料入口温度为 35 K,这一温度下限在铝合金的工作条件范围内。REL 对于通过在铝箔上用机械压制的方法大规模生产 SABRE 再生器微通道的方法已经开展了大量的研究。图 4.28 给出了放大后的铝基板材上压制的微通道结构。

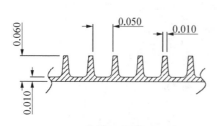

图 4.27　再生器横截面微槽道参数
（单位: mm）[21]

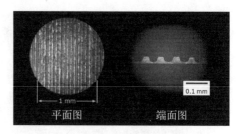

图 4.28　铝基板材上压制的微槽道[21]

SABRE 和 Sciminar 发动机都采用再热器用以在主涡轮膨胀之前使得从预冷器中排出的氦气温度保持为与飞行马赫数无关的定值[5]。为此,氦气同预燃室产生的燃气在再热器中换热,而当前 Scimitar 发动机再热器设计点选在 $Ma=3.0$、$H=18.856\ km$ 的飞行点。再热器的最佳换热布置方案取决于压降约束和流体绝对压力,对于 SABRE,由于预燃器排气和氦气均处于高压状态,因此采用燃气横掠管排的紧凑式换热器设计方案可以让两侧流体的压降处于合理的范围内。但是,Scimitar 发动机预燃室压力较低,因此燃气横掠管排的紧凑设计方案需要很大的流通面积以减小燃气侧的压降,为此,Scimitar 发动机再热器采用了图 4.29 的布局方案,换热器核芯由多个平行板按渐开线螺旋排列组成,预燃燃气在这些平板之间沿轴向流动;每个平板中开有若干个通道,高压氦气沿通道由外而内流动,因此总体上,燃气与氦工质按相互垂直的叉流方式布置。

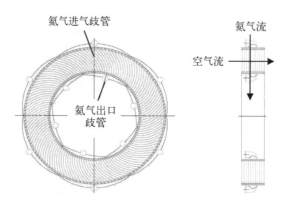

图 4.29　Scimitar 发动机再热器布局方案[5]

由于预燃燃气温度的选择对燃料消耗总量没有影响,因此再热器可以选择较大的传热温差以降低再热器体积重量[23];由于预燃室为富氧燃气,考虑到高温富氧燃气的腐蚀性,再热器不能采用耐高温合金制造,对此,考虑到碳化硅在工程陶瓷中具有最高的热导率,因此 Scimitar 发动机再热器采用碳化硅基材制造。再热器中,由于氢气压力高达 200 bar,远高于预燃室燃气压力(5 bar),因此碳化硅基体板必须能承受巨大的内部拉伸应力,为此再热器的设计制造计划通过压力测试和低应力水平相结合来满足寿命和强度要求[5]。

## 4.5　总体设计及循环参数匹配

间接预冷发动机是由空气流路、中介工质流路及燃料流路循环通过气动、传热或机械联系耦联为一个整体的复杂系统,并且各流路中包含了众多流量压降特性和不同类型的部件,因此发动机总体设计需要协调考虑的因素较多,增加了循环方案总体设计及循环参数优化选择的难度。为此,众多学者对这一关键问题进行了探讨。

Varvill 等[5]最早针对单级入轨任务需求,以发动机性能、推进/机体系统集成方式、技术发展水平、研发成本等作为评选准则,对包括间接预冷发动机在内的多种典型发动机方案进行了评估,说明了采用来流预冷+高压比压缩方案的间接预冷发动机具备由吸气模态和火箭模态共用燃烧室所产生的在大幅度降低动力系统质量方面的优势。Scott 等[26]从人员运送应用场景出发,讨论了采用以 SABRE 为动力的 SKYLON 空天飞机的客舱布局设计问题。Fernández - Villacé 等[27]基于 EcosimPro 仿真环境及 ESPSS 空间推进系统仿真库对 SABRE3 循环发动机的每个部件进行了数字建模,并对发动机在马赫数 $Ma=0\sim5$、高度 $H=0\sim25$ km 的性能进行了模拟,评估给出了发动机比冲和推力的变化。模拟中采取的控制规律为:通过调节氢涡轮的压比,保持氢工质的流量及涡轮前温度不变。基于同样的建模技术,Fernández - Villacé 等[28]对 Scimitar 发动机构建了稳态性能模型,分析表明在设计点附近,通过调节预燃燃油流量保持氢涡轮入口温度不变时,可使发动机共同工作点始终维持在设计点附近。郑日恒等[29]对采用预冷技术解决涡轮基组合循环发动机推力陷阱问题进行了探讨,指出变循环方案以几何调节方式延缓涡轮发动机推力衰减来解决陷阱问题,而预冷方案则是以大幅度提高发动机整机推力来解决推力陷阱问题,因此更具优势。

Webber 等[23]对图 4.2 的循环开展了性能敏感性分析,指出为防止预冷器高温端超温并降低传热不可逆损失,有必要将预冷器分割为高/低温两段,这样各分段热容流率可按超温保护或性能要求实现按需调整,相应地,此时需将中介循环分为几个并联的分支以配合预冷器的分段设计。按这一思路优化后的方案即为 SABRE4 循环,如图 4.12 所示[30]。张建强等[31]采用部件法建立了 SABRE3 发动机吸气式模态变工况性能模型,以此计算得到了吸气式模态下发动机在飞行走廊内性能参数的变化规律及高度速度特性。张蒙正等[32]探讨了 PART 循环的系统原理和实现途径,分析了 PART 方案的技术特点及与其他组合循环发动机的差异,通过初步性能分析表明,通过调节系统参数方案参数可以闭合,且性能较佳,进而证明了其可行性。Driscoll 等[33]提出了通过调节预燃室温度以控制驱动空气压气机的氦涡轮前温度保持为定值的发动机总体控制思路,通过仿真表明这一方案可以使 SABRE4 发动机闭式循环的工作点在整个飞行包线内都近乎保持恒定。陈操斌等[34]为降低 SABRE3 实现难度,提出了一种适度预冷发动机方案,并对该方案发动机沿着 SABRE3 飞行轨迹时的性能和部件匹配规律进行了分析,结果表明,该适度预冷方案与 SABRE3 方案相比,核心机的比冲基本相当,但单位推力有所降低,工程可实现性提高;该方案对氦压气机前温度的调节十分敏感,而对氦涡轮前温度的调节敏感性较低。Moral 等[35]建立了 SABRE2 循环的动态模型。通过动态模型计算得到了在特定的控制时序作用下发动机的动态响应特性,结果表明氢氦换热器氦气侧温度应尽可能低来保证循环的稳定;由于热惯性和流体容积效应在换热器、燃烧室和涡轮机械中产生的延迟,稳定壁温需要 20~30 s 的时间。

屈原等[36]对 SABRE4 循环进行了㶲分析以揭示发动机的损失分布规律以及性能特性。分析参考运行点选在 $Ma = 4$,讨论了不同工作参数对系统㶲损失分布和㶲效率的影响;研究结果表明:发动机燃烧过程和燃气排出贡献了系统最大的㶲损失,且对于给定的飞行条件,耗氢量越小发动机㶲效率越高;对于给定的主路氢流量,存在合适的氧燃比使得发动机㶲效率最高,而发动机㶲效率随着飞行马赫数增大呈先增大后减小的趋势。吴弈臻等[37]对在发动机燃烧室中采用波瓣混流器时氢气/空气的掺混性能进行了研究,研究中为了获得不同波瓣混流器修型结构对氢气/空气的掺混性能的影响,分别采用导流结构和锯齿尾缘对波瓣混流器进行了修型。刘国栋等[38]对预冷发动机地面试验过程中预冷器结霜的原理、结霜的抑制方法及主要风险进行了探讨,并重点针对喷醇类物质防结霜方法进行了理论分析及试验研究,结果表明,甲醇可在不高于 1 170 K 的来流状态、折合体积浓度占比不大于 6.9% 的条件下,直接喷入高温来流用于预冷器结霜抑制。

邹正平等[39]对一种采用空气适度预冷的二支路循环布局方案的发动机设计点及非设计点性能进行了分析,结果表明通过旁路冲压当量比和喷管喉道面积的调节,可保证进气道、预冷涡轮通道和旁路冲压通道的匹配工作,且能实现冷却与燃烧所需燃料量的平衡;而通过对闭式氦循环基准压力的调节,可实现发动机推力的有效调节,各主要部件均能匹配且稳定工作。Dong 等[40, 41]对多分支间接预冷循环中的空气、氦工质及燃料流量子循环的耦合特性进行了分析,并讨论了分支数目的选择对压缩功耗及总预冷换热量的影响,指出了采用多分支方案时,燃料消耗降低,因此可以大幅度提高发动机性能并简化对压气机的设计。Yu 等[42]构建了多分支间接预冷循环方案的通用模型,并从多分支梯级冷却-压缩系统压缩功耗最小化的角度给出了分支数目的选择原则,结合多分段串级预冷方案,最终建立了多分支–多分段间接预冷循环总体设计的通用方法。

## 4.6　小结

　　本章对间接预冷发动机发展历程进行了简单回顾。考虑到直接预冷方案在换热器氢脆、燃料泄漏后直接与空气接触的安全风险、氢涡轮与空气压气机匹配等方面存在的问题，引入第三工质的间接预冷方案受到了人们的重视，其中以 SABRE 循环最具代表性。针对 SABRE 方案燃料消耗大、系统参数过高导致实现困难等问题，国内外学者提出了一系列新的改进循环布局方案，如 SABRE4 循环、PART 循环、Scimitar 发动机循环等，这些先进的循环方案大大增加了间接预冷方案未来应用的可选技术途径；同时，间接预冷方案的关键部件，例如预冷器、再生器及再热器技术等当前已经取得了相当的突破，并且对于复杂多分支间接预冷方案的总体设计，基于理论优化分析，当前也已经建立了成熟且规范的设计方法，这些进展大大增加了此类循环的应用前景，同其他组合发动机相比，间接预冷发动机逐渐成为一种极具竞争力的空天飞行动力解决方案。

# 参考文献

[ 1 ]　Reaction Engines Ltd. A brief history of reaction engines limited [EB/OL]. http://www. reactionengines.co.uk/about_history.html[2016 – 6 – 15].

[ 2 ]　Speer T, Hoyt A. European hypersonic technology[C]. San Diego：15th Aerodynamic Testing Conference, 1988.

[ 3 ]　Richard V, Alan B. A comparison of propulsion concepts for SSTO reusable launchers[J]. Journal of the British Interplanetary Society, 2003, 56：108 – 117.

[ 4 ]　Hempsell M, Bond A, Varvill R, et al. Progress on the SKYLON and SABRE development programme[C]. Cape Town：62nd International Astronautical Congress 2011, 2011：7519 – 7525.

[ 5 ]　Varvill R. Heat exchanger development at Reaction Engines Ltd[C]. Glasgow：59th International Astronautical Congress, 2008.

[ 6 ]　Bond A, Varvill R. Engine [P]. US20150101308, 2015.

[ 7 ]　Hempsell M. Progress on SKYLON and SABRE[C]. DZ.4 – 6x19609, 2013.

[ 8 ]　Jivraj F, Varvill R, Bond A, et al. The Scimitar precooled Mach 5 engine[C]. Moscow：Proceedings of 2nd European Conference for Aerospace Sciences (EUCASS), 2007.

[9] Zhou J, Lu H, Zhang H, et al. A preliminary research on a two-stage-to-orbit vehicle with airbreathing pre-cooled hypersonic engines[C].Xiamen: 21st AIAA International Space Planes and Hypersonics Technologies Conference, 2017.

[10] Zhang J, Wang Z, Li Q. Thermodynamic efficiency analysis and cycle optimization of deeply precooled combined cycle engine in the air-breathing mode[J]. Acta Astronautica, 2017, 138: 394 - 406.

[11] 马海波,张蒙正.预冷空气类动力系统发展历程浅析[J].火箭推进,2019(2): 1 - 8.

[12] Reaction Engines Ltd. Reaction engines test programme successfully proves precooler capability at supersonic heat conditions[EB/OL].https://parabolicarc.com/2019/04/08/reaction-engines-test-proves-precooler-capability-supersonic-heat-conditions/[2022 - 4 - 12].

[13] Reaction Engines Ltd. Reaction engines announces European collaboration to investigate the impact of air-breathing propulsion systems on future space launch architectures[EB/OL]. https://reactionengines.co.uk/[2022 - 4 - 15].

[14] Reaction Engines Ltd. Reaction engines participating in UK MOD — Funded research programme to develop hypersonic propulsion systems[EB/OL]. https://reactionengines.co.uk/reaction-engines-participating-in-uk-mod-funded-research-programme-to-develop-hypersonic-propulsion-systems/ [2022 - 4 - 13].

[15] Reaction Engines Ltd. Reaction engines test programme fully validates precooler at hypersonic heat conditions[EB/OL]. https://reactionengines.co.uk/reaction-engines-test-programme-fully-validates-precooler-at-hypersonic-heat-conditions/[2022 - 4 - 15].

[16] Reaction Engines Ltd. Conceptual study into hypersonic test bed for SABRE technology[EB/OL]. https://reactionengines.co.uk/conceptual-study-into-hypersonic-test-bed-for-sabre-technology/ [2022 - 4 - 15].

[17] Reaction Engines Ltd. SABRE: The engine that changes everything[EB/OL]. https://www.reactionengines.co.uk/beyond-possible/sabre [2022 - 4 - 15].

[18] Reaction Engines Ltd. SABRE-powered launch study conclusion for the anticipated 2030 + reusable launch market[EB/OL]. https://reactionengines.co.uk/sabre-powered-launch-study-conclusion-for-the-anticipated-2030 - reusable-launch-market/[2022 - 4 - 15].

[19] Reaction Engines Ltd. Reaction engines completes further validation of SABRE technology [EB/OL]. https://reactionengines.co.uk/reaction-engines-completes-further-validation-of-sabre-technology/[2022 - 4 - 15].

[20] Murray J J, Guha A, Bond A. Overview of the development of heat exchangers for use in air-breathing propulsion pre-coolers[J]. Acta Astronautica, 1997, 41(11): 723 - 729.

[21] Webber H, Feast S, Bond A. Heat exchanger design in combined cycle engines[C]. Glasgow: 59th International Astronautical Congress, 2008.

[22] Murray J J, Hempsell C M, Bond A. An experimental precooler for airbreathing rocket engines [J]. Journal of the British Interplanetary Society, 2001, 54: 199 - 209.

[23] Webber H, Bond A, Hempsell M. The sensitivity of precooled air-breathing engine performance to heat exchanger design parameters[J]. Journal of the British Interplanetary Society, 2007, 60(5): 188 - 196.

[24] Webber H, Taylor N. Tunnel development for heat transfer analysis in compact heat exchangers [C]. Chicago: 27th AIAA Aerodynamic Measurement Technology and Ground Testing

Conference，2010.

[25] Helen W，Neil T. Tunnel development for heat transfer analysis in compact heat exchangers [C]．Chicago：27th AIAA Aerodynamic Measurement Technology and Ground Testing Conference，2010.

[26] Scott J L，Harrison M，Woodrow A D. Considerations for passenger transport by advanced spaceplanes[J]. Journal of the British Interplanetary Society，2003，56：118 - 126.

[27] Fernández-Villacé V，Paniagua G. Simulation of a combined cycle for high speed propulsion [C]．Orlando：48th AIAA Aerospace Sciences Meeting Including the New Horizons Forum and Aerospace Exposition，2010.

[28] Fernández-Villacé V，Paniagua G. Simulation of a variable-combined-cycle engine for dual subsonic and supersonic cruise[C]．San Diego：47th AIAA/ASME/SAE/ASEE Joint Propulsion Conference & Exhibit，2011.

[29] 郑日恒，陈操斌.涡轮基组合循环发动机推力陷阱问题解决方案[J].火箭推进，2021，47(6)：21 - 32.

[30] Hempsell M，Longstaff R，Varvill R. SKYLON users' manual[R]. SKY-REL-MA-0001，2014.

[31] 张建强，王振国，李清廉.空气深度预冷组合循环发动机吸气式模态建模及性能分析[J].国防科技大学学报，2018，40(1)：1 - 9.

[32] 张蒙正，刘典多，马海波，等.PATR 发动机关键技术与性能提升途径初探[J].推进技术，2018，39(9)：7.

[33] Driscoll S，Varoill R，Barth J. The SABRE engine-concept and development status[C]．Seville：Proceedings of the 3AF Space Proulsion 2018 Conference，2018.

[34] 陈操斌，郑日恒，马同玲，等.带有闭式布雷顿循环的预冷发动机特性研究[J].推进技术，2021，42(8)：1749 - 1760.

[35] Moral J，Vilá J，Rnández-Villacé V F，et al. ESPSS model of a simplified combined-cycle engine for supersonic cruise[C]．Rome：Space Propulsion 2016，2016.

[36] 屈原，徐旭，杨庆春.分析在协同吸气式火箭发动机中的应用[J].推进技术，2019，40(8)：1693 - 1701.

[37] 吴弈臻，马元，黄乐萍，等.预冷组合发动机中波瓣混流器对氢气/空气掺混性能影响[J].火箭推进，2021，47(6)：76 - 85.

[38] 刘国栋，张志刚，马同玲，等.深度预冷发动机地面试验结霜风险及应对方法浅析[C]．绵阳：第六届空天动力联合会议暨中国航天第三专业信息网第四十二届技术交流会暨 2021 航空发动机技术发展高层论坛论文集(第三册)，2022：85 - 93.

[39] 邹正平，王一帆，杜鹏程，等.强预冷发动机新型热力循环布局及性能分析[J].火箭推进，2021，47(6)：62 - 75.

[40] Dong P，Tang H，Chen M. Study on multi-cycle coupling mechanism of hypersonic precooled combined cycle engine[J]. Applied Thermal Engineering，2018，131：497 - 506.

[41] Dong P，Tang H，Chen M，et al. Overall performance design of paralleled heat release and compression system for hypersonic aeroengine[J]. Applied Energy，2018，220：36 - 46.

[42] Yu X F，Wang C，Yu D R. Configuration optimization of the tandem cooling-compression system for a novel precooled hypersonic airbreathing engine[J]. Energy Conversion and Management，2019，197：111827.

# 第 5 章
# 预冷组合发动机循环方案的总体分析方法

采用换热器预冷来流的组合发动机是由空气流路、中介工质流路和燃料流路的热力过程或子循环等构成的复杂联合循环,而燃料作为发动机的能量载体、预冷空气的冷源以及子循环的工质等,其多重角色深度参与了循环能量转换过程,这使得预冷组合发动机性能影响因素同其他动力装置大不相同。同时,对燃料属性和功能的创新利用也增加了循环构建的自由度,最终形成了一个类型庞杂的预冷发动机家族。然而,当前预冷发动机循环研究大多针对一个个特定的构型方案展开。为了建立预冷循环的总体概念,进而从预冷发动机家族整体角度给出所有循环方案性能提升所应遵循的共性规律,本章将以现有循环方案为对象进行归纳,并在所抽象出的预冷-压缩系统这一描述不同循环共性工作特征的子系统基础上给出预冷循环总体分析模型,最终为此类循环的性能边界、评价指标、燃料选择、性能提升方向等基本问题的回答奠定理论基础。

## 5.1 换热器预冷的组合发动机热力循环总体分析模型

涡轮及冲压发动机被认为是按布雷敦循环原理工作的热机,对布雷敦循环最优性能的分析给出了涡轮类及冲压类发动机存在和演化的规律,最终形成了对布雷敦循环发动机家族的整体性规律认识[1-3]。当前,对预冷发动机不同循环方案的研究呈现出碎片化的特征,原因在于对预冷发动机家族,当前缺乏类似于布雷敦循环之于涡轮/冲压发动机这样一个总体的预冷循环分析框架。为此,本章将首先从直接预冷发动机不同分支基本循环方案之间的相似性出发进行归纳,以尝试为预冷发动机不同循环方案构建类似的分析框架。

### 5.1.1　直接预冷发动机基本热力循环的统一表征

对直接预冷发动机不同分支循环方案演变过程的分析可知,无论一个循环最终变得如何复杂,其演变的路径总是可以分解为图 5.1 所示的 3 个维度[4-7],即从最初的某个基本循环出发,通过引入新的热力过程而改变循环的结构,或通过提升循环的参数进而改进了循环的某方面性能,或者通过同其他循环组成联合循环进而获得某种功能/性能的协同或互补。显然,最初的基本循环是后续所有循环方案的起源,而预冷循环方案的多样性不仅源自图 5.1 所示的演进路径间错综复杂的演变图景,更来自预冷发动机基本循环方案的多样性。

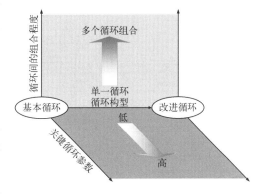

图 5.1　预冷组合发动机热力循环的演变路径

基于上述分析,本节重点关注燃料直接预冷的发动机不同分支的基本循环构型,进而导出不同基本构型的热力循环统一模型。对于由基本构型衍生出的其他循环方案,基于图 5.1 给出的演变路径,其发展过程、提出的动机及性能特点则不难理解。以逆循环发动机分支为例,如图 5.2 所示,其基本循环构型(即 Basic ICE)与涡喷发动机最大的不同点在于逆向布置的涡轮-压气机及换热器[8],文献评估指出,这一方案避免了高速飞行时涡轮前温度对加热量的限制,因此具有更好的高马赫数巡航性能[9,10]。然而,低马赫数运行时,过低的来流总温不能提供足够的压缩功,因此,需要在涡轮前增加预燃室(pre-burner, PB)以提高来流的做功能力,这使得发动机的循环演变为 ICE+PB 构型[11]。进一步的分析表明,为提高低马赫数性能,最好在预燃室前再增加预压压气机(pre-compressor, PCP),此时,发动机循环演变为 ICE+PB+PCP 构型[12]。因此,随着循环方案的演变,虽然发动机性能/功能得到了改进,其构型和运行过程也愈发复杂,然而,整个发动机分支热力循环的基本特征依然由最基本的循环构型决定。

依据图 5.1 给出的演变路径,并结合第 2~4 章对不同直接预冷发动机分支循环方案的回顾,不难得到不同分支的基本循环,其对应的工作原理如图 5.3 所示。可知,现有的直接预冷发动机方案,其基本循环可分为逆循环(inverse cycle engine, ICE)、预冷涡喷发动机循环(precooled turbojet cycle, PC‒TJ)、预冷膨胀循环(precooled expander cycle, PC‒EX)、预冷燃气发生器循环(precooled gas generator cycle, PC‒GG)和 KLIN 循环,而其他直接预冷发动机的循环方案,都可以认为是依照图 5.1 的演变路径,基于基本循环进一步演进而得到的。

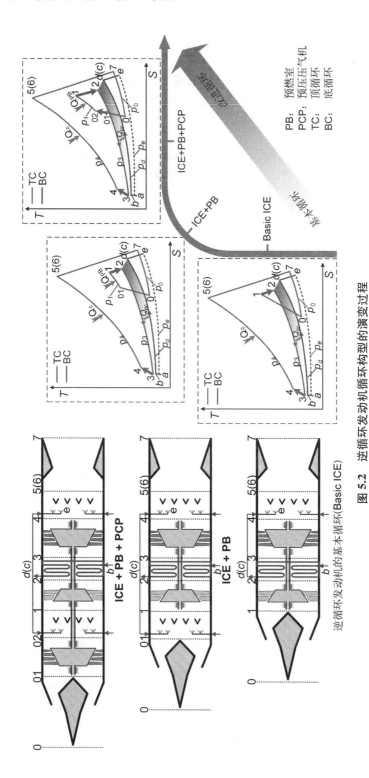

图 5.2  逆循环发动机循环构型的演变过程

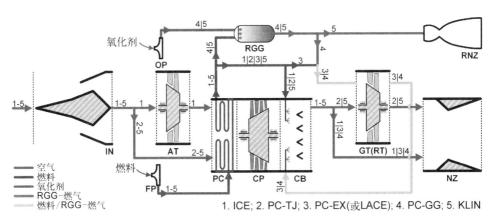

1. ICE; 2. PC-TJ; 3. PC-EX(或LACE); 4. PC-GG; 5. KLIN

**图 5.3　燃料直接预冷的发动机基本循环工作原理**

　　为了揭示基本循环之间的内在联系,后续分析主要基于图 5.2 中温熵图($T$-$S$ 图)表示方式展开,其中,TC(top cycle)和 BC(bottom cycle)分别表示空气顶循环与燃料底循环。以上分析表明,已有的燃料直接预冷发动机不同分支的循环方案都可以归结为 5 种基本循环构型,对应的发动机工作原理及 $T$-$S$ 图如图 5.3 及图 5.4 所示。依据压气机涡轮的驱动方式不同,图中所示的基本循环可以进一步分为 3 组,对于 PC-EX、LACE 及 PC-GG 循环构型,其压气机涡轮驱动工质来自机载燃料和氧化剂,KLIN 和 PC-TJ 循环构型的涡轮则由主燃室燃气驱动,而 ICE 构型由进气道空气驱动。此外,位于同一个分组内的基本循环,其顶循环具有相同的构型。

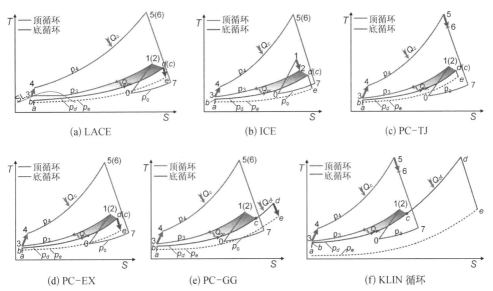

(a) LACE　　　　　(b) ICE　　　　　(c) PC-TJ

(d) PC-EX　　　　(e) PC-GG　　　　(f) KLIN 循环

**图 5.4　燃料直接预冷的发动机基本循环 $T$-$S$ 图**

以 LACE 及 PC‐EX 循环构型为例,显然两者的区别仅在于对空气的冷却程度不同,而循环构型之间并无根本性的差异。

实际上,图 5.4 中不同基本循环的底循环在构型上也是相似的,虽然它们的运行场景以及在发动机层面上发挥的功能不同。在 LACE 循环所在的分组中,底循环不仅要完成空气的预冷,其输出功用以带动压气机。同时,作为发动机燃料供给系统的一部分,涡轮出口压力需满足 $p_e \geq p_4$ 的运行约束。在 PC‐GG 循环中,底循环通过独立燃气发生器吸热($Q_{of} > 0$)而进一步增加做功能力,而在 LACE 和 PC‐EX 中,预燃室或者主燃室则是底循环额外热量的来源。在 KLIN 循环中,底循环实际上为一台火箭发动机循环,因此其膨胀过程用于直接产生推力。对于 PC‐TJ 及 ICE 循环,底循环的做功能力并未被利用,被来流加热的燃料直接喷射进主燃室。此时,燃料的喷射过程依然可以假定通过在喷嘴中的膨胀过程完成。

考虑到底循环之间的相似性,为了方便分析,实际上可以采用更为通用的模型将其参数化表示,如图 5.5 所示(图中 SL 表示饱和曲线),而不同基本循环中底循环的具体构型可以看作通用模型在特定运行参数或约束下的特例。这样,同一个分组中的基本循环构型实际上可以一般化为同一个热力循环模型。基于图 5.5 的表示方式,显然,对于燃料直接预冷的发动机,其热力循环的最基本构型可以归结为三种类型,即预冷火箭涡轮循环、预冷空气涡轮循环及预冷燃气涡轮循环。因此,压气机涡轮的驱动工质的不同,是不同预冷循环分支之间最根本的区别。类似地,同一个分组中的不同循环构型可以看作是通用循环构型的特例,显然,通过定义相关的运行参数和底循环功能,很容易将通用模型恢复为特定的基本循环构型。

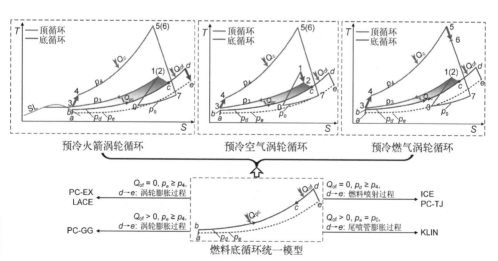

**图 5.5 不同发动机分支基本循环构型的通用模型**

　　按照上述思想,实际上图 5.5 中的循环构型可进一步合并为更加一般化的循环模型,如图 5.6 所示,类似地,此时图 5.4 所示基本循环可当作一般循环模型的特例。显然,图 5.6 的统一模型不仅涵盖了已有的循环构型,同时也预示着构造新循环的可能性,因此,图示统一循环模型建立了燃料直接预冷发动机的总体分析框架,便于对各种潜在循环方案开展系统性的评估。

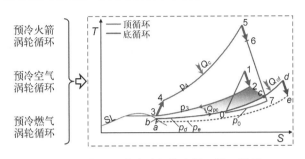

图 5.6　直接预冷发动机热力循环统一模型

## 5.1.2　间接预冷发动机基本热力循环的统一表征

　　同燃料直接预冷的组合发动机相比,间接预冷发动机引入了第三工质构成的中介循环以实现热量由空气向燃料的搬运和有用功的提取,其典型代表如 SABRE、Scimitar 系列循环方案等。同 SABRE3 循环相比,SABRE4 循环、Scimitar 循环等均采用了复杂的多分支中介循环方案,这导致其热力循环较为复杂。显然,SABRE3 循环所采用的基于简单闭式布雷敦循环的中介循环方案,其循环构型最为简单的,因而代表了间接预冷发动机的核心工作原理,因此,SABRE3 循环方案可以视为间接预冷发动机的基本循环。此外,基于 5.1.1 节的分析,如图 5.7 所示,间接预冷发动机的统一循环模型可在图 5.6 所示循环基础上直接添加中介循环(intermediate cycle,IC)而得到。虽然原始的基本间接预冷循环(SABRE3)仅用中介工质涡轮带动空气压气机,然而,理论上这并不妨碍诸如燃气涡轮或空气涡轮的存在以构成其他可能的循环方案,因此,同原始的间接预冷循环方案相比,图 5.7 所示模型代表了更为一般情况。

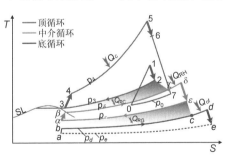

图 5.7　间接预冷发动机热力循环统一模型

　　应当指出,图 5.7 模型实际上蕴含了图 5.6 的统一循环模型,显然,当中介循环的热容流率 $C_e$ 同燃料底循环的热容流率 $C_f$ 相等时:

$$( C_e = \dot{m}_e C_{p,e} ) = ( C_f = \dot{m}_f C_{p,f} ) \tag{5.1}$$

记 $\Delta T_{\mathrm{RG}}^m$ 为再生器放热过程的平均温差，$\pi_{\mathrm{IC}}$、$\sigma_{\mathrm{PC},e}$ 及 $\sigma_{\mathrm{RG},e}$ 分别为中介循环的压比及预冷器和再生器工质侧的压力恢复系数，则当

$$Q_{\mathrm{RH}} = 0, \quad \pi_{\mathrm{IC}} = \sigma_{\mathrm{PC},e} = \sigma_{\mathrm{RG},e} = 1, \quad \Delta T_{\mathrm{RG}}^m \to 0 \tag{5.2}$$

此时，中介循环的状态点 $\{\alpha, \beta, \chi, \delta, \varepsilon\}$ 都将落在燃料的吸热过程线 $b \to c$ 上，在最终效果上，如图 5.8 所示，这等价于燃料直接预冷的方案。相对于直接预冷发动机的统一循环模型，图 5.7 所示循环更加一般，因此，本节给出的间接预冷发动机热力循环统一模型实际上概括了目前为止基于换热器预冷的发动机基本循环所有可能的构型方案。

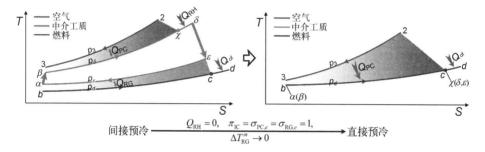

**图 5.8　间接预冷向直接预冷的等价转换**

### 5.1.3　预冷循环发动机热力循环总体分析模型

为进一步总结预冷发动机不同循环方案工作过程的共性特征，进而建立面向整个换热器预冷的发动机族热力循环总体分析模型，本节将图 5.7 所给循环模型表示为图 5.9 所示的等价形式。由于涡轮驱动工质所需的额外热量最终源于燃料释热，因此，工质的吸热过程，无论实际中通过与燃料的燃烧（如 $02 \to 1$、$4 \to 5$）或者与燃气的换热实现（如 $\chi \to \delta$），都可按与预燃室燃气的换热过程进行等价表示，如此一来，预冷发动机最终可表示为图 5.9 所示的进气道（intake，IN）、燃料箱（fuel tank，FT）、预燃室（pre-burner，PB）、预冷-压缩系统（precooling-compression sub-system，PCS）、主燃室（main combustor，MC）和尾喷管（nozzle，NZ）6 个部件组成的标准模型。

由图 5.9 可知，预冷-压缩系统构成了预冷发动机不同循环方案工作过程的核心。以 $\{a0, f0, g0\}$ 截面参数为初始状态，预冷压缩系统通过对输入空气和燃气的热能及燃料热沉的利用，以完成对空气的冷却和压缩，进而为预燃室输送具有一定压力的空气，这表明，不同预冷发动机之间的区别仅在于对空气的预冷-压缩的具体实现方式不同。显然，通过对图 5.9 所示的预冷-压缩系统做出不同的简化假设，可以使采用统一模型表示的预冷发动机回退至某个特定的循环方案。

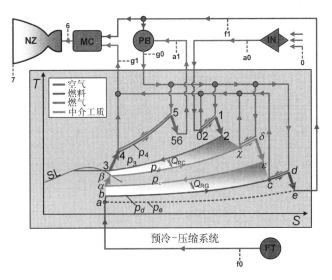

图 5.9　预冷发动机工作原理的进一步抽象

按图 5.9 的表示方式,可知依据预冷-压缩系统空气压气机涡轮驱动方式的不同,当前的预冷-压缩实现方案可归结为四种基本类型,即空气涡轮方案、燃气涡轮方案、火箭涡轮方案和中介工质涡轮方案。显然,除此之外,理论上还存在其他可能的预冷-压缩实现方式。但是,通过对基本预冷压缩方案的总结可知,无论一个预冷压缩方案具体如何实现,其工作原理均以空气、燃气和燃料为热源,并通过一定的方式将热能转变为功,在此过程中实现对空气的冷却和压缩的。为此,借鉴文献[13]的表示方式,图 5.9 所示的由具体的热力过程所组成的预冷-压缩系统可进一步抽象为图 5.10 所示的稳定流动开口系,并假设有一热机 C 运行在空气、燃气和燃料组成的热源之间以提取有用功对空气和燃料进行压缩。

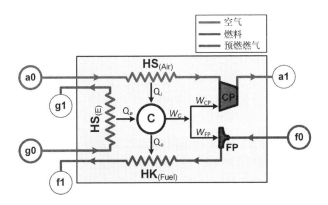

图 5.10　以稳定流动的开口系表示的预冷压缩系统模型

HS. 热源;HK. 冷库;CP. 压气机;FP. 燃料泵;C. 热机

由以上分析可知,图 5.9 所示的模型是基于预冷发动机不同分支的基本热力循环归纳而得到的,因此,它仅能表示预冷发动机基本循环方案及其之间的组合,而并未包含由基本循环而衍生出的其他循环方案。但是,对于由图 5.9 模型进一步抽象而给出的预冷压缩系统模型(图 5.10),其仅仅规定了预冷压缩系统的热源由哪些工质组成,而对热源的利用方式、热机 C 及其工质等没有做任何特殊的规定,因此,图 5.10 可以看作是对所有潜在的预冷压缩实现方案的一般化的、抽象的热力学表示,因此,它不仅代表了所有潜在的预冷-压缩实现方案,并且避免了图 5.9 所示的预冷-压缩系统的有限形式,这就保证了后续分析结果对所有预冷循环方案的适用性。

基于图 5.10 所示的预冷-压缩系统抽象模型,此时整个预冷发动机家族不同循环方案的工作原理可进一步统一表示为图 5.11 所示形式,而将图中所示 PCS 系统用对应发动机的预冷-压缩实现方式代替,则可将发动机复原至具体的循环构型,因此,图 5.11 的表示方式给出了整个预冷家族不同发动机方案工作过程的共性特征,进而为预冷循环性能总体分析奠定了模型基础。

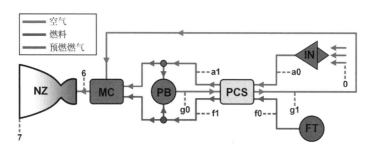

图 5.11　预冷组合发动机热力循环总体分析模型

## 5.2　基于总体分析模型的预冷发动机热力循环分析

为了揭示预冷发动机族不同循环方案性能所依赖的共性影响因素,本节将基于图 5.11 所示的预冷组合发动机热力循环总体分析模型开展循环分析。由图 5.11 模型可知,对于预冷发动机,其不同循环的区别仅仅在于预冷压缩系统的实现方案不同,这导致预冷压缩系统具有不同的性能,因此,预冷压缩系统是体现预冷发动机特殊性的核心系统。本节特别关注预冷压缩系统对发动机性能的影响,为此,假定发动机飞行条件 $(T_0, p_0, V_0)$、空气流量 $\dot{m}_a$、进气道总压恢复系数 $\sigma_{\mathrm{IN}}$、尾喷管效率 $\eta_{\mathrm{NZ}}$、燃料初始状态 $(T_{f0}^*, p_{f0}^*)$ 及流量 $\dot{m}_f$、预燃室燃气总温 $T_{g0}^*$ 已知,即

$$\{T_0, p_0, V_0, \dot{m}_a, \sigma_{\mathrm{IN}}, \eta_{\mathrm{NZ}}, T_{f0}^*, p_{f0}^*, \dot{m}_f, T_{g0}^*\} \tag{5.3}$$

## 5.2.1　总体分析模型视角下的预冷发动机工作过程分析

对于吸气式发动机,在式(5.3)的条件下,发动机性能取决于尾喷管排气速度 $V_7$,其表达式可通过对发动机工作过程的循环分析而得到。

1) 来流参数

来流总压及总焓分别为

$$p_0^* = \pi_s \cdot p_0, \; h_0^* = c_{pa} T_0 + \frac{1}{2} V_0^2 \tag{5.4}$$

$$\pi_s = \left( 1 + \frac{\gamma - 1}{2} Ma_0^2 \right)^{\frac{\gamma}{\gamma - 1}} \tag{5.5}$$

来流马赫数及动压为

$$Ma_0 = \frac{V_0}{\sqrt{\gamma_a R_{ga} T_0}}, \; q_0 = \frac{p_0}{2 R_{ga} T_0} V_0^2 \tag{5.6}$$

2) 进气道冲压压缩过程

进气道压比为

$$\pi_{\text{IN}} = \sigma_{\text{IN}} \cdot \pi_s \tag{5.7}$$

进气道出口总压和总焓分别为

$$p_{a0}^* = \pi_{\text{IN}} \cdot p_0, \; h_{a0}^* = h_0^* \tag{5.8}$$

3) 预冷压缩系统

空气、预燃燃气及燃料在预冷压缩系统中经历的过程及对发动机性能的影响,最终均可通过其出口参数反映,为此,本节定义如下的过程参数,以便从整体上揭示不同预冷压缩系统实现方案对发动机性能发挥影响的普遍规律。

定义预冷压缩系统进出口空气的总压比及总温比分别为

$$\pi_{\text{PCS}} = p_{a1}^* / p_{a0}^*, \; \tau_{\text{PCS}} = T_{a1}^* / T_{a0}^* \tag{5.9}$$

定义燃气总压恢复系数和温比为

$$\sigma_g = p_{g1}^* / p_{g0}^*, \; \tau_g = T_{g1}^* / T_{g0}^* \tag{5.10}$$

由于燃气在子系统中仅仅提供热量而没有被进一步压缩,因此其总压将要降低。

定义系统进出口燃料压比和温比为

$$\pi_f = p_{f1}^* / p_{f0}^*, \; \tau_f = T_{f1}^* / T_{f0}^* \tag{5.11}$$

由于系统内部的能量传递和转换均发生在空气、燃气和燃料之间,因此其进出口总焓应当守恒：

$$\dot{m}_a h_{a0}^* + \dot{m}_f h_{f0}^* + \dot{m}_g h_{g0}^* = \dot{m}_a h_{a1}^* + \dot{m}_f h_{f1}^* + \dot{m}_g h_{g1}^* \tag{5.12}$$

4）预燃室加热过程

由于预燃室中燃料的流量远小于空气流量，为分析方便，假设预燃室入口空气与燃料的总压相等：

$$p_{f1}^* = p_{a1}^* \tag{5.13}$$

定义预燃室总压恢复系数为

$$\sigma_{PB} = p_{g0}^* / p_{a1}^* \tag{5.14}$$

预燃室出口燃气总焓为

$$h_{g0}^* = \frac{1}{1 + \phi_{PB} f_{st}} \left[ \tau_{PCS} \cdot h_{a0}^* + \phi_{PB} (\tau_f \cdot c_{pf}^{st} T_{f0}^* + h_{PR}^{st}) \right] \tag{5.15}$$

由于式（5.3）中给定预燃燃气的总温，由式（5.15）可得预燃室燃料当量比为

$$\phi_{PB} = \frac{c_{pg} T_{g0}^* - \tau_{PCS} \cdot h_{a0}^*}{\tau_f \cdot c_{pf}^{st} T_{f0}^* + h_{PR}^{st} - f_{st} \cdot c_{pg} T_{g0}^*} \tag{5.16}$$

式中，当量油气比 $f_{st}$ 为燃料同空气恰好完全反应时燃料与空气质量流量的比值，假设燃料的化学式可写为 $C_xH_yO_z$ 的形式，则其值可按式（5.17）计算：

$$f_{st} = \frac{36x + 3y + 48z}{103(4x + y - 2z)} \tag{5.17}$$

定义 $h_{PR}^{st}$ 为燃料的当量燃烧热值，其与燃料的热值 $h_{PR}$ 的关系为

$$h_{PR}^{st} = f_{st} \cdot h_{PR} \tag{5.18}$$

定义 $c_{pf}^{st}$ 为燃料的当量比定压热容：

$$c_{pf}^{st} = f_{st} \cdot c_{pf} \tag{5.19}$$

5）主燃室加热过程

由于空气、燃气和燃料最终都汇集于主燃室，因此其总焓为来流总焓、燃料初始总焓和总燃烧释热量 $Q_c$ 的总和，而与工质所经历的具体过程无关：

$$h_6^* = \frac{1}{1 + \phi_{PCS} \cdot f_{st}} (h_0^* + \phi_{PCS} \cdot c_{pf}^{st} T_{f0}^* + Q_c) \tag{5.20}$$

式中，

$$Q_c = (\phi_{PB} + \phi_{MC}) \cdot h_{PR}^{st} \tag{5.21}$$

$$\phi_{MC} = \min\{1, \phi_{PCS}\} - \phi_{PB} \tag{5.22}$$

式(5.22)考虑了预冷压缩系统消耗的燃料量大于最大燃烧许用燃料量的情况，$\phi_{PCS}$ 为预冷压缩系统所消耗燃料的当量比：

$$f_{PCS} = \dot{m}_f/\dot{m}_a \tag{5.23}$$

$$\phi_{PCS} = f_{PCS}/f_{st} \tag{5.24}$$

定义主燃室压力恢复系数为

$$\sigma_{MC} = p_6^*/p_{g1}^* \tag{5.25}$$

6）尾喷管绝热膨胀过程

假设尾喷管处于完全膨胀的状态，即满足

$$p_7 = p_0 \tag{5.26}$$

由此可得，尾喷管的排气速度 $V_7$ 为

$$V_7 = \left\{ 2h_6^* \left[ 1 - \left( \frac{p_6^*}{p_0} \right)^{\frac{\gamma_g-1}{\gamma_g}} \right] \cdot \eta_{NZ} \right\}^{1/2} \tag{5.27}$$

根据过程 2）~5）中定义的相关压比及总压恢复系数，可知：

$$\pi_{NZ} = \frac{p_6^*}{p_0} = \frac{p_{a0}^*}{p_0} \cdot \frac{p_{a1}^*}{p_{a0}^*} \cdot \frac{p_{g0}^*}{p_{a1}^*} \cdot \frac{p_{g1}^*}{p_{g0}^*} \cdot \frac{p_6^*}{p_{g1}^*} = \sigma_{IN}\pi_s \cdot \pi_{PCS} \cdot \sigma_{PB} \cdot \sigma_g \cdot \sigma_{MC} \tag{5.28}$$

## 5.2.2　发动机性能及其影响因素分析

吸气式发动机性能一般用比推力和比冲描述，其定义如下：

$$F_{sp} = \frac{F}{\dot{m}_a} = (1 + f_{PCS})V_7 - V_0 \tag{5.29}$$

$$I_{sp} = \frac{F}{\dot{m}_f \cdot g} = \frac{F_{sp}}{\phi_{PCS} \cdot f_{st}} \tag{5.30}$$

可知，在式(5.3)的条件下，发动机比推力及比冲正比于喷管排气速度 $V_7$：

$$V_7 = \{ 2h_6^* [ 1 - (\pi_{NZ})^{-\frac{\gamma_g-1}{\gamma_g}} ] \cdot \eta_{NZ} \}^{1/2} \tag{5.31}$$

在式(5.3)条件下，对于选定的燃料，这相当于如下参数已知：

$$\{ \underbrace{f_{st}, c_{pf}^{st}, h_{PR}^{st}}_{\text{燃料物性}}, \underbrace{h_0^*, \phi_{PCS}, Q_c, \pi_s}_{\text{运行参数}} \} \tag{5.32}$$

结合主燃室的工作过程分析,可知尾喷管入口总焓 $h_6^*$ 为常数,进而,式(5.31)进一步表明,此时排气速度 $V_7$ 满足

$$V_7 \propto \left[ 1 - (\pi_{NZ})^{-\frac{\gamma_g-1}{\gamma_g}} \right] \propto \pi_{NZ} \propto \{ \sigma_{IN},\ \pi_{PCS},\ \sigma_{PB},\ \sigma_g,\ \sigma_{MC} \} \qquad (5.33)$$

式(5.33)表明,为增加排气速度 $V_7$,必须尽可能地增大尾喷管膨胀比 $\pi_{NZ}$,这可以采取提高进气道总压恢复系数、降低燃气在燃烧室及其他部件中的总压损失等适用于所有吸气式发动机的共性措施;除此之外,显然对于预冷发动机,式(5.33)同样表明,由预冷压缩系统提供的额外增压能力——即预冷压缩压比 $\pi_{PCS}$ ——同样是提高喷管排气速度及对应的发动机性能的关键。为此,有必要对预冷压缩系统的工作过程开展深入分析。

## 5.3    预冷压缩系统工作过程与性能的总体分析

5.2 节的分析表明,在给定的飞行条件及预冷燃料消耗量下,预冷发动机性能正比于预冷压缩系统压比 $\pi_{PCS}$。 为了给出预冷压缩系统不同实现方案提升压比所应遵循的共同规律,本节提出了对预冷压缩系统工作过程进行总体分析的方法,进而揭示了相关因素对压比的影响规律并给出了改进系统性能的建议。为此,假定图 5.10 所示预冷压缩系统入口空气、预燃燃气和燃料流量及温度、压力为已知:

$$\{ \dot{m}_a,\ T_{a0},\ p_{a0},\ \dot{m}_f,\ T_{f0},\ p_{f0},\ \dot{m}_g,\ T_{g0},\ p_{g0} \} \qquad (5.34)$$

燃料作为预冷压缩系统的低温热源,其所能提供的冷库热容量是有限的,因此,系统消耗一定量的燃料所能获得的预冷压缩压比大小是冷源有限性约束下的关键问题。显然,必然存在某个理想的预冷压缩方案,使得系统压比最大,本节首先分析这一极限情况。

### 5.3.1    理想预冷压缩最大压比的热力学条件

由热力学可知,对于图 5.10 所代表的所有潜在预冷压缩实现方式,必然存在某个理想的预冷压缩方案使得系统的压比最大。为导出系统的最大压比,此处以空气-燃料为高、低温热源的简化系统为例,其理想的预冷压缩过程可以采用图 5.12 所示的概念模型实现。

对于由空气-燃料组成的两热源简化系统,假设有一可逆微元热机 $C_1$ 运行于高温空气和低温燃料之间,如图 5.12(a)所示,在其工作期间,热机由空气/燃料可逆地吸收/放出微量的热量为 $\delta Q_i/\delta Q_o$,并且输出微量的功 $\delta W$ 用以压缩空气和燃

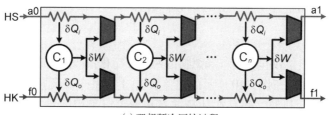

(a) 理想预冷压缩过程

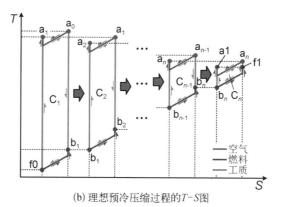

(b) 理想预冷压缩过程的 $T$-$S$ 图

**图 5.12　实现理想预冷压缩过程的概念模型**

料。由于空气和燃料的热容量为有限值,因此,当 $C_1$ 运行一个周期后,空气和燃料的温度将分别有微量的减小和增加,这一过程如图 5.12(b)的温熵图所示。理论上,上述的预冷压缩过程可以通过无穷多个类似于 $C_1$ 的微元可逆热机接替工作而完成,而如温熵图所示,微元热机的连续运行将使高、低温热源之间的温差不断减小,因此,当最后一个微元热机 $C_n(n{\to}\infty)$ 工作结束后,高、低温热源应该达到热平衡。显然,由于热源间的温差是热机运行的必要条件,因此热源间的热平衡给出了上述过程所能进行的极限状态。

基于上述分析,显然为得到最大压比,此时图 5.10 所示预冷压缩系统进、出口参数应当满足如下关系式。

(1)为最大限度地输出压缩功,高、低温热源最终应当处于热平衡状态,即

$$T_{a1} = T_{f1} \tag{5.35}$$

(2)由于系统为孤立系,与外界没有功和热的传递,因此高、低温热源满足能量守恒,即

$$\dot{m}_a(h_{a0} - h_{a1}) + \dot{m}_f(h_{f0} - h_{f1}) = 0 \tag{5.36}$$

(3)由于可逆微元热机同高、低温热源之间无温差吸、放热,因此,系统内无熵产,

$$\dot{m}_a(s_{a1} - s_{a0}) + \dot{m}_f(s_{f1} - s_{f0}) = 0 \tag{5.37}$$

(4) 燃料的最终压力需满足喷射条件,即

$$p_{f1} \geqslant p_{a1} \tag{5.38}$$

以上分析给出了仅包含空气和燃料的两热源简化预冷压缩系统实现最大压比时应当满足的条件。对于图 5.10 所示的完整系统,上述基于微元热机的分析方法依然适用,此时,任意两热源之间存在的温差意味着可以采用微元热机提取压缩功,因此,空气、燃气及燃料之间最终达到热平衡同样是系统取得最大压比的必要条件:

$$T_{a1} = T_{f1} = T_{g1} \tag{5.39}$$

同时,由孤立系及可逆微元热机的假设,热源间的初、终状态也必然满足能量守恒及等熵条件:

$$\dot{m}_a(h_{a0} - h_{a1}) + \dot{m}_f(h_{f0} - h_{f1}) + \dot{m}_g(h_{g0} - h_{g1}) = 0 \tag{5.40}$$

$$\dot{m}_a(s_{a1} - s_{a0}) + \dot{m}_f(s_{f1} - s_{f0}) + \dot{m}_g(s_{g1} - s_{g0}) = 0 \tag{5.41}$$

由于不需要对燃气进行压缩,结合燃料的喷射条件,因此系统出口压力需满足

$$\begin{cases} p_{f1} \geqslant p_{a1} \\ p_{g1} = p_{g0} \end{cases} \tag{5.42}$$

## 5.3.2 实际预冷压缩最大压比的热力学条件

对于实际的预冷压缩过程,必须考虑各种不可逆因素的影响。由热力学可知,图 5.10 所示稳定流动开口系的总熵产率即为系统内部所有不可逆因素贡献的熵产率的总和:

$$\dot{S}_g = \sum_i \dot{S}_{g,i} \tag{5.43}$$

由于本节的目的在于评估所有不可逆因素对预冷压缩系统性能的总体效果,而并不关注不可逆因素的具体形式和来源,因此,从总体分析的角度,不可逆因素对预冷压缩性能的影响可通过系统的总熵产率 $\dot{S}_g$ 加以整体考虑。

实际上,在导出关系式(5.35)~式(5.38)时,微元热机可逆的假设并不必要,这是因为热源间有温差是热机可运行的必要条件,无论其可逆与否。对于不可逆微元热机,采用图 5.12 所示的类似分析过程可知,以上给出的热力学条件(1)、(2)及(4)依然适用于考虑了系统的不可逆性的情况,而对于条件(3),由热力学可知,此时需将式(5.41)的等熵关系修正为

$$\dot{m}_a(s_{a1} - s_{a0}) + \dot{m}_f(s_{f1} - s_{f0}) + \dot{m}_g(s_{g1} - s_{g0}) = \dot{S}_g \tag{5.44}$$

由于空气经历的任何实际预冷压缩过程均可用无穷多个微元热机的工作过程进行

逼近,因此,式(5.39)、式(5.40)、式(5.42)及式(5.44)给出了描述实际预冷压缩系统给定总熵产率 $\dot{S}_g$ 时最大压比的热力学条件。

## 5.3.3　预冷压缩系统压比影响因素分析

基于 5.3.1 节和 5.3.2 节给出的热力学条件,为进一步分析预冷压缩压比的影响因素,本节采用量热完全气体假设导出了压比的表达式,为此,式(5.40)及式(5.41)可以写为

$$\dot{m}_a c_{pa}(T_{a0} - T_{a1}) + \dot{m}_f c_{pf}(T_{f0} - T_{f1}) + \dot{m}_g c_{pg}(T_{g0} - T_{g1}) = 0 \tag{5.45}$$

$$\dot{m}_a c_{pa}\ln\left(\frac{T_{a1}}{T_{a0}}\right) - \dot{m}_a R_a\ln\left(\frac{P_{a1}}{P_{a0}}\right) + \dot{m}_f c_{pf}\ln\left(\frac{T_{f1}}{T_{f0}}\right) - \dot{m}_f R_f\ln\left(\frac{p_{f1}}{p_{f0}}\right) + \dot{m}_g c_{pg}\ln\left(\frac{T_{g1}}{T_{g0}}\right) = 0 \tag{5.46}$$

此处进一步假设燃料喷射条件满足

$$p_{f1} = p_{a1} \tag{5.47}$$

由于燃气一般由预燃室产生,因此有

$$\dot{m}_g = \dot{m}_{PB}(1 + \phi_{PB} \cdot f_{st}) \tag{5.48}$$

其中, $\dot{m}_{PB}$ 为进入预燃室的空气流量; $\phi_{PB}$ 为需要向预燃室喷射的燃料量以使得燃气温度等于初始给定值 $T_{g0}$,可由式(5.16)计算。结合式(5.39),可得理想预冷压缩的最大压比 $(\pi_{PCS})_{rev}$ 为

$$(\pi_{PCS})_{rev} = \left(\frac{(\tau_{a2f} \cdot \tau_{PCS})^{1 + (\phi_{PCS} \cdot c_{st} + \phi_{PCS}/\phi_{PB})}}{\tau_{a2f} \cdot (\pi_{a2f})^{\phi_{PCS} \cdot c_{st} \cdot n_f} \cdot (\tau_{g2f})^{\phi_{PCS}/\phi_{PB}}}\right)^{\frac{1}{n_a + \phi_{PCS} \cdot c_{st} \cdot n_f}} \tag{5.49}$$

同样地,基于量热完全气体假设,可得实际预冷压缩系统总熵产率为 $\dot{S}_g$ 时的最大压比为

$$\pi_{PCS} = \underbrace{(\pi_{PCS})_{rev}}_{\text{可逆部件}} \cdot \underbrace{\exp\left(-\frac{\dot{S}_g}{\dot{m}_a R_a + \dot{m}_f R_f}\right)}_{\text{不可逆部件}} \tag{5.50}$$

$\tau_{PCS} = T_{a1}/T_{a0}$ 为空气温比:

$$\tau_{PCS} = \frac{1 + (\tau_{a2f})^{-1} \cdot (\phi_{PCS} \cdot c_{st} + \tau_{g2f} \cdot \phi_{PCS}/\phi_{PB})}{1 + \phi_{PCS} \cdot c_{st} + \phi_{PCS}/\phi_{PB}} \tag{5.51}$$

$$\pi_{a2f} = p_{a0}/p_{f0}, \quad \tau_{g2f} = T_{g0}/T_{f0} \tag{5.52}$$

$$c_{st} = c_{pf}^{st}/c_{pa} \tag{5.53}$$

$$n_a = (\gamma_a - 1)/\gamma_a, \quad n_f = (\gamma_f - 1)/\gamma_f \tag{5.54}$$

由式(5.50)可知,实际预冷压缩压比由可逆部分及不可逆部分贡献的乘积组成。显然,可逆部分即为相同的系统输入时采用理想预冷压缩过程的压比。对于不可逆部分,为方便后续分析,定义预冷压缩系统的有效度 $\varepsilon_{PCS}$ 为

$$\varepsilon_{PCS} = \frac{\pi_{PCS} - 1}{(\pi_{PCS})_{rev} - 1} \tag{5.55}$$

对于理想预冷压缩系统,由于 $\dot{S}_g = 0$,因而 $\pi_{PCS} = (\pi_{PCS})_{rev}$,由式(5.55)可知,此时系统的预冷压缩有效度为

$$(\pi_{PCS})_{rev} = 1 \tag{5.56}$$

对于实际系统,由于总熵产率恒不小于零(即 $\dot{S}_g \geqslant 0$),因而压比始终满足 $\pi_{PCS} < (\pi_{PCS})_{rev}$,此时系统的预冷压缩有效度满足

$$\varepsilon_{PCS} \leqslant 1 \tag{5.57}$$

因此,同预冷压缩系统总熵产率等价,本节所定义的预冷压缩系统有效度反映了不可逆因素对预冷压缩系统性能的总体影响。

由式(5.49)进一步可知,压比的可逆部分与以下因素有关:

$$(\pi_{PCS})_{rev} \propto f(\underbrace{\tau_{a2f}, \tau_{g2f}(\phi_{PB}), \pi_{a2f}, \phi_{PCS}}_{\text{运行参数}}, \underbrace{C_{st}, \gamma_f}_{\text{燃料物性}}) \tag{5.58}$$

由于式(5.58)右端参数仅由燃料物性及式(5.34)给出的输入参数决定,而与系统具体实现方案无关,因此,压比的可逆部分反映了各种因素对预冷压缩系统及预冷循环发动机性能发挥影响的共性规律部分。

对于压比的不可逆部分,由式(5.55)可知,其决定于实际系统内部所有不可逆因素贡献的总熵产率,如工质实际物性、部件损失、有限温差传热等,显然,预冷压缩系统的总熵产率同具体的实现方案密切相关,因此,对于不同的预冷压缩实现方案,其对应的不可逆损失来源及性质等各不相同,因而,压比的不可逆部分反映了各种实际因素对预冷压缩系统性能发挥影响的特性部分。

## 5.4 小结

预冷发动机热力循环构建灵活,新型循环方案层出不穷。为系统性地揭示预冷发动机族循环性能的依赖因素及其影响规律,通过对直接预冷及间接预冷发动机不同分支基本循环方案的归纳,本章提出了预冷组合发动机基本热力循环的总体分析模型。对总体分析模型的进一步总结发现,不同预冷发动机基本循环方案

可进一步归纳为进气道、燃料箱、预冷-压缩系统、预燃室、主燃室和尾喷管 6 个组成部分,而预冷-压缩系统具体实现方案的差异构成了不同预冷循环方案之间的根本区别。通过对预冷-压缩系统这一描述不同预冷发动机工作过程共性特征的子系统的推广,本章提出了预冷-压缩系统的稳定流动开口系表示方式,并指出其代表了所有潜在的预冷-压缩实现方案,以此为基础,进而建立面向整个换热器预冷的发动机族热力循环总体分析模型。分析表明,预冷循环发动机性能正比于预冷-压缩系统压比,而压比由可逆部分和不可逆部分两者贡献的乘积组成,前者反映了各种因素影响预冷发动机性能所遵循的共性规律部分,而后者反映了实际系统各自预冷-压缩实现方案的差异影响发动机性能的特性部分。本章的工作为回答预冷循环性能边界及评价、燃料选择、性能提升方向等基本问题奠定了理论基础。

# 参考文献

[ 1 ]　Builder C H. On the thermodynamic spectrum of airbreathing propulsion[C]. Washington D. C.: 1st AIAA Annual Meeting, 1964.

[ 2 ]　Czysz P. Thermodynamic spectrum of airbreathing propulsion[J]. SAE Technical Paper, 1988, 97(5): 408 – 419.

[ 3 ]　鲍文,秦江,唐井峰,等.吸气式高超声速推进热力循环分析[M].北京: 科学出版社,2013.

[ 4 ]　Wang Z G, Wang Y, Zhang J Q, et al. Overview of the key technologies of combined cycle engine precooling systems and the advanced applications of micro-channel heat transfer[J]. Aerospace Science and Technology, 2014, 39: 31 – 39.

[ 5 ]　Andrea R. Brief survey of the hypersonic airbreathing propulsion systems for space transportation [C]. Sacramento: 27th Joint Propulsion Conference, 1991.

[ 6 ]　Daines R, Segal C. Combined rocket and airbreathing propulsion systems for space-launch applications[J]. Journal of Propulsion and Power, 1998, 14(5): 605 – 612.

[ 7 ]　Zou Z P, Liu H X, Tang H L, et al. Precooling technology study of hypersonic aeroengine[J]. Acta Aeronautica et Astronautica Sinica, 2015, 36: 2544 – 2562.

[ 8 ]　Louis M D. Jet propulsion gas turbine engines with selectively operable air-cooling means[P]. USA3204403, 1965.

[ 9 ]　Heiser W H, Pratt D T. Hypersonic airbreathing propulsion[M]. Washington: AIAA, 1994.

[10]　Scott T, Riggins D, Christensen K.Thermodynamic analysis of the transposed-cycle[C]. Salt Lake City: 37th Joint Propulsion Conference and Exhibit, 2001.

[11]　Ribaud Y. Inverse cycle engine for hypersonic air-breathing propulsion[C]. Athens: 9th International Symposium on Air Breathing Engines, 1989.

[12]　Ribaud Y, Lurault I. Compact heat exchanger fitted to engines of the inverted type[C]. Tokyo: 11th International Symposium on Air Breathing Engines, 1993.

[13]　Webber H, Feast S, Bond A. Heat exchanger design in combined cycle engines[J]. Journal of the British Interplanetary Society, 2008, 62: 122 – 130.

# 第6章
# 基于预冷组合发动机统一模型的性能分析

预冷-压缩系统描述了不同循环方案的预冷发动机工作原理的共性特征,第5章以此提出了面向整个预冷发动机家族的热力循环总体分析模型,通过理论循环分析指出预冷压缩压比是决定预冷发动机性能的关键过程参数,并表明预冷压缩压比大小受预冷压缩系统运行参数、燃料物性、预冷压缩系统实现方案等因素的影响。考虑到理论循环分析基于较为简化的假设给出,其中忽略了很多实际因素的影响,如流体物性参数随温度与压力的改变、燃料化学吸热效应提供的额外冷却能力、空气与燃气物性之间的差异等,为此,作为理论分析的补充和深化,本章采用部件法构建典型预冷压缩系统及发动机的性能分析模型,以此对采用常见燃料的预冷压缩系统性能、发动机性能边界及以预冷循环发动机为动力的飞行器巡航任务性能进行了进一步评估,进而为预冷循环发动机性能提升、燃料选择与评价、性能特征等提供参考。

## 6.1 预冷压缩系统及发动机部件模型

无论对于预冷发动机热力循环总体分析模型,还是某个具体的预冷发动机循环方案,与发动机工作相关的部件均可分为压缩部件、膨胀部件、燃烧室和换热器四类。依据不同部件工作过程的特征,本章建模中采用如下假设:① 压缩和膨胀过程绝热;② 等压燃烧且产物组分化学平衡;③ 尾喷管中燃气为冻结流;④ 忽略各部件的质量和热量的泄漏;⑤ 忽略各部件间的热量传递。基于上述假设,具体部件的数学模型如下。

### 6.1.1 压缩与膨胀部件模型

预冷发动机的压缩部件包括进气道、压气机和泵等,在绝热假设下,如图6.1

所示,其工作过程一般用压比 $\pi_{\mathrm{cmp}}$ 和绝热压缩效率 $\eta_{\mathrm{cmp}}$ 描述[1]:

$$\eta_{\mathrm{cmp}} = \frac{h_s^* - h_i^*}{h_o^* - h_i^*} \tag{6.1}$$

$$\pi_{\mathrm{cmp}} = p_o^* / p_i^* \tag{6.2}$$

对于进气道,式(6.1)和式(6.2)的入口应当取来流的静参数。进气道压缩为等总焓过程,其比压缩功 $w_{\mathrm{IN}}$ 等于来流动能[2]:

$$w_{\mathrm{IN}} = h_o^* - h_i = \frac{1}{2}V_\infty^2 \tag{6.3}$$

进气道性能经常用总压恢复系数 $\sigma_{\mathrm{IN}}$ 表示,此时相当于压比 $\pi_{\mathrm{IN}}$ 已知[2]:

$$\pi_{\mathrm{IN}} = \sigma_{\mathrm{IN}} \cdot \pi_s \tag{6.4}$$

$$\pi_s = \left(1 + \frac{\gamma - 1}{2}Ma^2\right)^{\frac{\gamma}{\gamma - 1}} \tag{6.5}$$

预冷发动机的膨胀部件包括涡轮和尾喷管等,在绝热假设下,如图 6.2 所示,其工作过程一般用落压比 $\pi_{\mathrm{exp}}$ 和等熵膨胀效率 $\eta_{\mathrm{exp}}$ 描述[1]:

$$\eta_{\mathrm{exp}} = \frac{h_i^* - h_o^*}{h_i^* - h_s^*} \tag{6.6}$$

$$\pi_{\mathrm{exp}} = p_i^* / p_o^* \tag{6.7}$$

对于尾喷管,式(6.6)和式(6.7)的出口应当取燃气的静参数。尾喷管膨胀为等总焓过程,其膨胀功转化为燃气的动能[2]:

$$w_{\mathrm{NZ}} = h_i^* - h_o = \frac{1}{2}V_e^2 \tag{6.8}$$

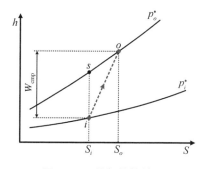

图 6.1　压缩部件焓熵图

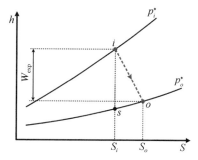

图 6.2　膨胀部件焓熵图

## 6.1.2 换热器部件模型

预冷发动机的换热器包括预冷器、再热器和再生器等,其工作过程一般用换热器效能 $\varepsilon_{hex}$、两侧流体压力恢复系数 $\sigma_c$ 及 $\sigma_h$ 描述,$C_c$ 及 $C_h$ 表示冷、热侧工质的热容流率[3]。

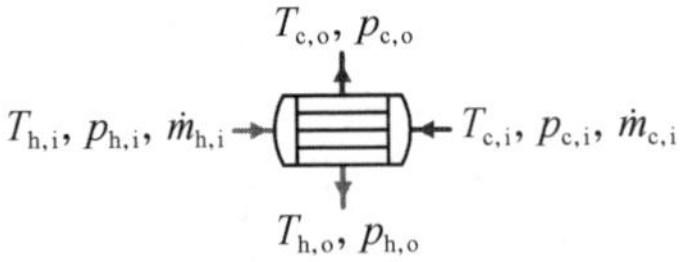

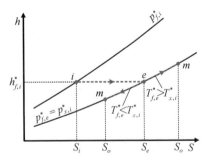

图 6.3 换热器工作过程示意图

如图 6.3 换热器的工作过程所示,换热器性能计算模型[3]如下:

$$\varepsilon_{hex} = \dot{Q}_{act} / \dot{Q}_{max} \tag{6.9}$$

$$\sigma_h = p_{h,i} / p_{h,o} \tag{6.10}$$

$$\sigma_c = p_{c,i} / p_{c,o} \tag{6.11}$$

$$\dot{Q}_{max} = \min\{C_h, C_c\} \cdot (T_{h,i} - T_{c,i}) \tag{6.12}$$

$$\dot{Q}_{act} = C_h \cdot (T_{h,i} - T_{h,o}) = C_c \cdot (T_{c,o} - T_{c,i}) \tag{6.13}$$

$$C_h = \dot{m}_{h,i} \cdot c_{p,h} \tag{6.14}$$

$$C_c = \dot{m}_{c,i} \cdot c_{p,c} \tag{6.15}$$

## 6.1.3 燃烧室部件模型

预冷发动机的燃烧室包括预燃室和主燃室。通常反应物的初始总压并不相等,为此,如图 6.4 所示,性能计算时假设高压流先经过等总焓膨胀过程($i \rightarrow e$),此后,所有反应物经过等压混合过程($e \rightarrow m$),最后再完成燃烧反应。

表 6.1 给出了后续用到的 4 种燃料燃烧产物的组成。氢燃烧采用文献[4]反应机理给出的产物;甲烷燃烧产物来自反应机理 GRI - Mech 3.0,其广泛应用于天然气的燃烧模拟[5];甲醇和航空煤油的燃烧分别采用文献[6]和[7]反应机理给出的产物,后者包括 234 种组分。上述燃烧产物的平衡组分分布 $Y_P^{eq}$ 采用吉布斯自由能最小化的方法得到[2]:

图 6.4 反应物的混合过程

$$Y_P^{eq} = \{ y_{P,eq}^i \mid i = 1, 2, \cdots, N_P \} \tag{6.16}$$

$$Y_P^{eq} \xrightarrow{\text{最小化}} G_P \mid_{(T,p)} = \sum_{i=1}^{N_P} [ y_{P,eq}^i \cdot g_i \mid_{(T,p)} ] \tag{6.17}$$

求解 $Y_P^{eq}$ 时,应同时满足系统的总焓和原子数守恒[2]:

$$\sum_{i=1}^{N_P} (y_{P,eq}^i \cdot h_P^i \mid_{(T,p)}) = \sum_{j=1}^{N_R} (y_R^j \cdot h_R^j) \tag{6.18}$$

$$\sum_{i=1}^{N_P} (v_{P,eq}^{k,i} \cdot y_{P,eq}^i) = \sum_{j=1}^{N_R} (v_R^{k,j} \cdot y_R^j), \ k = 1, 2, \cdots, N_E \tag{6.19}$$

式中,$N_R$ 和 $N_P$ 为反应物和产物的组分数;$N_E$ 为反应所包含的元素数目。在式(6.18)和式(6.19)的约束下,式(6.17)的解可用拉格朗日乘子法得到。本章通过调用开源化学热力学程序 Cantera 完成平衡组分的求解[8]。

表 6.1　燃烧产物的组成

| 反　应　物 | 产　物　组　成 |
| --- | --- |
| 空气 + 液氢 | 参见文献[4] |
| 空气 + 甲烷(<C3) | 参见文献[5] |
| 空气 + 甲醇 | 参见文献[6] |
| 空气 + 航空煤油 | 参见文献[7] |

## 6.1.4　工质物性计算方法

为了兼顾计算速度和精度,本章对不同部件中流体物性参数采取了不同的处理方式。为方便化学平衡组分的计算,假设燃气为热完全气体,即标态下($p_0^\circ =$ 1 atm)燃气组分的热物性仅是温度的函数[9, 10]:

$$c_{p,0}^\circ = \sum_{i=1}^{N} y_i \frac{R_u}{M_{wi}} (a_{1i} + a_{2i}T_i + a_{3i}T_i^2 + a_{4i}T_i^3 + a_{5i}T_i^4) \tag{6.20}$$

$$h_0^\circ = \sum_{i=1}^{N} y_i \frac{R_u T_i}{M_{wi}} \left( a_{1i} + \frac{a_{2i}}{2}T_i + \frac{a_{3i}}{3}T_i^2 + \frac{a_{4i}}{4}T_i^3 + \frac{a_{5i}}{5}T_i^4 + \frac{a_{6i}}{T_i} \right) \tag{6.21}$$

$$s_0^\circ = \sum_{i=1}^{N} y_i \frac{R_u}{M_{wi}} \left( a_{1i}\ln T_i + a_{2i}T_i + \frac{a_{3i}}{2}T_i^2 + \frac{a_{4i}}{3}T_i^3 + \frac{a_{5i}}{4}T_i^4 + a_{7i} \right) \tag{6.22}$$

$$g_0^\circ = h_0^\circ - T_g \cdot s_0^\circ \tag{6.23}$$

非标态时燃气的焓、熵和吉布斯自由能为[10]

$$c_{p,g} = c_{p,0}^\circ, \ h_g = h_0^\circ(T_g) \tag{6.24}$$

$$s_g = s_0^\circ - \sum_i^N \frac{R_u}{M_{wi}} y_i \left( \ln y_i + \ln \frac{p_g}{p_0^\circ} \right) \tag{6.25}$$

$$g_g = h_g - T_g \cdot s_g \tag{6.26}$$

燃气的黏度采用 Sutherland 公式计算,在几千度范围内其对多种气体黏度的预测都具有较好的工程精度[11]:

$$\mu_g = \mu_0 \left( \frac{T_g}{T_{ref}} \right)^{1.5} \frac{T_{ref} + T_s}{T_g + T_s} \tag{6.27}$$

式中,$\mu_0$ 为 273.15 K、1 atm 时的黏度值;$T_s$ 为与气体性质有关的常数;$T_{ref} = 273.16$ K 为参考温度。假设燃气的普朗特数恒为 0.71,则燃气的导热系数可表示为

$$\lambda_g = \frac{\mu \cdot c_{p,g}}{Pr} \tag{6.28}$$

由于燃气的温度往往较高,因此采用完全气体假设是合适的。

除燃气外,空气、氦气和燃料本章均按实际流体处理,其热物性及输运性质调用 CoolProp 计算,作为 NIST 物性库 REFPROP 的开源实现,CoolProp 在很多领域得到了应用,其物性计算精度得到了广泛的检验[12]。

## 6.2 预冷压缩系统性能提升途径分析

预冷发动机性能正比于预冷压缩压比。前述分析表明,给定燃料消耗量时的预冷压缩压比取决于压比可逆部分与不可逆部分的乘积,这意味着对预冷压缩系统压缩性能的提升可以从这两方面采取措施。由于压比的不可逆部分决定于实际系统的总熵产率,而这同所采用的预冷压缩方案相关,为此本节仅对图 5.9 所示的典型方案进行了评估。

### 6.2.1 从运行参数的角度增大预冷压缩理论压比

在式(5.58)给出的运行参数中,压比 $\pi_{a2f}$ 由进气道性能和燃料箱状态决定,最终,影响预冷压缩理论压比的独立运行参数为 $\{\tau_{a2f}, \tau_{g2f}(\phi_{PB}), \phi_{PCS}\}$。

图 6.5 给出了仅以空气为热源($\dot{m}_g = 0$)时,$\{\tau_{a2f}, \phi_{PCS}\}$ 对理论压比的影响。按 5.3.1 节的分析,增加 $\tau_{a2f}$ 相当于扩大了高、低温热源间的初始温差,而增加 $\phi_{PCS}$ 相当于增大了冷源的热容量,这两种措施都意味着热机可以输出更多的压缩功,

因而预冷压缩的理论压比随之增加。温比 $\tau_{a2f}$ 为空气温度 $T_{a0}$ 与燃料存储温度 $T_{f0}$ 之比,由于 $T_{a0}$ 由飞行条件决定,因此降低燃料存储温度 $T_{f0}$ 是可行的选择。需要注意的是,三相点温度 $T_f^{tr}$ 是燃料存储所允许的理论最低温度,否则燃料将发生冻结。

仅以空气为高温热源时,由于低马赫数飞行时空气温度 $T_{a0}$ 较低,这使得温比 $\tau_{a2f}$ 较小,由图 6.5 可知,此时系统的理论压比也很小,这表明了低马赫数时引入额外热源的必要性。为此,图 6.6 给出了燃气作为额外热源时系统理论压比的变化。可见,相较于仅有空气为高温热源的方案,提高燃气温比 $\tau_{g2f}$ 可以大大增加系统的理论压比,其原因同增加温比 $\tau_{a2f}$ 类似,即 $\tau_{g2f}$ 的增加增大了热源间的初始温差,进而增加了系统可输出的有用功。总之,从运行参数的角度,预冷压缩系统的理论压比可以通过增加初始空气温度、降低燃料存储温度、增加预冷燃料量及引入额外的高温热源等措施而提高。

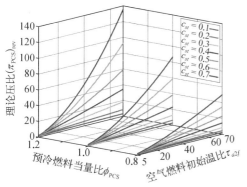
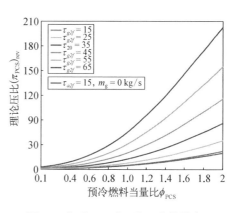

图 6.5　$\{\phi_{\mathrm{PCS}}, \tau_{a2f}\}$ 对理论压比的影响　　　图 6.6　温比 $\tau_{g2f}$ 对理论压比的影响
　　　$(\gamma_f = 1.3, \pi_{a2f} = 1.8)$　　　　　　　　　$(c_{st} = 0.7, \gamma_f = 1.3, \pi_{a2f} = 1.8)$

## 6.2.2　从燃料物性的角度增大预冷压缩理论压比

根据前述分析,燃料通过物性参数 $\{T_f^{tr}, c_{st}, \gamma_f\}$ 而影响预冷压缩理论压比。据 5.3.1 节的分析可推知,三相点温度 $T_f^{tr}$ 表征了燃料(低温热源)同给定温度的高温热源之间距热平衡的最大"距离",而无量纲当量比热 $c_{st}$ 表征了燃料与高温热源达到热平衡的难易程度,较低的 $T_f^{tr}$ 或较大的 $c_{st}$ 意味着更大的压缩功输出,因而有利于增加预冷压缩理论压比。燃料的绝热指数 $\gamma_f$ 由理论分析中假定燃料为量热完全气体而引入,反映了压缩燃料的难易程度,相对于空气,燃料的压缩功耗可忽略不计,并且,本节视燃料为实际流体,不同燃料的理论压比通过求解式(5.39)~式(5.42)直接得到,因此后续分析中未考虑 $\gamma_f$ 的影响。

### 6.2.2.1 典型燃料的预冷压缩系统理论压比

由于物性参数 $\{T_f^{tr}, c_{st}\}$ 由燃料类型决定，为此，本小节首先对表 6.2 所示典型燃料的预冷压缩理论压比进行了比较，评估中仅以空气为高温热源，初始参数为 $\{T_{a0} = 550 \sim 1\,300\,\text{K}, p_{a0} = 180\,\text{kPa}\}$，入口燃料参数为 $\{T_{f0} = T_f^{tr}, p_{a0} = 100\,\text{kPa}\}$。

**表 6.2 典型燃料的与发动机性能相关的物性参数**

| 燃料类型 | | $T_f^{tr}/\text{K}$ | $\rho_f^{tr}$ $/(\text{kg/m}^3)$ | $f_{st}/[\text{kg(燃料)}$ $/\text{kg(空气)}]$ | $h_{PR}^{st}$ $/[\text{MJ/kg(空气)}]$ | $c_{st}$ |
|---|---|---|---|---|---|---|
| 低温燃料 | 液氢 | 13.96 | 77.1 | 0.029 1 | 3.49 | 0.41 |
| | 液化甲烷 | 90.69 | 451.5 | 0.058 3 | 2.92 | 0.20 |
| | 液化乙烷 | 90.37 | 651.5 | 0.062 4 | 2.97 | 0.17 |
| 吸热型燃料 | 正癸烷 | 243.50 | 769.3 | 0.066 7 | 3.18 | 0.18 |
| | 甲醇 | 175.61 | 904.5 | 0.155 3 | 3.04 | 0.57 |
| | 乙醇 | 159.00 | 893.73 | 0.111 7 | 2.89 | 0.36 |

由图 6.7 可见，由于液氢具有极低的三相点温度（$T_f^{tr} \approx 14\,\text{K}$）和较大的无量纲当量比定压热容值（$c_{st} = 0.4$），因而在同样的入口空气温度 $T_{a0}$ 及燃料消耗 $\phi_{PCS}$

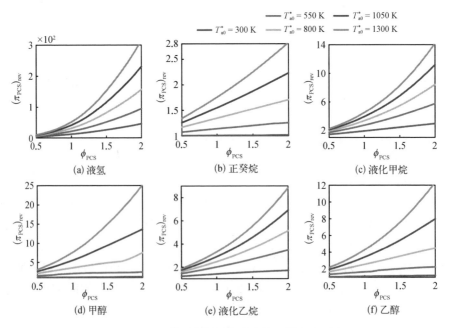

图 6.7 采用典型燃料的预冷压缩系统理论压比

下,氢预冷压缩系统的理论压比几乎比其他几种燃料的系统理论压比大 1~2 个数量级。在所选燃料中,甲醇虽然拥有最大的 $c_{st}$ 值(0.5~0.6),由于其三相点温度高达 $T_f^{tr} = 175.6\ \mathrm{K}$,这大大降低了系统的初始温比 $\tau_{a2f}$ 及最终的理论压比。对于其他燃料的预冷压缩系统,由于燃料 $c_{st}$ 值为 0.2~0.3, $T_f^{tr}$ 为 90~250 K,因而其理论压比远小于对应的液氢预冷压缩系统值。

以上评估表明,对于小分子烷烃和醇类燃料,甲烷与甲醇预冷压缩系统的理论压比均优于乙烷和乙醇系统的。此外,甲醇、正癸烷在高温时可发生热解而能提供额外的吸热能力,这相当于增大了燃料的 $c_{st}$ 值。因此,后续分析中除液氢外,仅保留了甲烷、甲醇和正癸烷以便在发动机及飞行器性能层面上进一步评估不同燃料的应用性能。

#### 6.2.2.2　考虑了化学热沉的预冷压缩理论压比

基于公开的实验数据并结合理论计算方法,本小节评估了化学吸热效应(chemical endothermic effect, CEE)对甲醇和正癸烷当量定压比热 $c_{pf}^{st}$ 的贡献,以及由此带来的预冷压缩系统理论压比的提升效果。

1) 燃料热解的实验数据

正癸烷热解数据来自文献[13],实验测量了环境温度 $T_{\mathrm{en}}$ 至 1 020 K 温区内燃料的热沉 $\Delta h$:

$$\Delta h \Big|_{T_{\mathrm{en}}}^{T_{\mathrm{exp}}} = \int_{T_{\mathrm{en}}}^{T_{\mathrm{exp}}} c_{pf} \mathrm{d}T \qquad (6.29)$$

由于实验温度的采样点有限,因此只能得到温区 $[T_{\mathrm{en}}, T_{\mathrm{exp}}]$ 内的平均当量定压比热值 $\bar{c}_{pf}^{st}$,即

$$\bar{c}_{pf}^{st} = \frac{1}{T_{\mathrm{exp}} - T_{\mathrm{en}}} \int_{T_{\mathrm{en}}}^{T_{\mathrm{exp}}} c_{pf} \mathrm{d}T = \frac{\Delta h \Big|_{T_{\mathrm{en}}}^{T_{\mathrm{exp}}}}{T_{\mathrm{exp}} - T_{\mathrm{en}}} \qquad (6.30)$$

甲醇裂解数据来自文献[14]、[15],除了热裂解外,作者还给出了不同催化剂组合时的催化裂解结果,其平均当量比热 $\bar{c}_{pf}^{st}$ 同样基于式(6.30)得到。实验数据的参数范围如表 6.3 所示。

2) 燃料热解的理论计算模型

实验数据仅测量了燃料的热沉,而评估计算中需要燃料裂解的熵增等参数,为此,基于表 6.4 给出的详细反应机理,本章采用理想反应器模型对热解过程进行了模拟以便得到相关的参数。考虑到燃料的实际化学吸热量同诸如反应时间、流速等具体过程相关,为此,本章取给定反应温度及压力下燃料化学热沉最大点处的参数用以预冷压缩理论压比的计算,显然,这反映了化学吸热效应所能带来的最大性能贡献。

表 6.3 正癸烷和甲醇裂解的实验数据来源

| 燃 料 | 数据来源 | 反应方式 | 压力范围 | 温度范围 |
|---|---|---|---|---|
| 正癸烷 | 文献[13] | 热裂解 | 2.6~6 MPa | 300~1 020 K |
| 甲 醇 | 文献[14]、[15] | 热裂解 催化裂解 | 4 MPa | 290~900 K |

表 6.4 正癸烷和甲醇裂解的反应机理

| 燃 料 | 反应机理来源 | 组分数 | 反应数 | 温度范围 | 压力范围 |
|---|---|---|---|---|---|
| 正癸烷 | 文献[7] | 234 | 1 452 | 750~1 500 K | 5~750 Torr[①] |
| 甲 醇 | 文献[16] | — | — | 820~1 650 K | 10~50 atm |

　　燃料裂解必然是一个熵增加的过程,因此考虑了燃料裂解的预冷压缩系统总熵产率不可能为零。为得到系统的理论压比,此时可以假设系统的总熵产仅来自燃料的裂解,因而系统的焓、熵平衡方程为

$$\dot{m}_a(h_{a0} - h_{a1}) + \dot{m}_f(h_{f0} - h_{f1}) + \dot{m}_g(h_{g0} - h_{g1}) = \dot{m}_f \cdot \Delta h_c \qquad (6.31)$$

$$\dot{m}_a(s_{a1} - s_{a0}) + \dot{m}_f(s_{f1} - s_{f0}) + \dot{m}_g(s_{g1} - s_{g0}) = \dot{m}_f \cdot \Delta s_c \qquad (6.32)$$

式中,$\Delta h_c$ 为对应于出口状态$(T_{f1}, p_{f1})$时的最大燃料化学热沉;$\Delta s_c$ 为相应的裂解熵增。

　　图 6.8 和图 6.9 给出了正癸烷及甲醇平均当量定压比热 $\bar{c}_{pf}^{st}$ 的实验及计算结果,可见,不同驻留时间对应的最大 $\bar{c}_{pf}^{st}$ 的计算值最终都汇聚于同一条包络线上。以正癸烷为例,虽然实验结果覆盖的温度范围有限,但是在高温区 $\bar{c}_{pf}^{st}$ 的变化趋势趋于一致,并且计算同实验结果较为接近。甲醇的最大实验温度较低,因而化学热沉对 $\bar{c}_{pf}^{st}$ 的贡献未达到最大,但是,如果以高温段的数据做线性外插至甲醇完全裂解,可见燃料的最大 $\bar{c}_{pf}^{st}$ 同理论计算的包络线非常接近。这表明本小节采用的估算 $\bar{c}_{pf}^{st}$ 最大值的方法是合理的。

　　基于上述理论计算方法,图 6.10 给出了化学吸热效应对正癸烷及甲醇预冷压缩系统理论压比的贡献。计算中 $T_{a0} = 1 300$ K,其他参数同 6.2.2.1 小节。与未裂解的结果相比,可见裂解带来的额外吸热效应使正癸烷及甲醇预冷压缩系统的理论压比均有所增大。以 $\phi_{PCS} = 1$ 为例,正癸烷系统的理论压比由 7.6 增加至 19.8,增幅达 163%,而甲醇系统的理论压比由 1.75 增加至 2.5,增幅为 44%。由图 6.9 可知,化学热沉的贡献使得甲醇的平均当量比热 $\bar{c}_{pf}^{st}$ 增大了近两倍。对于正癸烷,如

---

① 1 Torr = 1.333 22×10² Pa。

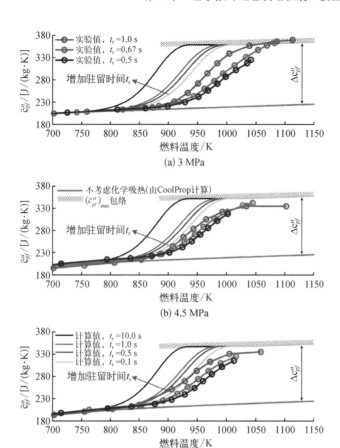

(a) 3 MPa

(b) 4.5 MPa

(c) 6 MPa

图 6.8 正癸烷的平均当量比定压热容

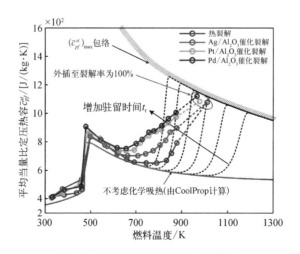

图 6.9 甲醇的平均当量比定压热容

图 6.11 所示,虽然化学吸热效应使得燃料的 $\bar{c}_{pf}^{st}$ 值也显著增加了,然而,由于其三相点温度高达 243.50 K,可知系统的初始温比为 $\tau_{a2f}=5.3$,这远小于液氢($\tau_{a2f}=93.1$)及其他燃料预冷压缩系统的温比,因而化学吸热效应带来的压比提升非常有限。

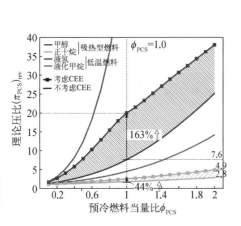

图 6.10　可热解燃料的预冷压缩理论压比　　　图 6.11　典型燃料的当量比定压热容

## 6.2.3　从预冷压缩系统方案的角度提高预冷压缩有效度

预冷压缩系统有效度 $\varepsilon_{PCS}$ 取决于系统具体的实现方案及系统内部所有的不可逆因素,为此,本节对现有典型预冷压缩方案进行了评估,以便从预冷压缩性能的角度对不同方案有总体的了解。

### 6.2.3.1　燃料直接冷却的典型预冷压缩系统有效度

由 5.1.1 节分析可知,直接预冷发动机有三种基本的循环构型,其对应的预冷压缩系统工作原理如图 6.12 所示。基于表 6.5 给出的运行及部件参数,本小节对图示系统的预冷压缩有效度进行了评估。来流参数取发动机推荐的设计点值[17],对应空气总参数为(1 300 K,1.67 MPa),此时空气可以提供足够的热量维持空气及火箭涡轮方案的工作。评估中以液氢为系统的冷源。

表 6.5　系统性能评估的参考条件

| 参　数 | 取值 | 参　数 | 取值 |
|---|---|---|---|
| 飞行马赫数 $Ma_0$ | 5.2 | 预冷器空气侧总压恢复系数 $\sigma_a$ | 0.85 |
| 动压 $q_0$/kPa | 45 | 预冷器燃料侧总压恢复系数 $\sigma_f$ | 0.98 |

| 参　　数 | 取值 | 参　　数 | 取值 |
| --- | --- | --- | --- |
| 空气流量 $\dot{m}_a$ /(kg/s) | 300 | 涡轮效率 $\eta_{AT}$、$\eta_{RT}$、$\eta_{GT}$ | 0.9 |
| 燃料初始温度 $T_{f0}$ /K | 22 | 空气压气机效率 $\eta_{AC}$ | 0.89 |
| 燃料初始压力 $p_{f0}$ /MPa | 0.2 | 最大温度 $(T_d)_{max}$、$(T_5)_{max}$ /K | 1 300 |
| 进气道总压恢复系数 $\sigma_{IN}$ | 0.08 | 燃料泵效率 $\eta_{FP}$ | 0.75 |
| 预冷器有效度 $\varepsilon_{PC}$ | 0.95 | 燃料涡轮效率 $\eta_{FT}$ | 0.9 |

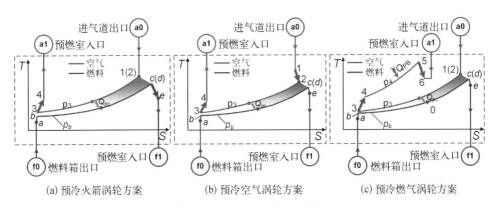

(a) 预冷火箭涡轮方案　　(b) 预冷空气涡轮方案　　(c) 预冷燃气涡轮方案

**图 6.12　燃料直接冷却的典型预冷压缩系统方案**

图 6.13 给出了上述直接预冷压缩方案的压比 $\pi_{PCS}$、预冷压缩有效度 $\varepsilon_{PCS}$ 以及对应的系统理论压比 $(\pi_{PCS})_{rev}$ 与冷却燃料消耗量 $\phi_{PCS}$ 随涡轮膨胀比的变化。由图 6.13(a)~(c) 可知,对于给定的预冷温度 $T_3$,空气和燃气涡轮方案分别存在最佳的涡轮膨胀比 $(\pi_{AT})_{opt}$ 及 $(\pi_{GT})_{opt}$ 使系统的预冷压缩有效度最大化,并且,压比及预冷压缩有效度的最大值 $(\pi_{PCS})_{max}$ 及 $(\varepsilon_{PCS})_{max}$ 随着预冷温度的减小而增大。对于火箭涡轮方案,系统的最大压比及预冷压缩有效度总是在最大涡轮膨胀比处取得,这是由于这一方案以燃料为涡轮驱动工质,因而涡轮膨胀比越大,则对系统热源的利用越充分,而其他两种方案以空气或燃气驱动涡轮,这使得其膨胀过程需要"消耗"部分由空气压气机"产生"的压比,因此系统的最终压比取决于压缩过程及涡轮膨胀过程的总效果。显然,火箭涡轮方案不存在类似于空气/燃气膨胀带来的抵消作用,因而,如图 6.13 所示,在同样的预冷温度下,火箭涡轮方案的预冷压缩压比及预冷压缩有效度均远大于其他两种方案。

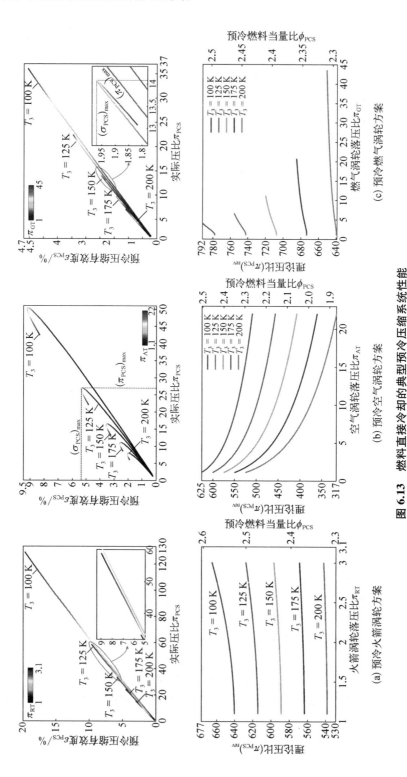

图 6.13 燃料直接冷却的典型预冷压缩系统性能

### 6.2.3.2 燃料间接冷却的典型预冷压缩系统有效度

本小节对图 6.14 所示的间接预冷压缩系统性能进行了评估,除了表 6.6 给出的补充参数外,其他用到的参数取自表 6.5。中介循环采用氦气以匹配液氢的极低初始温度。所有涡轮的输出功用以平衡空气、氦气及燃料的压缩功耗。为保证对燃料冷却能力的充分利用,评估中保持再生器中换热流体具有匹配的热容流率,即

$$\dot{m}_e \cdot c_{pe} = \dot{m}_f \cdot c_{pf} \tag{6.33}$$

**表 6.6 性能评估的参考条件**

| 参　　数 | 取　值 |
| --- | --- |
| 预冷器工质侧总压恢复系数 $\sigma_{ha}$ | 0.98 |
| 再生器有效度 $\varepsilon_{RG}$ | 0.95 |
| 再生器工质侧总压恢复系数 $\sigma_{hf}$ | 0.98 |
| 再生器燃料侧总压恢复系数 $\sigma_f$ | 0.98 |
| 氦工质涡轮效率 $\eta_{HT}$ | 0.9 |
| 氦工质压气机效率 $\eta_{HC}$ | 0.89 |
| 最大压力 $(p_\beta)_{max}$、$(p_b)_{max}$/MPa | 20 |

图 6.15 给出了不同预冷燃料当量比 $\phi_{PCS}$ 时,间接预冷压缩方案预冷压缩有效度 $\varepsilon_{PCS}$ 随氦涡轮膨胀比 $\pi_{HT}$ 的变化。同空气及燃气涡轮方案类似,图 6.15 表明间接预冷压缩方案存在最佳的氦涡轮膨胀比 $(\pi_{HT})_{opt}$ 可使给定冷却燃料量下的系统预冷压缩有效度(或压比)最大化,并且,随着燃料消耗量的增大,其对应的最大压

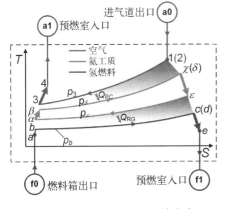

**图 6.14 间接预冷压缩系统方案**

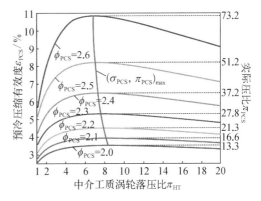

**图 6.15 间接预冷压缩方案性能**

比及预冷压缩有效度也随之增大。在当前的评估条件下,最佳氦涡轮膨胀比在 $(\pi_{HT})_{opt} = 7.0 \sim 8.35$ 变化。

图 6.16 给出了空气预冷温度 $T_3$ 的变化,对比图 6.13 可知,在同样的预冷燃料消耗量下,直接预冷方案能实现更有效的空气预冷。以 $\phi_{PCS} = 2.5 \sim 2.6$ 为例,火箭涡轮及燃气涡轮方案 $T_3$ 可达 100 K 左右,而间接冷却方案 $T_3$ 在 150 ~ 300 K。比较图 6.12、图 6.14 方案的工作过程可知,由于间接冷却方案引入的再生器及氦气闭式循环的工作过程都需要一定的温差,这相当于增大了空气-燃料之间热量传递的总体温差,最终降低了同等燃料量下的空气预冷效果。

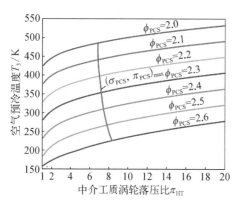

图 6.16 不同燃料消耗时的空气预冷温度

作为补充,表 6.7 给出了基于文献发动机参数计算得到的系统预冷压缩有效度。文献[18]的预冷压缩系统同图 6.14 的方案类似,而由图 6.15 可知,类似参数条件下本小节得到的系统预冷压缩有效度 $\varepsilon_{PCS} \leqslant 8\%$,而基于文献参数的预冷压缩有效度 $\varepsilon_{PCS}$ 高达 30.4%,这主要因为文献发动机运行参数过于理想,如忽略了换热器的压降,换热温差非常小(不超过 10 K),且采用理想气体假设。对比文献[17]、[19]、[20]的结果,其预冷压缩方案虽然不同,但对应的预冷压缩有效度均在 12% ~ 15%,并且同本节给出的结果较为接近。

表 6.7 基于公开发动机数据计算的预冷压缩有效度

| 参 数 | 文献[17] | 文献[19] | 文献[20] | 文献[18] |
|---|---|---|---|---|
| 进气道出口总温 $T_{a0}$ /K | 1 200 | 1 320 | 1 247 | 1 350 |
| 进气道出口总压 $p_{a0}$ /bar | 1.8 | 3 | 3.4 | 1.8 |
| 燃料初始温度 $T_{f0}$ /K | 33.61 | 20 | 20 | 35 |
| 燃料初始压力 $p_{f0}$ /bar | 262 | 18 | 18 | 200 |
| 燃气初始温度 $T_{g0}$ /K | 1 113 | — | 1 040 | — |
| 燃气压力 $p_{g0}$ /bar | 104 | — | 10.2 | — |
| 预冷燃料当量比 $\phi_{PCS}$ | 3.25 | 0.81 | 0.81 | 2.45 |
| 预冷压缩实际压比 $\pi_{PCS}$ | 81 | 4.07 | 3.5 | 202 |
| 预冷压缩理论压比 $(\pi_{PCS})_{rev}$ | 661 | 28.3 | 25.7 | 664 |
| 预冷压缩系统有效度 $\varepsilon_{PCS}$/% | 12.2 | 14.4 | 13.6 | 30.4 |

#### 6.2.3.3 同等运行条件下典型预冷压缩系统的性能对比

前述分析表明,具有相同输入参数的预冷压缩系统的理论压比($\pi_{PCS})_{rev}$相等,此时系统实际压比的大小取决于预冷压缩有效度,因此,预冷压缩有效度反映了预冷压缩方案自身的特征,因而是评价不同实现方案的客观指标,为此,本小节对上述典型预冷压缩方案同等运行条件下的预冷压缩有效度进行了对比,评估基于表6.5 与表 6.6 给出的参数。

由 6.2.3.1 小节可知,空气涡轮(PC - AT)方案的预冷压缩有效度存在最大值,相应的结果如图 6.17(a)所示。空气的膨胀将导致涡轮出口通道流通截面积的增加,这通常受到发动机总体设计的限制。在当前的评估条件下,可知进气道临界工况所需的流量捕获半径为 1.28 m。图中最大预冷压缩有效度($\varepsilon_{PCS})_{max}$对应的最佳涡轮膨胀比为($\pi_{AT})_{opt}$ = 10~11,假设涡轮出口马赫数为 0.5,此时出口通道所需的流通半径为 2.63 m,为进气道临界捕获半径的 2.1 倍。因此,为防止发动机截面半径的过度增加,必须限制空气涡轮的膨胀比。图 6.17(a)同时给出了空气涡轮出口通道半径为进气道临界半径的 1、1.25 及 1.5 倍时系统的预冷压缩有效度,显然,对膨胀比的限制将降低系统的预冷压缩性能。

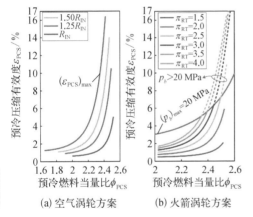

图 6.17 空气/火箭涡轮方案预冷压缩有效度

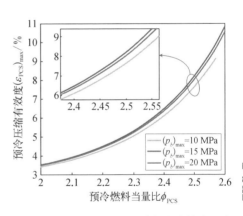

图 6.18 最大压力对间接冷却方案性能影响

对于火箭涡轮方案(PC - RT),6.2.3.1 小节的分析指出其最大预冷压缩有效度总是在最大涡轮膨胀比处取得,同样如图 6.17(b)的结果所示。涡轮膨胀比的增加要求燃料泵压比也要同步增大,因此,所允许的最大涡轮膨胀比实际上受燃料流路最大压力的限制,为此,图中给出了燃料泵出口压力维持在($p_b)_{max}$ = 20 MPa时的结果,显然,这一曲线给出了火箭涡轮方案考虑了实际的压力约束时的最大性能。对于间接冷却的预冷压缩(IPC)方案,6.2.3.2 小节指出存在最佳的氦涡轮膨胀比($\pi_{HT})_{opt}$使系统的预冷压缩有效度最大化。应当指出,这一结论是在给定燃料流路最大压力的条件下得到的,实际上,如图6.18所示,随着燃料流路最大压力的增加,$(\varepsilon_{PCS})_{max}$也随之增大,因而,间接预冷压缩方案最大预冷压缩有效度同样受燃料流路最大压力的限制。

对于燃气涡轮(PC-GT)方案,6.2.3.1小节表明存在使预冷压缩有效度最大化的最佳涡轮膨胀比$(\pi_{GT})_{opt}$。在当前的评估条件下,$(\pi_{GT})_{opt}=6\sim7$。显然,燃气的膨胀同样将导致涡轮出口流动通道截面增加。然而,由于气流首先被压气机增压,因而在同样的膨胀比下,燃气涡轮出口气流密度依然大于空气涡轮方案。类似地,假设涡轮出口马赫数为0.5,计算表明,此时最大预冷压缩有效度所对应的涡轮出口流道半径为0.1~0.6 m,显然这远小于进气道临界半径,因此,实际运行中燃气涡轮方案可取到其最大预冷压缩有效度。

基于上述讨论,图6.19给出了考虑实际约束时典型预冷压缩系统同等输入参数条件下的最大预冷压缩有效度。对比可知,在$\phi_{PCS}=2.0\sim2.6$时,间接预冷压缩(IPC)方案拥有最大的预冷压缩有效度,其对应的取值为$(\sigma_{PCS})_{max}=0.035\sim0.11$,而燃气涡轮(PC-GT)方案预冷压缩有效度在所有方案中最小。从热力循环的角度,间接预冷压缩方案实际上是由氦气闭式Brayton循环和燃料开式Brayton底循环构成的联合循环,因而可以实现对空气热能的梯级利用,进而达到较大的预冷压缩有效度,而燃气涡轮方案中由于并未利用吸热后的高温燃料的做功能力,因而造成了系统有用功的极大浪费,这是其预冷压缩有效度相对最小的根本原因。

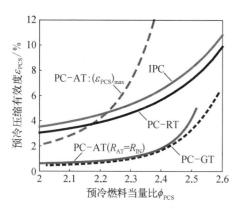

图6.19　典型预冷压缩系统的性能对比

在直接预冷压缩方案中,可见火箭涡轮(PC-RT)方案的性能要优于其他两种方案。应当指出,图中空气涡轮(PC-AT)方案的预冷压缩有效度取涡轮出口半径同进气道临界半径相等时的值,对应的$(\varepsilon_{PCS})_{max}=0.006\sim0.05$,而当取其最大预冷压缩有效度时,可见在$\phi_{PCS}>2.1$时,空气涡轮方案则拥有最好的预冷压缩性能。这一点可归功于空气涡轮方案独特的工作原理,对比图6.12和图6.14中各方案的工作过程,可知空气涡轮方案中进气道空气先经过涡轮膨胀过程1→2,因而,在同样的预冷燃料消耗量及预冷器有效度下,其对应的预冷温度最小,这减少了压缩过程3→4的功耗并增大了系统的压比。

## 6.3 预冷循环发动机性能边界分析

前述分析表明,虽然预冷压缩系统具有多种多样的实现方式,然而,从发动机总体性能评估的角度,各种实际因素对发动机性能的影响均可通过预冷压缩系统有效度 $\varepsilon_{PCS}$ 加以总体考虑,这使得对预冷压缩系统的处理可以像其他简单部件的热力过程那样,不用关注部件或系统内部发生的具体细节,进而建立了面向整个发动机家族的总体性能分析方法。基于第 5 章所建立的预冷发动机模型及预冷压缩系统性能评价指标,本节以此分析了发动机的极限性能,进而揭示了预冷组合发动机同传统布雷敦循环发动机在性能上的关系。

### 6.3.1 考虑预冷压缩系统贡献的发动机性能边界

由于 $\varepsilon_{PCS}=1$ 定义了预冷压缩系统压比的上边界,结合图 6.20 所示焓熵图不难得知, $\varepsilon_{PCS}=1$ 同时也是预冷压缩系统对发动机性能贡献的最大点。

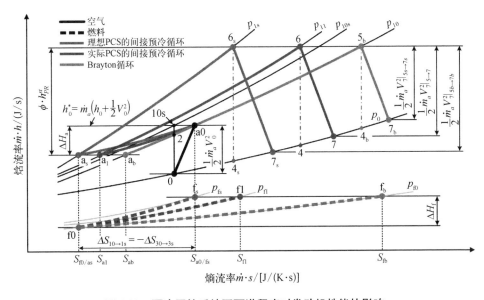

**图 6.20 预冷压缩系统不可逆程度对发动机性能的影响**

显然,预冷压缩系统性能同样存在下边界。以图 5.12 所示的概念模型为例,如果微元循环 $C_n$ 仅仅起到热量的“搬运”作用,这相当于高、低温热源之间直接换热而达到热平衡,如图 6.20 中的过程($a0 \rightarrow a_b$,$f0 \rightarrow f_b$)所示,此时,由于对空气没有增压作用,因此 $\pi_{PCS} = 1$,从最终效果的角度,这类似于燃料同空气在燃烧室内的直接混合,而 $a0 \rightarrow a_b$ 则相当于燃料添加而造成的空气冷却过程,显然,此时预冷循环将退化为 Brayton 循环。

基于表 6.5 的参数,图 6.21、图 6.22 分别给出了 $Ma_0 = 5$ 及 $\phi_{PCS} = 1$ 时预冷压缩系统性能对发动机比冲及比推力的影响。可见,在 $\varepsilon_{PCS} < 0.3$ 时,随着预冷压缩有效度的增加,发动机比冲及比推力显著增大,而在 $\varepsilon_{PCS} \geq 0.3$ 时,系统有效度增加带来的发动机性能增益则相当有限,因此,从发动机总体设计的角度,持续的增加预冷压缩有效度是没有必要的。实际上,表 6.7 表明实际预冷压缩系统有效度的取值为 $\varepsilon_{PCS} = 0.1 \sim 0.3$,以这一范围内的比冲/比推力作为预冷发动机性能的代表,由图 6.22 可知,在 $Ma_0 < 3$ 时,预冷发动机同涡喷发动机性能相当,而在 $3 \leq Ma_0 < 6$ 时,预冷发动机相对于冲压发动机具有更好的性能表现。

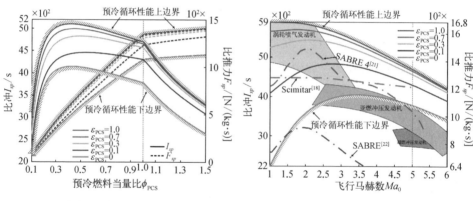

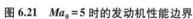

图 6.21 $Ma_0 = 5$ 时的发动机性能边界 图 6.22 $\phi_{PCS} = 1$ 时的发动机性能边界

作为比较,图 6.23 与图 6.24 给出了 SABRE 系列发动机性能以验证本节给出的评估方法,其中性能边界计算所需的参数均采用文献数据。对于 Scimitar 发动机,$Ma_0 = 5$ 时由于外涵冲压发动机不工作,因此文献[23]给出的比冲实际上为预冷核心机的性能,由图 6.23 可知,其数值均处于本节计算给出的边界之内。基于 Scimitar 比冲反推可知,在 $\phi_{PCS} = 0.75 \sim 2.35$ 时其预冷压缩有效度 $\varepsilon_{PCS} = 0.045 \sim 0.11$。对于 SABRE 循环,文献[24]表明预冷燃料当量比为 $\phi_{PCS} = 2.3 \sim 2.8$,显然这远大于预冷核心机的燃烧所需。文献[22]的性能数据由于同时包括了外涵冲压发动机产生的推力,因而给出的比冲大于预冷核心机的性能,而根据文献[24]给出的核心机性能,由图 6.24 可知此时发动机比冲也处于计算得到的边界之内。

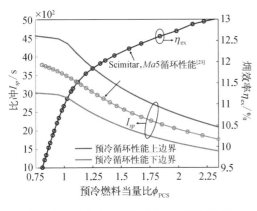

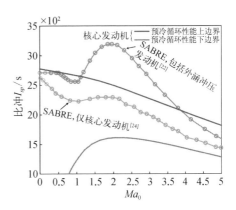

图 6.23　Scimitar 循环 $Ma_0 = 5$ 巡航性能　　　　图 6.24　SABRE 循环比冲性能

## 6.3.2　预冷压缩–进气道双压缩系统对发动机性能的贡献

对于预冷发动机,进气道与预冷压缩构成了双压缩系统。本节评估了不同进气道压缩性能下预冷压缩系统对发动机性能贡献的变化,以便揭示双压缩系统发动机的性能特征。其他参数设置同 6.3.1 节。

由图 6.25 及图 6.26 的结果可知,随着进气道压缩能力(总压恢复系数)的增加,以比冲及比推力边界表示的预冷发动机性能进一步改善,然而,发动机性能下边界对进气道总压恢复系数的变化似乎更为敏感。例如,进气道总压恢复系数由 $\sigma_{IN} = 0.1$ 增加至 0.5 时,比冲及比推力上边界的最大值仅分别增加了 1.11 和 1.01 倍,而下边界的最大值则分别增加了 1.4 和 1.3 倍。这主要因为在上边界上,发动机总压比为进气道和预冷压缩压比的乘积,由于预冷压缩的理论压比数值较大,因而进气道性能变化对发动机总体影响较小,而与此相反,下边界上发动机总压比则

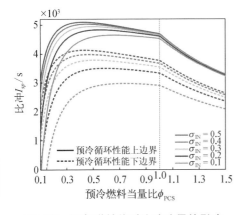

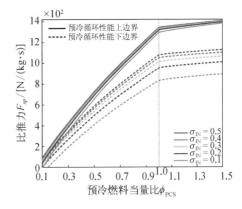

图 6.25　进气道性能对比冲边界的影响　　　　图 6.26　进气道性能对比推力边界的影响

仅由进气道压缩性能决定。总体上,进气道性能的增加使得发动机性能下边界逐渐靠近上边界,这也意味着由预冷压缩系统带来的压比贡献所获得的发动机性能增益将越来越小。

## 6.4 典型燃料的预冷循环发动机及任务性能比较

6.3 节的分析中均以液氢为燃料,为此,本节将对 6.2.2 节所给典型燃料在预冷发动机中的应用性能进行评估,评估中采用的来流及部件参数同 6.3 节。为了考虑燃料物性自身对发动机及任务性能的影响而排除其他技术因素的干扰,分析中假定预冷压缩有效度 $\varepsilon_{PCS} = 1$。

### 6.4.1 典型燃料的预冷发动机性能对比

比冲及比推力是从产生推力的角度来衡量发动机性能的重要指标,本节以此为发动机层面的评价指标,对采用甲烷、甲醇、正癸烷及液氢的预冷发动机性能进行了比较。对于可热解的甲醇和正癸烷,计算中考虑了化学吸热效应(chemical endothermic effect, CEE)带来的性能增益。

6.1 节的分析已经指出,对于给定的飞行条件和预冷燃料消耗量,发动机比冲及比推力正比于喷管排气速度 $V_7$,而由式(6.4)~式(6.6)可进一步推知,排气速度及性能参数最终与燃料物性参数 $\{f_{st}, h_{PR}^{st}, T_f^{tr}, c_{pf}^{st}\}$ 相关。由前述分析可知,物性参数 $\{T_f^{tr}, c_{pf}^{st}\}$ 与预冷压缩理论压比 $(\pi_{PCS})_{rev}$ 的大小相关,而燃料的当量热值 $h_{PR}^{st}$ 影响喷管入口总焓 $h_6^*$ 的大小,这三者最终影响尾喷管排气速度 $V_7$;当量油气比 $f_{st}$ 反映了燃料的质量添加效应的影响。由表 6.2 及图 6.11 结果可知,液氢虽然拥有所有燃料中最大的当量热值 $h_{PR}^{st}$ 及理论压比 $(\pi_{PCS})_{rev}$,然而,甲醇当量油气比高达 $f_{st} = 0.1553$——这几乎是氢燃料的 5.3 倍,最终如图 6.27 所示,甲醇巨大的质量添加效应使得其理论压比远小于液氢燃料的前提下,比推力却较为接近氢燃料发动机,尤其考虑了甲醇的化学吸热效应后。对于甲烷和正癸烷,两者的当量油气比与热值相差不大,因而,发动机比推力主要决定于理论压比。

结合图 6.27、图 6.28 结果及式(5.30),则不难理解不同燃料预冷发动机比冲性能的差异。显然,氢燃料发动机拥有最大的比推力及最小的当量油气比,因而,由式(5.30)可知其比冲在所有燃料中最大。甲醇燃料发动机虽然具有与氢燃料可比的比推力,然而由于其远大于其他燃料的 $f_{st}$ 值,这导致其对应的发动机比冲最小,相应的最大值仅有 $(I_{sp})_{max} = 790 \text{ s}$,而氢燃料发动机最大比冲可达 $(I_{sp})_{max} = 4500 \text{ s}$。因而,从燃料的推力效率角度,当量油气比数的影响远远大于其他物性参数的作用。

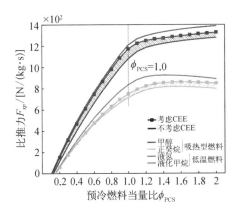

图 6.27　不同燃料的发动机比推力

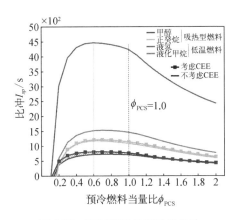

图 6.28　不同燃料的发动机比冲

## 6.4.2　典型燃料的预冷发动机任务性能指标对比

本节对采用典型燃料的预冷发动机应用于巡航任务时的性能进行了对比。巡航任务的性能指标一般为航程,这可以采用 Breguet 航程公式进行计算[2]:

$$R = -V_0 \cdot \left( \frac{C_L}{C_D} \right) \cdot I_{sp} \cdot \ln\Pi_{e+p} \tag{6.34}$$

式中, $C_L/C_D$ 为飞行器升阻比; $\Pi_{e+p}$ 为飞行器结构质量与有效载荷质量占起飞总质量的比例,此处简称为飞行器的干质量比。

由于当前 $Ma=5$ 的飞行器处于概念设计阶段,因而其干质量比是未知的,为此,本节以现有飞行器的统计数据为参考,如图 6.29(a)所示。虽然图中收集的飞行器具有各式各样的任务,且代表了不同年代的技术水准,但是其干质量比均为 0.3~0.7,而对于更加现代的飞行器,其干质量比范围可进一步缩减至 0.4~0.6[25]。考虑到高超声速飞行器存在一系列增加干质量比的潜在因素,如飞行器的热防护系统、复杂的推进系统等,因此当前 $\Pi_{e+p}=0.4 \sim 0.6$ 对于高超声速飞行器应当是较为乐观的估计。

由于图 6.29(a)中飞行器的燃料通常为航空煤油,当采用其他替代燃料时,燃料密度的不同将引起飞行器起飞质量的改变,进而改变了飞行器的干质量比,当保持飞行器燃料体积不变时,此时可由式(6.35)将原飞行器干质量比转换为替代燃料的干质量比:

$$\Pi_{e+p,r} = \frac{\Pi_{e+p,k}}{\Pi_{e+p,k} + (1 - \Pi_{e+p,k})\rho_r/\rho_k} \tag{6.35}$$

式中, $\Pi_{e+p,k}$ 与 $\Pi_{e+p,r}$ 分别为转换前后的干质量比; $\rho_r$ 与 $\rho_k$ 分别为航煤及替代燃料

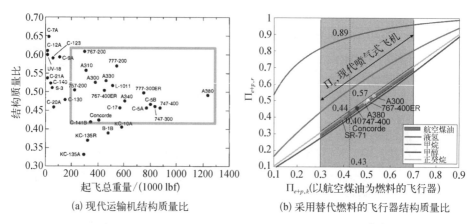

(a) 现代运输机结构质量比    (b) 采用替代燃料的飞行器结构质量比

图 6.29 采用典型候选燃料的现代飞行器结构质量占比[25]

的密度。图 6.29(b) 给出了基于式(6.35)计算得到的典型替代燃料飞行器的干质量比,可见,由于液氢及甲烷密度小于航煤,因而同一飞行器采用这两种燃料后,其干质量比将大于采用航煤时的值,而甲醇和正癸烷的密度同航煤密度相近,因而对应飞行器的干质量比也相当。

基于图 6.29(b) 替代燃料飞行器干质量比及图 6.28 所示发动机比冲数据,图 6.30 给出了在可能的 $\Pi_{e+p,k}$ 范围内,当发动机预冷燃料消耗量保持为 $\phi_{PCS}=1$ 时,由式(6.34)计算得到的替代燃料飞行器的航程。依据文献[11]的估计,计算中飞行器升阻比保持为 $C_L/C_D=5.5$。结果表明,虽然氢燃料发动机的比冲远大于其他燃料的,然而,其相应的巡航距离在所有燃料中最小,显然,这主要因为氢燃料的密度仅为正癸烷的 1/10,这导致其对应飞行器的干质量比远大于其他燃料的。对于正癸烷,可知虽然其预冷压缩理论压比及发动机比冲远小于氢燃料,然而,凭借较大的燃料密度,正癸烷飞行器表现出了最优的航程性能。

图 6.31 进一步给出了采用协和超声速客机作为参考飞行器时,基于本节所给的替代燃料计算得到的航程,其中飞行器的原始参数以及采用替代燃料后的参数见表 6.8。可见,采用替代燃料时飞行器的相对性能同图 6.30 结果类似。以氢燃料飞行器为例,为达到正癸烷飞行器的航程,由式(6.34)可知,此时需要将飞行器的干质量比由 0.89 降低至 0.8. 在保证飞行器有效载荷不变的前提下,这可以通过增加燃料的质量和/或降低飞行器结构质量来实现。以前一途径为例,此时飞行器需要额外携带约 13 000 kg 的氢燃料,这需要占据约 153 m³ 的额外空间。显然,由于飞行器机舱容积仅为 201 m³,这意味着需要大幅度降低飞行器的有效载荷。对于后一种途径,可知此时需要将飞行器的结构质量降低约 70%(即从 78 700 kg 降低至 27 545 kg),显然,这对飞行器结构设计提出了极高的要求。以上分析表明,对于预冷组合发动机推进的飞行器,除了发动机自身的性能外,燃料密度依然对飞行器任务性能具有决定性的影响。

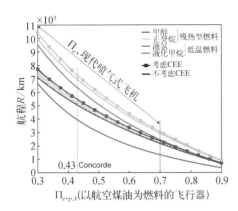

图 6.30　$\phi_{PCS}=1$ 时不同燃料飞行器的航程　　图 6.31　采用替代燃料的 Concorde 航程

表 6.8　协和超声速客机参数

| 飞 行 器 | 燃　料 | 燃料质量 /kg | 起飞质量 /kg | 结构质量 /kg | 有效载荷 /kg | 机舱总容 积/m³ |
|---|---|---|---|---|---|---|
| Concorde[26] | 航空煤油 | 95 680 | 187 000 | | | |
| 采用替代燃料 的 Concorde | 液　氢 | 9 221 | 100 540 | 78 700 | 13 000 | 201 |
| | 甲　烷 | 54 000 | 145 320 | | | |
| | 正癸烷 | 92 000 | 183 330 | | | |
| | 甲　醇 | 108 180 | 195 500 | | | |

依据第 5 章的理论分析结果,本章从发动机运行参数、燃料物性和预冷压缩系统实现方案三个方面对提升预冷压缩系统性能的措施进行了评估,表明提高系统入口空气温度、降低燃料存储温度、增加预冷燃料量、引入额外热源,或选择具有较大当量定压比热 $c_{pf}^{st}$、较低三相点温度 $T_f^{tr}$ 值及较大的化学吸热效应的燃料可有效增加预冷压缩系统的理论压比;在同等运行条件下,间接预冷压缩方案表现出了最好的预冷压缩性能。基于所发展的预冷发动机热力循环总体分析模型及预冷压缩系统性能评价参数,表明 $\varepsilon_{PCS}=1$ 定义了预冷循环性能的上边界,而同等条件下运行的 Brayton 循环性能则定义了预冷循环的性能下边界,以此揭示了预冷压缩系统的引入对发动机性能带来的理论增益,并从性能边界的角度分析了进气道-预冷压缩组成的双压缩系统对发动机性能的影响规律,最后对典型燃料的预冷组合发动机自身及巡航任务性能进行了评估,从而进一步揭示燃料各方面的功能和性质对预冷组合发动机及其任务性能的影响机制和途径,进而为面向预冷组合发动机应用的燃料选择和评价提供了依据。

## 6.5　小结

依据第 5 章的理论分析结果,本章从发动机运行参数、燃料物性和预冷压缩系统实现方案三个方面对提升预冷压缩系统性能的措施进行了评估,表明提高系统入口空气温度、降低燃料存储温度、增加预冷燃料量、引入额外热源,或选择具有较大当量定压比热 $c_{pf}^{st}$、较低三相点温度 $T_f^{tr}$ 值及较大的化学吸热效应的燃料可有效增加预冷压缩系统的理论压比;在同等运行条件下,间接预冷压缩方案表现出了最好的预冷压缩性能。基于所发展的预冷发动机热力循环总体分析模型及预冷压缩系统性能评价参数,表明 $\varepsilon_{PCS}=1$ 定义了预冷循环性能的上边界,而同等条件下运行的 Brayton 循环性能则定义了预冷循环的性能下边界,以此揭示了预冷压缩系统的引入对发动机性能带来的理论增益,并从性能边界的角度分析了进气道-预冷压缩组成的双压缩系统对发动机性能的影响规律,最后对典型燃料的预冷组合发动机自身及巡航任务性能进行了评估,从而进一步揭示燃料各方面的功能和性质对预冷组合发动机及其任务性能的影响机制和途径,进而为面向预冷组合发动机应用的燃料选择和评价提供了依据。

# 参考文献

[ 1 ]　Cumpsty N. Jet propulsion: A simple guide to the aerodynamic and thermodynamic design and performance of jet engines[M]. 2nd edition. Cambridge: Cambridge University Press, 2003.

[ 2 ]　Heiser W H, Pratt D T. Hypersonic airbreathing propulsion[M]. Washington D.C.: AIAA, 1994.

[ 3 ]　Bejan A, Tsatsaronis G, Moran M. Thermal design and optimization[M]. New York: John Wiley & SonsInc, 1995.

[ 4 ]　Conaire M O, Curran H J, Simmie J M, et al. A comprehensive modeling study of hydrogen oxidation[J]. International Journal of Chemical Kinetics, 2004, 36(11): 603 – 622.

[ 5 ]　GRI-Mech 3.0[EB/OL]. http://www.me.berkeley.edu/gri_mech/[2016 – 6 – 15].

[ 6 ]　Burke U, Metcalfe W K, Burke S M, et al. A detailed chemical kinetic modeling, ignition delay time and jet-stirred reactor study of methanol oxidation[J]. Combustion and Flame, 2016, 165: 125 – 136.

[ 7 ]　Zeng M, Yuan W, Wang Y, et al. Experimental and kinetic modeling study of pyrolysis and oxidation of n-decane[J]. Combustion and Flame, 2014, 161(7): 1701 – 1715.

[ 8 ] Goodwin D G, Moffat H K, Speth R L. Cantera: An object- oriented software toolkit for chemical kinetics, thermodynamics, and transport processes[R]. DOI: 10.5281/zenodo.48735, 2015.

[ 9 ] 苏长苏.高等工程热力学[M].北京: 高等教育出版社,1987.

[10] Kee R J, Rupley F M, Miller J A, et al. CHEMKIN Release 4.0[R]. San Diego, 2004: 1 – 273.

[11] John D A Jr. Hypersonic and high-temperature gas dynamics[M]. Washington D.C.: AIAA, 2019.

[12] Bell I H, Wronski J, Quoilin S, et al. Pure and pseudo-pure fluid thermophysical property evaluation and the open-source thermophysical property library CoolProp[J]. Industrial & Engineering Chemistry Research, 2014, 53(6): 2498 – 2508.

[13] Zhou W, Yu W, Jia Z, et al.Experimental study on effect of pyrolysis on heat transfer of n-decane at different pressure[C]. Orlando: 13th International Energy Conversion Engineering Conference, 2015.

[14] Zhang Q, Liu G, Wang L, et al. Controllable decomposition of methanol for active fuel cooling technology[J]. Energy & Fuels, 2014, 28(7): 4431 – 4439.

[15] Zhang Q. Preliminary study of catalytic decomposition of methanol in cooling channel[D]. Tianjin: Tianjin University, 2014.

[16] Ran M, Shi J, Niu J, et al. Investigation and improvement of the kinetic mechanism for methanol pyrolysis[J]. International Journal of Hydrogen Energy, 2017, 42(26): 16345 – 16354.

[17] Zhang J, Wang Z, Li Q. Thermodynamic efficiency analysis and cycle optimization of deeply precooled combined cycle engine in the air-breathing mode[J]. Acta Astronautica, 2017, 138: 394 – 406.

[18] Webber H, Feast S, Bond A. Heat exchanger design in combined cycle engines[J]. Journal of the British Interplanetary Society, 2009, 62(4): 122 – 130.

[19] Jivraj F, Varvill R, Bond A, et al. The scimitar precooled Mach 5 engine[C]. Brussels: Proceedings of 2nd European Conference for Aerospace Sciences (EUCASS), 2007.

[20] Víctor F V, Guillermo P. On the exergetic effectiveness of combined-cycle engines for high-speed propulsion[J]. Energy, 2013, 51(0): 382 – 394.

[21] Zhou J, Lu H, Zhang H, et al. A preliminary research on a two-stage-to-orbit vehicle with airbreathing pre-cooled hypersonic engines[C]. Xiamen: 21st AIAA International Space Planes and Hypersonics Technologies Conference, 2017.

[22] Varvill R, Bond A. A comparison of propulsion concepts for SSTO reusable launchers[J]. Journal of the British Interplanetary Society, 2003, 56(3/4): 108 – 117.

[23] Fernandez V V, Paniagua G. Simulation of a variable-combined-cycle engine for dual subsonic and supersonic cruise[C]. San Diego: 47th AIAA/ASME/SAE/ASEE Joint Propulsion Conference & Exhibit, 2011.

[24] Mehta U, Aftosmis M, Bowles J, et al. Skylon aerospace plane and its aerodynamics and plumes[J]. Journal of Spacecraft and Rockets, 2016, 53(2): 340 – 353.

[25] Mattingly J D, Heiser W H, Pratt D T. Aircraft engine design[M]. 2nd edition. Washington D.C.: AIAA, 2002.

[26] Gerald F. The international directory of civil aircraft, 2003/2004[M]. Washington D.C.: Aerospace Publications, 2003.

# 第7章
# 预冷组合发动机轻质高效换热器技术

在预冷组合发动机中,存在多种不同功能的换热器,如预冷器、再生器、再热器等。预冷器用于将高速飞行时高滞止温度的来流空气进行冷却,是预冷组合发动机热力循环构建的基础,是预冷组合发动机的核心部件之一。对于间接预冷循环组合发动机,如 SABRE 方案,再生器为中间介质与燃料的热交换器,用于冷却中间介质,实现热量向燃料的转移,保证中间介质循环的稳定工作。再热器对冷却工质进行补热,或者在低马赫数飞行条件下预冷器不工作时作为冷却工质的热源,通过对冷却工质加热,提高冷却介质的做功能力或者冷却工质进入燃烧室的初温。本章将对这三类换热器的基本原理、发展现状、设计方法及制造技术进行概述。

## 7.1  预冷器/冷凝器

预冷器是预冷组合发动机的核心部件,为满足飞行需求,预冷器的设计要求与传统的换热器有着较大差别。以英国 REL 的 SABRE3 发动机方案为例,要求预冷器能够在几十毫秒之内将约 400 kg/s 的高温空气从约 1 000℃冷却至-140℃,换热功率高达 400 MW,但预冷器的重量仅约 600 kg,换热功重比高达 667 kW/kg[1];而目前比较先进的工业换热器的换热功重比仅达到约 10 kW/kg,两者相差了近两个数量级。

为保证预冷组合发动机可靠工作,对预冷器的性能、结构可靠性及维护性等提出了以下要求:

（1）结构紧凑、重量轻、换热功重比高;

（2）换热瞬态响应快,能够与发动机热力循环响应匹配;

（3）在较大温差以及较高压力等极端运行条件下可靠工作;

（4）可靠性高,满足多次长时使用要求;

（5）可维护性强,便于安装、拆卸、监测及维修。

## 7.1.1　预冷器基本原理

预冷器基本都采用管壳式结构,空气在外侧横掠多层换热管束过程中,被换热管内流动的冷却介质降温,其基本换热结构如图 7.1 所示。

预冷器的整个换热过程可由式(7.1)表示:

$$Q = UA\Delta T \qquad (7.1)$$

式中,$Q$ 为换热功率,单位为 W;$A$ 为总换热面积,单位为 $m^2$;$\Delta T$ 为预冷器冷热侧流体的平均温差,单位为 K;$U$ 为总换热系数,单位为 $W/(m^2 \cdot K)$。

将式(7.1)进行变形,得到:

$$Q/A = U\Delta T \qquad (7.2)$$

为了实现紧凑的结构和高换热功重比,需要在较小的换热面积内实现较大的换热功率,即将 $Q/A$ 最大化。同时,为了使预冷器发挥最大冷却效果,预冷器设计时需保持冷热

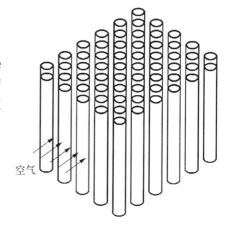

**图 7.1　管壳式预冷器基本换热结构示意图**

侧流体的平均温差 $\Delta T$ 尽量小,$\Delta T$ 减小既可以提高冷源的利用率,也可降低预冷器换热过程中的熵增。因此,为保证 $Q/A$ 最大化和尽量降低冷热侧流体的平均温差 $\Delta T$,需尽可能提高总换热系数 $U$。

换热系数 $U$ 的倒数是整个换热过程的热阻,由空气侧传热热阻、壁面导热热阻以及冷却介质传热热阻组成,可以表达为

$$\frac{1}{U} = \frac{1}{h_{\text{hot}}} + \frac{t}{k} + \frac{1}{h_{\text{cold}}} \qquad (7.3)$$

式中,$1/h_{\text{hot}}$ 为空气侧的传热热阻;$1/h_{\text{cold}}$ 为内部冷却介质的传热热阻;$t/k$ 为换热壁面的热阻,$t$ 是换热壁面的厚度,$k$ 是材料的导热率。

对于典型的管束式预冷器,内、外流体介质对流换热存在以下经验关系式:

$$h = \frac{Nu \cdot \lambda}{d} \qquad (7.4)$$

$$Nu = f(Re, Pr) = CRe^n Pr^m \qquad (7.5)$$

$$Re = \frac{\rho v d}{\mu} \qquad (7.6)$$

式中,$C$、$n$、$m$ 的取值取决于流动雷诺数、冷热流体的物性参数及管束的排布方式

等参数。通常,对于空气与冷却介质来说,不同压力以及温度对普朗特数影响较小,可忽略普朗特数带来的影响。由式(7.4)~式(7.6)可得如下关系式:

$$h \propto \left(\frac{\rho v d}{\mu}\right)^{n} \frac{\lambda}{d} \propto \frac{\rho^{n} v^{n}}{\mu^{n}} \frac{\lambda}{d^{1-n}} \tag{7.7}$$

可见,预冷器内、外侧对流换热系数与流体的流速的 $n$ 次方成正比。内部冷却介质可选择具有高导热系数、低黏度的流体。对于间接换热预冷器,氢气是一种很好的冷却介质;对于直接预冷,其内部介质为所使用的燃料,如液氢、甲烷等。

同时,预冷器内、外介质的流阻关系式如下:

$$\Delta P = \xi \frac{\rho v^{2}}{2} \tag{7.8}$$

式中,对于空气侧,系数 $\xi$ 取决于管束的排布方式、流动雷诺数等参数;对于冷却介质侧,系数 $\xi$ 取决于流动雷诺数、换热管长径比、管壁粗糙度等参数。

对于管壳式空气预冷器,通常空气侧热阻远远大于管壁及冷却介质侧热阻,因此提高预冷器换热系数的重点是降低空气侧热阻。增加介质流速可以提高对流换热系数,但流速增加会导致流阻增大;预冷器的设计过程要兼顾对流换热系数与流阻两者之间的矛盾。

### 7.1.2 典型预冷器方案

近二三十年来,国内外对适用于预冷组合发动机的预冷器技术进行了较多研究,目前,研究较为充分的预冷器有适配 ACES、ATREX、PCTJ 和 SABRE 的预冷器,以下对这些预冷器的研制情况进行概述。

1. ACES 发动机用空气预冷器

Hendrick 等[2]研究了适用于 ACES 发动机的空气-氢预冷器,该预冷器布置在旁路空气通过的环形区域内,其布置位置如图 7.2 所示。该预冷器的设计目标是将 52.8 kg/s 的空气从 479.1 K 冷却至 282.1 K;冷却介质为温度 208 K、流量为 3.01 kg/s 的氢气;换热功率约 10.5 MW。共设计了三种预冷器方案,包含一种管壳式、两种板翅式预冷器。如图 7.3 所示,其中,$d$ 表示换热管直径,xl、xt 和 xd 分别表示纵向、横向和对角换热管节距系数,管壳式预冷器的换热管外径 3 mm、壁厚 0.25 mm,横向间距为 1.25 倍管径、纵向间距为 2 倍管径。第一种板翅式预冷器在氢气侧具有错置的带状肋片,在空气侧有平直形翅片;第二种板翅式预冷器氢气侧和空气侧的翅片类型相同,具有错置的带状肋片和波浪形翅片。

在图 7.4 所示的预冷器试验平台上完成了上述三型预冷器缩尺试验件的流动换热性能试验。三个预冷器试验件的换热有效度在 50% 左右,管壳式预冷器冷热侧流体的压损最小,具体见表 7.1。板翅式预冷器具有更高的紧凑度;管壳式预冷

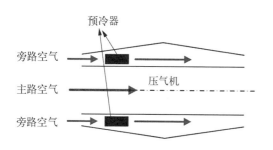

图 7.2　ACES 发动机中预冷器的
布置示意图[2]

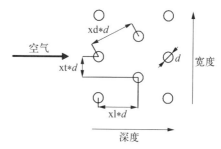

图 7.3　管壳式预冷器的换热管
布置示意图[2]

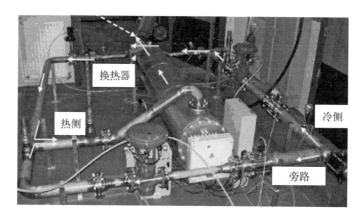

图 7.4　预冷器试验平台[2]

表 7.1　三种换热器性能对比[2]

| | S&T | First P&F | Second P&F |
| --- | --- | --- | --- |
| 换热有效度 $\varepsilon/\%$ | 52.1 | 51.3 | 50.0 |
| 冷侧流阻 $\Delta P_c/\text{mbar}$ | 43 | 357 | 499 |
| 热侧流阻 $\Delta P_h/\text{mbar}$ | 14 | 46 | 21 |
| 紧凑度/($\text{m}^2/\text{m}^3$) | 385 | 1 530 | 1 593 |
| 体积换热功率/($\text{MW}/\text{m}^3$) | 6.57 | 9.06 | 1.67 |
| 换热功重比/($\text{kW}/\text{kg}$) | 28.65 | 18.13 | 4.34 |

器的单位体积换热功率介于两种板翅式预冷器之间,但是具有最高的换热功重比,
达到 28.65 kW/kg。综合来看,管壳式预冷器性能更优。

2. 日本 ATREX 发动机及 S 发动机用预冷器

ATREX 发动机的工作范围为 $Ma0 \sim Ma6$,预冷器空气侧的入口温度为 288 ~

1 680 K,经过预冷器后,风扇入口处的空气温度为 175~660 K,预冷器空气侧的温降为 113~1 020 K。1990~1999 年,日本先后研制了 3 种不同构型的预冷器,主要设计参数见表 7.2,其中空气设计流量为 8 kg/s。三种预冷器均采用管壳式结构,换热功率约 1 200 kW,采用 316 不锈钢制造而成。

表 7.2　ATREX 发动机预冷器设计参数[3]

| | 单位 | Type-I | Type-II | Type-III |
|---|---|---|---|---|
| 换热管外径 | mm | 3 | 5 | 2 |
| 换热管壁厚 | mm | 0.15 | 0.3 | 0.15 |
| 换热管管长 | mm | 820 | 820 | 525 |
| 换热管周向排数 | — | 280 | 176 | 376/436/524 |
| 换热管径向排数 | — | 24 | 18 | 4/5/6 |
| 换热管总数 | — | 6 720 | 3 168 | 13 464 |
| 换热面积 | $m^2$ | 51.9 | 40.8 | 44.4 |
| 管束体积 | $m^3$ | 0.154 | 0.154 | 0.008 |
| 芯体紧凑度 | $m^2/m^3$ | 338 | 265 | 553 |
| 总重 | kg | 300 | 350 | 160 |
| 换热功率 | kW | 1 207 | 1 004 | 1 315 |
| 传热单元数 | — | 3.11 | 2.03 | 3.89 |
| 管子材料 | | | SUS316 | |
| 排布方式 | | | 顺排 | |

Type-I 型预冷器(其结构如图 7.5 所示)安装到 ATREX 发动机上,在海平面条件下完成了首个预冷发动机的试验测试。经过 4 轮测试后(总试验时间约 250 s),获取了预冷器的流动换热性能,及其对发动机性能的影响。但是试验后,预冷器在换热管的焊点处出现了冷却剂的泄漏,分析认为是由于发动机本体的叶轮机振动导致预冷器换热管焊点处发生疲劳破坏。试验中,预冷器将常温空气冷却至约 180 K,相比于预冷器不工作时的常温进气,发动机的推力和比冲分别提高了 80% 和 25%,获得了显著的性能提升。预冷器的实际换热功率比预测值低 15%~20%,可能是由于换热管表面的霜层和非均匀来流所导致的预冷器换热性能降低。在试验过程中,预冷器换热管束表面发生结霜现象;但由于霜层的厚度相对于管间距较小,结霜对预冷器空气侧的流阻基本没有影响。

Type-II 型预冷器与 Type-I 型预冷器结构基本相同,但是做了一些改进以提高可靠性和耐久性,同时降低空气侧的流阻,其结构如图 7.6 所示。首先,换热管的尺寸从 3 mm 增加到 5 mm,换热管的壁厚也由 0.15 mm 增加至 0.3 mm;换热

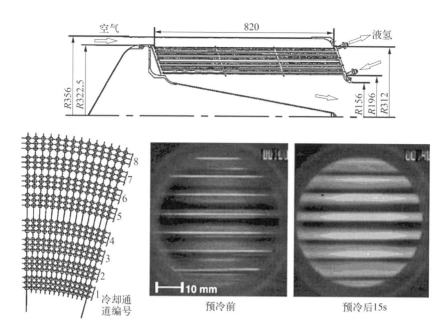

**图 7.5　Type‒Ⅰ型预冷器结构及试验中的预冷器结霜现象**(单位: mm)[3]

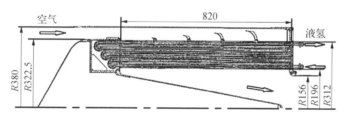

**图 7.6　Type‒Ⅱ型预冷器**(单位: mm)[3]

管在前端采用折弯以减少焊点;其次,通过增加来流流通面积(空气入口外径从 356 mm 增加至 380 mm)降低空气流速,进而减少空气侧流阻;在预冷器管束最外侧增加了几道唇板以提高来流空气的均匀性。Type‒Ⅱ型预冷器成功完成 6 轮试验(总试验时间约 280 s),空气侧流阻相比于 Type‒Ⅰ型预冷器降低了 30%。但是,Type‒Ⅱ型预冷器的换热功率依然比预测值低 15%～20%,可能是因为换热管表面的霜层带来了额外的热阻。

　　为了满足飞行试验需求,Type‒Ⅲ型预冷器被设计为紧凑型,是通过采用更小直径的换热管(外径 2 mm)和紧凑排布(紧凑度提高到 553 m²/m³)来实现的,其结构如图 7.7 所示。为了增加来流的均匀性,采用了渐缩的外壳体来替代 Type‒Ⅱ型预冷器所采用的唇板。另外,减轻了歧管和部分附属结构质量,大幅度降低了预冷器的整体重量。1998 年对 Type‒Ⅲ型预冷器进行了试验,换热性能虽然仍然低于预期值,但是优于 Type‒Ⅰ型、Type‒Ⅱ型。但是空气侧的压力损失急剧增加,这是管间距缩小后,换热管表面结霜现象较为严重,堵塞了空气流路所致,如图 7.8 所示。通过喷射少量乙醇可以有效降低结霜对预冷器性能的影响,如图 7.9 所示,kg/kg′中分母表示空气质量,分子表示乙醇质量。据评估,配装 ATREX 发动机的飞行器从海平面爬升到 30 km 高度过程中,为防止预冷器结霜所需要携带的乙醇质量小于总燃料质量的 3%,工程上可接受。

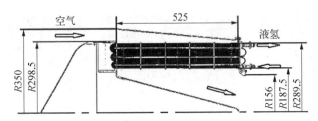

图 7.7    Type-Ⅲ型预冷器和 1/4 预冷器(单位: mm)[3, 4]

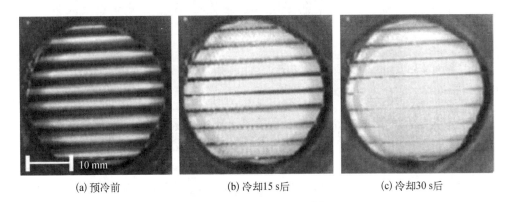

(a) 预冷前              (b) 冷却15 s后              (c) 冷却30 s后

图 7.8    换热管结霜现象[3]

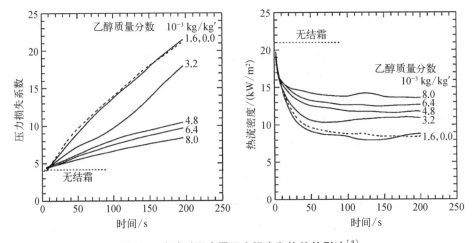

图 7.9    喷醇对预冷器压力损失和换热的影响[3]

2000 年以后,在 ATREX 发动机的研制基础上,日本开始了 PCTJ 发动机原理样机 S 发动机的研制。S 发动机的推力约 1 176 N,空气流量约 1.1 kg/s。适配 S 发动机的预冷器借鉴了 Type -Ⅲ预冷器的研究成果,但由于发动机采用二元进气道,预冷器改为方形结构,并通过倾斜布置来扩大迎风面积以降低空气流速,其具体结构如图 7.10 所示。该预冷器样机由 1 296 根不锈钢换热管组成,单根换热管长度为 320 mm、外径 2 mm、壁厚 0.15 mm;预冷器采用了与 Type -Ⅲ型预冷器相同管径和壁厚的换热管,但为减轻结霜现象,将换热管管间距增大了一倍[5]。

**图 7.10　S 发动机用预冷器样机**[5]

日本先后对 S 发动机用预冷器开展了常温、高温来流条件下的部件试验,并集成到发动机上开展了 Ma4 来流条件下的直连、风洞试验,对预冷器的流动换热性能及其与涡轮发动机的匹配工作性能进行了较为详细的试验验证,也考核了该型预冷器的结构可靠性。

2005 年,开展了以液氢为冷却介质的常温来流条件下的预冷器部件实验,总的换热功率为 120 kW,符合设计预期。在液氢当量比 1.8 的情况下,空气经过预冷器的温降约 106 K,出口截面的平均温度约 186 K,最大温差约 40 K,如图 7.11 所示。空气侧和氢侧的压力损失分别为 4% 和 6%。

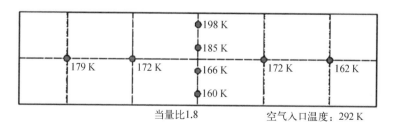

**图 7.11　预冷器出口截面温度分布(常温来流地面试验)**[5]

2012 年,开展了预冷器部件高温性能试验,如图 7.12 所示,将模拟 Ma4 来流条件下约 900 K 的高温空气冷却至约 480 K,温降约 420 K,预冷器出口截面的温度畸变约 90 K。利用红外相机测量了预冷器壳体的温度,发现在液氢入口区域存在较大的温度梯度,温度应力较大,但是多次试验后预冷器未发生结构破坏,可靠性较高。

**图 7.12 预冷器高温试验**[6]

2014 年,在 Ma4 风洞下开展了 S 发动机整机试验[7]。考虑到试验安全性,预冷器中采用液氮作为替代冷却介质。在试验过程中,在第 32 s 左右开始向预冷器中供给液氮,在第 35 s 左右主流路供给高温空气,由于进气道的热容较大,在第 45 s 后进气道出口空气温度才达到约 800 K;在第 60 s 左右,预冷器出口平均空气温度约 590 K,温度畸变±40 K,预冷器平均温降 210 K,如图 7.13 所示,TIO-3 表示第 3

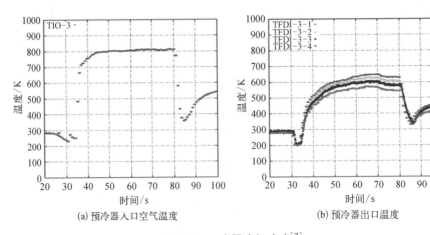

(a) 预冷器入口空气温度

(b) 预冷器出口温度

**图 7.13 预冷器液氮试验**[7]

个测试工况预冷器入口温度,TFDI-3-1、TFDI-3-2、TFDI-3-3及TFDI-3-4分别表示第3个测试工况预冷器出口第1~4测温点的温度值。

2015年,开展了S发动机整机地面直连高温试验[8],如图7.14所示。来流总温约880 K,预冷器采用液氢作为冷却介质,预冷器出口的平均温度约480 K,温降约400 K,预冷器出口截面的最大温度畸变为140 K。在经过过渡段,到达空气压气机入口处,空气的最大温度畸变降至±40 K,如图7.15所示。

图7.14 发动机直连试验(PCTJ5)[8]

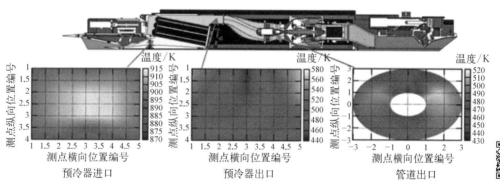

图7.15 预冷器进出口截面的空气温度分布[8]

2018年,在Ma4风洞下开展了以液氢为冷却介质的S发动机整机试验,见图7.16。在第35~45 s,将来流空气温度从800 K降低到650~700 K。预冷器的温降水平低于2014年、2015年的试验结果。分析认为可能是由于加装了防外物进入的保护板降低了预冷器的换热量;且在短时试验中,液氢供给管路没有得到充分预冷,导致液氢供给流量低于预期值。

从S发动机多次整机试验来看,虽然在预冷器出口存在一定程度的温度畸变,但并未对空气压气机的工作状态产生明显影响,空气压气机仍能稳定工作,进而保证了发动机维持稳定工作。

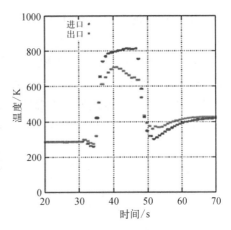

图 7.16　预冷器进出口空气温度[9]

### 3. SABRE 发动机预冷器

与 ATREX、S 发动机的预冷器不同的是,SABRE 发动机为了避免极薄壁微细管的氢脆问题,采用了中间闭式氦循环,预冷器中的冷却介质也由液氢改为超临界氦。此外,该预冷器的紧凑度、换热功重比等指标均高于 ATREX、S 发动机用预冷器。

该预冷器采用了一种新型紧凑式结构,整体呈圆筒状,采用模块化设计,由多组螺旋换热单元周向阵列而成,单组螺旋换热单元上布置了四排叉排微细管束,如图 7.17 和图 7.18 所示。该设计的巧妙之处在于既能够保证周向及径向微细管束之间间距的一致性,又能宏观上实现内部换热介质与外部空气的逆流换热,既极大提高了空间利用率,也能降低内外换热流体的温差,有利于提高换热效能。

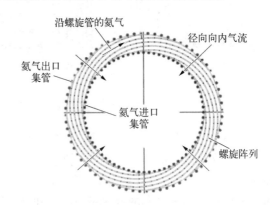

图 7.17　SABRE 循环的预冷器方案[10]　　图 7.18　SABRE 发动机预冷器流路示意[11]

英国 REL 首先对该新型预冷器开展了模块流动换热原理性试验。该预冷器模块由多排交错布置的薄壁微细管组成;管束采用叉排布局,空气冲刷管束后,每排管表面形成新的边界层,不会出现厚边界层以增加热阻,如图 7.19 所示。

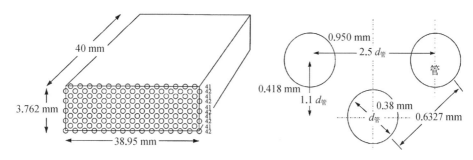

图 7.19　JMHX 的管排布置[12]

微细管的直径为 0.38 mm,横向和纵向管间距分为 1.25 倍和 1.1 倍管径。分别利用氮气和氦气开展了预冷器模块流动换热性能试验,并与经验关系式的预测结果进行了对比。整体来看,该紧凑式预冷器模块具有超强的换热能力,换热功率接近 2 GW/m³。对于氦气和氮气试验,经验关系式预测的换热功率的误差较小。在氮气冷态试验中,试验获得的预冷器空气侧的压损和 Kays&London 的关系式吻合很好;但是在高温来流试验下,空气侧压损预测的误差可达 65%~75%。在氦气试验中,高温来流条件下,空气侧压损预测的误差高达 169%~187%。分析表明,空气侧总压损失预测误差较大可能是由以下原因导致:① 在 JMHX 中,预冷器入口处存在大的温度梯度导致等效水力直径变化较大,而压损与等效水力直径的 3 次方成反比。② 由于冷却介质在管内流动过程中的温度变化,导致靠近冷却介质入口处的空气温降大、密度高;靠近冷却介质出口处空气温降低、密度低;存在沿着换热管方向,空气的横向迁移,导致空气流程的增加进而压损增加。③ 由于靠近热空气入口处的换热管的平均壁温较高,换热管本身膨胀较大,导致空气有效流通面积减少,损失增加。

2010 年,Webber 等[13]测量了紧凑管束中单个换热管的传热系数,如图 7.20 所示,在雷诺数为 900~5 600 时,试验结果与 Kays&London 的经验关系式吻合很好,进一步验证了该公司所采用的预冷器换热设计方法的有效性。

2012 年,REL 完成了适配 Viper 涡喷发动机的预冷器研制。换热管为外径 0.98 mm、壁厚仅 40 μm 的极薄壁 Inconel718 高温合金管,预冷器的主要设计参数见表 7.3。该预冷器的微细管总长达到 43 km,换热面积达到 135 m²。

表 7.3　SABRE 发动机预冷器设计参数

| 换 热 芯 体 | 地面演示 2012 | HTX2019 |
| --- | --- | --- |
| 管外径/mm | 0.98 | 0.98 |
| 壁厚/mm | 0.04 | 0.04 |
| 单管长度/m | 2.5 | 2.25 |

续　表

| 换 热 芯 体 | 地面演示 2012 | HTX2019 |
|---|---|---|
| 总管长/m | 43 000 | 38 000 |
| 换热单元数 | 21 | 21 |
| 轴向列数 | 115 | 200 |
| 径向排数 | 4 | 4 |
| 换热面积/m² | 135 | ~120 |

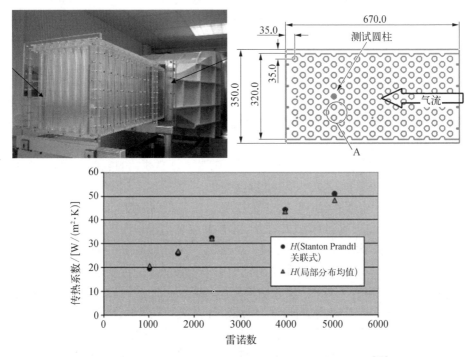

**图 7.20　紧凑换热器中单个换热管测量结果**(单位: mm)[13]

在预冷器与 VIPER 发动机联合试验中,其预冷器螺旋换热单元见图 7.21。由图 7.22 表明,预冷器在 20 ms 内将约 30 kg/s 的常温空气(25℃)冷却至−138℃,温降 163℃。空气侧平均流速约 6 m/s,压损 34 mbar,总压恢复系数达到 0.966。同时,采用喷醇的方式避免了试验过程中预冷器管壁的结霜问题。试验表明,该预冷器具有优越的流动换热性能,符合设计预期,且能与发动机匹配稳定工作。试验重复超过 300 次,充分验证了该新型极薄壁密集微细管束式预冷器的结构可靠性。

图 7.21　与 VIPER 发动机联试预冷器螺旋换热单元[14]

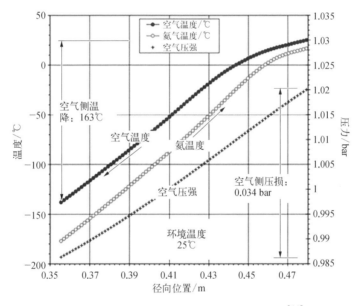

图 7.22　与 VIPER 发动机联试的预冷器试验[14]

为进一步验证预冷器技术,REL 完成了预冷器高温性能试验。该预冷器包含总长约 38 km 的微细管,换热管管重仅 50 kg,整个预冷器重 130 kg,如图 7.23 所示。在 2019 年 4 月,完成了模拟 Ma3.3 来流条件下的试验,换热功率 1.6 MW,试验结果与预测误差不超过 1%。随后,进一步完成了模拟 Ma5 来流条件下的试验,在 50 ms 内将约 1 000℃的高温空气冷却至 100℃,换热功率 3.8 MW,充分验证了高温条件下预冷器的性能[15]。据报道,REL 下一阶段将开展适用于飞行试验的预冷器研制[16]。

与上述其他几种典型预冷器方案相比,SABRE 发动机用预冷器具有以下特点: ① 采用单流程设计,其内部介质的流阻更好控制。② 可以达到接近逆流换热的效果,内外介质的温差更小,换热有效度更高。③ 换热管束采用了叉排布局,使得空气

**图 7.23　HTX 试验件及外壳体**[16]

侧对流换热更加强烈,换热性能更优。④ 采用了螺旋形微细管束结构,有利于大温差下的变形协调。⑤ 采用了更细更薄的换热管,预冷器紧凑度更高,换热功重比高,远超其他预冷器。⑥ 但是其制造加工难度相应增大,且结构可靠性仍需进一步验证。

　　总的来说,REL 当前基本解决了该新型预冷器的流动换热性能设计及验证、结霜抑制等问题,但仍需进一步开展预冷器的飞行试验、结构可靠性及耐久性试验等,提高技术成熟度。

### 7.1.3　螺旋形预冷器设计方法

　　图 7.24 给出了预冷器的设计流程,主要包含:总体布置、热设计、结构设计及综合评价。根据螺旋形预冷器研制经验,在众多满足换热指标要求的方案中,优选预冷器方案的综合评价准则可以参考以下几条原则。

　　① 换热功重比最大原则,利于减轻预冷器的重量。② 预冷器内外介质流阻最小原则:预冷器内外介质流动损失越小(优先考虑空气侧流阻),则预冷组合发动机的循环效率越高。③ 生产工艺最经济原则:主要考虑单个螺旋换热单元生产工艺难度(主要体现在焊接点数)、螺旋换热单元个数、预冷器装配及维护工艺。④ 内外介质附属管路设计最优原则:预冷器实际应用中必须考虑附属管路的设计,应尽可能减少内部介质在管路中的充注量和流动损失;管路中涉及分流及汇流的情况应尽量均匀;在设计范围内,管路不存在限流的情况。

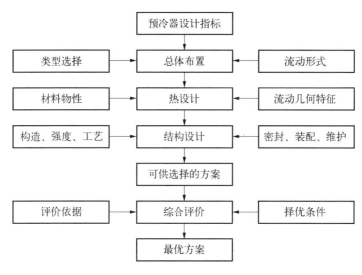

图 7.24 预冷器设计流程

## 7.2 再生器/再热器

预冷组合发动机中通常包含再热器、再生器这两种不同功能的换热器。再热器作用为利用预燃室/主燃室产生的高温燃气加热闭式循环中的氦气(SABRE),为闭式循环进行能量输入,或利用高温燃气直接加热氢燃料(ATREX、PCTJ 发动机),降低燃料消耗,提高发动机比冲性能。再生器的工作介质通常为燃料和中间循环介质,实现热量向燃料的转移,如 SABRE 发动机中的液氢/氦气换热器。

表 7.4 给出了典型 SABRE、Scimitar 发动机方案中再热器的典型工况参数,其燃气侧的温度较高,最高可达 1 900 K。

表 7.4 SABRE、Scimitar 再热器典型工况

| 介 质 | 流量 /(kg/s) | 进出口 | SABRE[17] | | 流量 /(kg/s) | 进出口 | Scimitar[18] | |
|---|---|---|---|---|---|---|---|---|
| | | | 温度/K | 压力/bar | | | 温度/K | 压力/bar |
| 燃气侧 | 300.96 | 入口 | 1 043 | 74.6 | 123.5 | 入口 | 1 900 | 7.7 |
| | | 出口 | 1 010 | 72.4 | | 出口 | 1 395 | 7.5 |
| 氦气侧 | 86.8 | 入口 | 974 | 203 | 77.8 | 入口 | 742 | 167.7 |
| | | 出口 | 1 000 | 199.2 | | 出口 | 997 | 167.2 |

表 7.5 给出了典型 SABRE、Scimitar 发动机方案中再生器的典型工况参数,相比于再热器,高温端的温度有所降低,但冷侧介质的入口温度更低。

表 7.5  SABRE、Scimitar 发动机再生器典型工况

| 介质 | 流量 /(kg/s) | 进出口 | SABRE[17] | | 流量 /(kg/s) | 进出口 | Scimitar[18] | |
| --- | --- | --- | --- | --- | --- | --- | --- | --- |
| | | | 温度/K | 压力/bar | | | 温度/K | 压力/bar |
| 氦气侧 | 86.8 | 入口 | 662.5 | 60.2 | 11.4 | 入口 | 409 | 25.3 |
| | | 出口 | 72.7 | 58.7 | | 出口 | 26 | 24.8 |
| 氢侧 | 30.7 | 入口 | 36 | 202.3 | 4.35 | 入口 | 20 | 18 |
| | | 出口 | 638.5 | 202.1 | | 出口 | 390 | 17.7 |

由再热器、再生器的典型工作温度、压力参数可见,其具有高温、高压的特点;其次,为了满足在发动机上的使用要求,对它们的结构尺寸及重量提出了苛刻的要求。

## 7.2.1  材料

通常,工作在 500℃ 以上的热交换器被称为高温换热器。在如此高的温度下运行的换热器及其材料面临着独特的挑战,例如蠕变、高温下材料强度降低、材料氧化、腐蚀和热冲击等。金属是高温换热器采用的常见材料,可大致分为铁基合金和镍基高温合金,高温换热器材料范围如图 7.25 所示。铁基合金(如 SS316 以及

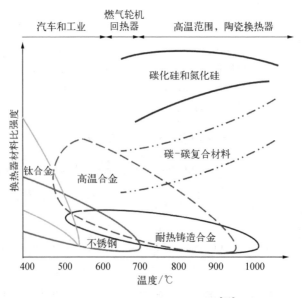

图 7.25  高温换热器材料范围[19]

SS347)分别在 550℃以及 600℃时依然具有优良的机械性能,但在高温下的耐腐蚀性能有限[20]。镍基高温合金在更高温下(820℃)具有更好的机械性能和抗腐蚀能力。在超高温换热器(>1 000℃)中,金属材料的应用则受到了较大限制,具有良好耐热性和耐腐蚀性的陶瓷材料成为首选[19],常见的陶瓷材料见表 7.6,但陶瓷材料存在制备困难、价格昂贵、不易加工等问题。

表 7.6　常见陶瓷材料[19]

| 陶瓷材料 | 材料特性 | 最大工作温度/℃ | 导热系数/[W/(m·K)] | 熔点/℃ | 密度/(g/cm³) | 抗拉强度/MPa |
|---|---|---|---|---|---|---|
| 碳化硅(SiC) | 良好的抗热冲击性;抗弯强度高;化学惰性;高导热率 | 1 400 | 3.8~20.7 | 2 837 | 3.1 2.2~3.2 | 186 |
| 氮化硅(Si₃N₄) | 超过 1 000℃极易氧化 | 1 900 | 10~43 | 1 900 | 3.2 1.9~3.0 | 246 |
| 氧化铝(Al₂O₃) | 抗热冲击性低于碳化硅和氮化硅 | 1 500~1 700 | 12~38.5 | 2 050 | 3.9 3.45~3.99 | 55 |
| 氧化锆(ZrO₂) | 无法承受较大的热梯度,立方相的导热系数低(可用作隔热涂层) | 取决于材料稳定性(最高可达 2 400℃) | 1.7~2.7 | 2 700 | 3.5~5.9 | 330 |
| 氮化铝(AlN) | 良好的抗氧化性和高达 1 300℃的热稳定性 | 1 300 | 60~177 | 2 200 | 3.26 | 600 |

## 7.2.2　结构形式

为满足预冷组合发动机对再生器/再热器苛刻的尺寸和重量的要求,需发展紧凑型换热器,即具有高换热面积与换热器体积之比的设计,这些设计通常使用微通道作为基本换热结构,以实现更大的换热面积,同时微通道对于增强换热也具有优势。目前,常见的紧凑型换热器有板翅式、层板式、管壳式和印刷电路板式这几类。

### 1. 板翅式换热器

板翅式换热器是最常用的高温换热器形式之一,主要用于气-气换热。如图 7.26 所示,板翅式换热器芯体部分主

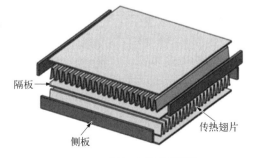

隔板　侧板　传热翅片

图 7.26　板翅式换热器[19]

要由侧板、传热翅片、隔板等部分组成。导热翅片通常使用冲压工艺制造,并与基板焊接在一起,采用钎焊工艺的板翅式换热器最大可承受 9 MPa 工作压力,而采用扩散焊接工艺则可在最高 20 MPa 的压力下使用。

2. 层板式换热器

层板式换热器通常用于气-气换热或液-液换热,如图 7.27 所示由换热板和端板组成,其换热板通过对薄壁金属板压制而成,具有多种形式,如波浪形、人字形、搓衣板形、交叉波纹形、交叉波浪形等。两块换热板组成一个换热单元,多个换热单元堆叠组成换热芯体,通过端板连接达到足够的结构强度,可实现在 20 MPa/815℃ 工况下运行。

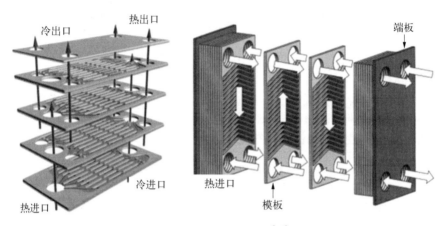

图 7.27　层板式换热器[19]

3. 管壳式换热器

管壳式换热器是最常用的换热器形式,如图 7.28 所示,主要由换热管及壳体组成。传统的管壳式热交换器中,换热管直径(16~38 mm)及管间距较大,换热面积与体积之比较低,尺寸和重量偏大。但随着薄壁微细管成型和焊接工艺的不断发展,紧凑式管壳式换热器在高温应用中逐渐增多。如 S 发动机和 SABRE 中的预冷器中,换热管直径降至 1~2 mm,极大提高了管壳式换热器的紧凑度。

4. 印刷电路板式换热器

印刷电路板式换热器(printed circuit heat exchanger, PCHE)是相对较新的换热器形式,如图 7.29 所示,通常采用光化学刻蚀等方法在薄板上加工出直径为 0.5~2 mm 的微小通道,并将多个薄板焊接成一个换热芯体。基于扩散焊接工艺,PCHE 可以实现非常高的耐压能力(20~60 MPa)和使用寿命。但是在高温高压使用环境下(>600℃、>10 MPa),PCHE 由于换热功重比较低和制造加工成本较高,限制其应用。

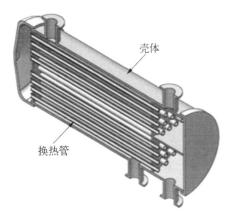

图 7.28 管壳式换热器[19]

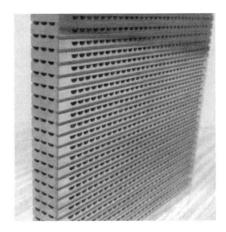

图 7.29 PCHE 换热器[19]

## 7.2.3 典型方案

### 1. 再热器

从表 7.4 中再热器的设计参数来看,当使用温度较低时(800℃以内),可以采用金属材料,在使用温度较高(超过 1 000℃)时,需采用陶瓷材料。

对于 ATREX 发动机,其再热器(图 7.30)用于将预冷器出口的氢气加热至高温以驱动氢涡轮。文献[20]给出了 ATREX - 500 发动机再热器的一个典型的工作参数,其将 0.416 kg/s 的氢气从约 235 K 加热至 650 K。由于工作温度较低,该再热器采用不锈钢材料制造,为简单的管壳式换热器,换热管管径 6 mm,管数 60,换热面积 1.82 $m^2$,换热功率为 1 500 kW。但对于具备工程应用价值的 ATREX 发动机,其部件循环参数需较原理验证机 ATREX - 500 提高较多,再热器需将预冷器出口 243 K 的氢气加热至 1 379 K,同时高温燃气侧温度为 2 046 ~ 2 473 K[21],在这样高的温度条件下,常规的金属材料不再适用。

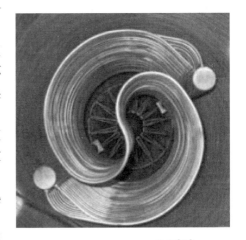

图 7.30 ATREX 再热器[22]

图 7.31 给出了 Scimitar 发动机用再热器的结构示意图,可视为板翅式,整体呈环形,布置在预燃室出口;预燃室出口的高温燃气外掠换热板片,氢气在换热板片内被加热。由于该再热器的使用温度较高(燃气温度高达 1 900 K),传统的金属材

料不再适用,REL 采用了 SiC 材料挤压烧结制备。其中,SiC 陶瓷管换热通道内径为 2 mm、壁厚为 0.35 mm,但目前仅能制备小尺寸样件,大尺度 SiC 再热器的制造及其与金属结构件的连接工艺还需进一步的研究。

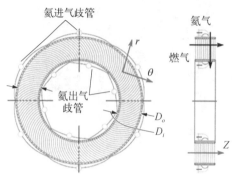

图 7.31　Scimitar 再热器结构布局及 SiC 高温换热器[23]

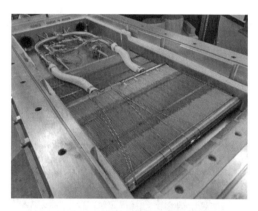

图 7.32　管束式高温换热器[24]

由于 REL 暂未突破大尺度 SiC 再热器制造技术,正在测试的用于 SABRE 地面技术验证机 Demo – A 的再热器(图 7.32)[24]仍采用高温合金材料制造。对于该再热器,来流燃气温度在 428~928℃可采用高温合金微细管束式方案,换热管外径约 1 mm,壁厚 50 μm 量级,且可充分利用其预冷器制造技术,降低技术风险。

可见对于再热器,虽然在部件原理验证或者发动机样机集成验证中,可降低再热器的使用温度,采用金属材料,并采用管壳式结构形式。但是在具有工程应用价值的预冷组合发动机方案中,再热器的使用温度较高,通常超出了常规金属材料的使用温度范围,需采用可耐更高温度的材料,如陶瓷材料。

2. 再生器

从表 7.5 中典型 SABRE、Scimitar 发动机方案中的再生器参数及常见换热器形式来看,再生器适合采用 PCHE 结构,如图 7.33 所示。

REL 公司设计的再生器采用带微槽道的铝合金板通过扩散焊接工艺连接成换热芯体,换热槽道宽 0.05 mm、深 0.06 mm、壁厚 0.01 mm、槽道的数量在 $10^7$ 量级。由于该换热通道的宽度、翅片和隔板的厚度远低于现有 PCHE 制造加工水平,REL 仅完成小尺寸样件的试制,离最终的再热器产品制造还有较大的差距,仍需工艺攻关。

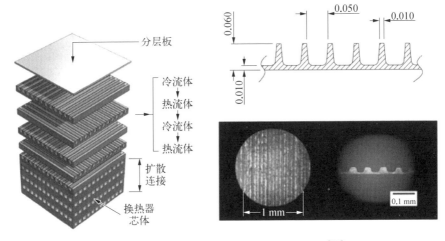

**图 7.33　REL 公司再生器结构**(单位: mm)[25]

朱岩等[26]研究了 SABRE 发动机中再热器(氢氦换热器)HX4 的性能参数,其在额定点($H$=0.27 km、$Ma$=0.6)和高空点($H$=25.7 km、$Ma$=5)的换热功率分别为 308 MW 和 387 MW,换热有效度约 96%,如表 7.7 所示。对 HX4 进行了初步的结构设计,采用板翅式微通道结构,如图 7.34 所示,其中隔板厚度为 50 μm、翅片壁厚 40 μm、换热通道宽度 200 μm、高度 300 μm。整个 HX4 由 1200 组换热层(单组换热层包含一个氢路和氦路换热板)组成,换热器整体的长、宽、高分别为 0.75 m、1 m 和 0.84 m,换热总面积高达 11 226.8 m²,换热紧凑度高达 11 904.8 m²/m³,换热器质量约 588.7 kg。为进一步提高换热器的换热性能和降低压损,研究了换热通道参数(高度和宽度)的影响。减小换热通道宽度 $x$ 可以显著提高换热系数,但会导致换热工质的压力损失急剧升高,优化后的流道宽度 $x$ 为 200~350 μm。此外,提高 HX4 氦流道高度与氢流道高度之比可以解决因流量差异引起的氦路压降过大的问题,氦流道高度与氢流道高度之比的合理范围为 3~4。

**表 7.7　再生器 HX4 设计参数**[26]

| 参 数 | 额 定 点 | | 高 空 点 | |
| --- | --- | --- | --- | --- |
| 换热流体 | 氦 | 氢 | 氦 | 氢 |
| 入口温度/K | 861 | 26.08 | 895 | 26.08 |
| 出口温度/K | 42.65 | 844.30 | 43.42 | 863.22 |
| 入口压力/MPa | 4.7 | 26.2 | 5.62 | 26.2 |
| 出口压力/MPa | 3.37 | 26.1 | 4.32 | 26.1 |
| 质量流量/(kg/s) | 88 | 31 | 88 | 32 |

续　表

| 参　　数 | 额定点 | 高空点 |
|---|---|---|
| 换热系数/[W/(m² · K)] | 2 174.7 | 2 272.35 |
| 热流密度/(W/cm²) | 5.07 | 5.42 |
| 换热功率/MW | 308.1 | 386.78 |
| 换热有效度/% | 96.3 | 96.4 |

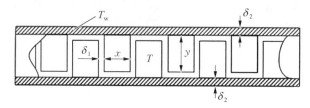

图 7.34　换热器微通道几何参数[26]

Pan 等[27]研究了 SABRE 发动机用 HX4 的主要设计参数(翅片厚度 $t_f$、隔板厚度 $t_p$、微通道宽度 $w$、微通道高度 $h$,其结构参数如图 7.35 所示)对换热器性能的影响。研究表明,减小翅片和隔板的厚度可以降低流阻、换热器的长度和重量;降低微通道的宽度可以降低换热器的长度,但增加了换热器的高度;减小微通道的高度可以降低换热器的长度和高度。当换热器的总宽度为 250 mm、高度为 250 mm,隔板厚度 $t_p$ 为 0.02 mm,翅片厚度 $t_f$ 为 0.02 mm,不同通道宽度和高度下 HX4 中氦气和氢气的压损变化如图 7.36 所示。可见,氦气的压损远高于氢气,且其对换热器的几何参数更加敏感。进一步通过人工鱼群算法对换热器的设计参数进行了优化设计,保证压损在满足要求的前提下,换热器的长度和重量最小。

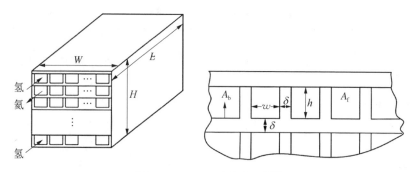

图 7.35　PCHE 结构参数[27]

李欢等[28]研究了适用于预冷组合发动
机的氢氦换热器和氦氦回热器,并采用了一
种考虑翅片效率的分段方法来分析微通道
换热器的性能,所采用的微通道结构如图
7.37 所示。制造了水力直径为 263.6 μm、换
热功率 3 kW 的 PCHE 试验件并完成了高
温试验,试验证实了分段法的有效性,如图
7.38 所示。并研究了换热器的主要几何参
数(通道宽度、翅片厚度、隔板厚度)对流动
换热性能的影响,指出综合考虑多种因素
(材料、通道类型和重量)后,通道的宽度不
超过 0.5 mm(水力直径 0.305 mm)。

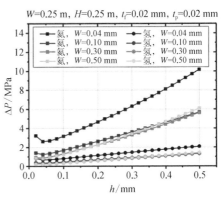

图 7.36 换热通道高度 $h$ 对
压损的影响[27]

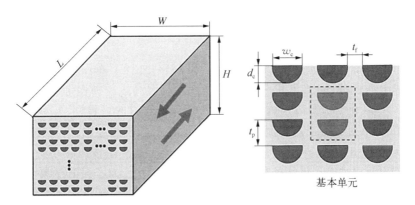

图 7.37 微通道换热器结构及基本单元[28]

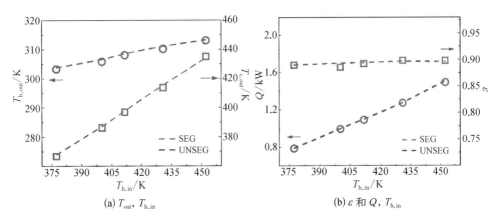

(a) $T_{out}$, $T_{h,in}$

(b) $\varepsilon$ 和 $Q$, $T_{h,in}$

图 7.38 试验结果对比[28]

对于再生器来说,由于其使用温度适中,且对耐压的要求较高,适于采用 PCHE 结构形式。但是当前的制造技术水平受限,所能制造的 PCHE 通道的宽度、翅片和隔板的厚度较大,离空天发动机所要求的换热器的紧凑度和重量还有一定差距,仍需要进一步技术攻关。

## 7.3 微通道换热器制造技术

### 7.3.1 密集微细管束式换热器制造技术

SABRE 用预冷器/再热器采用极薄壁密集微细管束进行换热,其中耐高温高压的微细管制备及密集微细管束的高可靠性连接等制造工艺是预冷器制造的核心技术。

1. 微细管制备

SABRE 预冷器的微细管采用 Inconel 718 材料,外径 1 mm,壁厚 30~50 μm,远低于常规微细管材,如图 7.39 所示。需发展耐高温高压超薄微细管的制备技术,并在力学性能、化学成分以及内部组织等方面保证管材的一致性,如图 7.40 所示。目前,微细管可由如下工艺流程制备:① 将原料冶炼成圆坯料;② 在圆坯料上钻孔以获取管坯;③ 通过固定或者移动芯轴的方式多道次拉拔以减小外径与壁厚;④ 多级的拉拔以进一步将外径与壁厚减小至目标尺寸。为了保证镍基合金的热塑性,每拉拔 2~3 次就进行一次退火处理。为减少拉拔次数,坯料往往采用管坯挤压成型,而管子拉拔在高温度下进行。采用多道次热挤压工艺生产空心坯料,然后采用多级拉拔中间退火工艺拉拔空心坯料。但是,缩小尺寸较小的管子的第一道工序并不容易,因此很难精准地制造微型工具并将塞子或者芯轴插进微型管中。目前,国内已具备该种微细管批量生产能力,但仍需优化工艺,进一步提高成品率及降低成本。

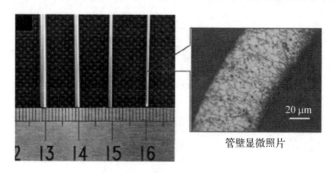

管壁显微照片

**图 7.39 微细管制备[29]**

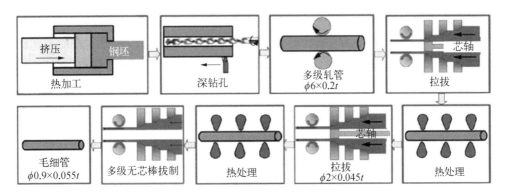

图 7.40　微细管制备工艺流程[29]

$t$ 为壁厚

在微细管材制备的基础上,需进一步发展微细管束成型技术,以便于对管材进行成型控制,主要包括折弯控制以及通过热成型参数控制保证成型尺寸。成型后的微细管如图 7.41 所示。

2. 先进连接技术

SABRE 预冷器单个螺旋换热单元由多达数百至数千的薄壁微细管焊接而成。螺旋换热单元制造技术的主要流程如图 7.42 所示。在焊接之前,装配时需精确保证微细管束之间的

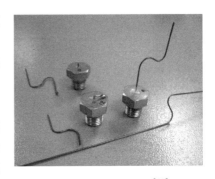

图 7.41　微细管成型[23]

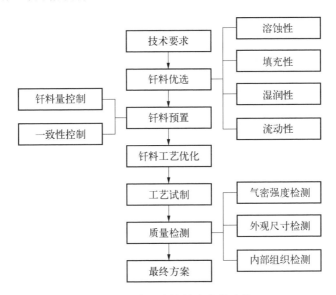

图 7.42　先进连接技术攻关路线

间距。在连接技术方面,首先进行适用于超细薄壁高温合金真空钎焊钎料的优选,重点考核钎料的填充性、湿润性、流动性、溶蚀性以及焊接接头的力学性能。在此基础上,发展钎料的预置技术,现阶段主要以人工涂抹为主,已初步发展了自动化批量预置技术,提高效率。随后,进行多管束真空钎焊,通过合理进行钎焊工装设计来控制多管束真空钎焊的变形,通过真空钎焊工艺参数以及钎料的控制避免微细管束的溶蚀。最终,对焊接后的换热单元的尺寸以及气密性进行检测,针对焊后泄漏的问题,采取补焊及封堵技术。图 7.43 给出了 REL 制备的螺旋换热单元及密集微细管束焊接局部图,可见其焊接质量较高。在完成多组螺旋换热单元制造后,通过装配工艺优化,来保证不同螺旋换热单元换热管之间的间距均匀性,最终完成整机装配。

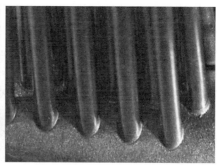

图 7.43　螺旋换热单元及密集微细管束焊接局部图[23]

## 7.3.2　PCHE 换热器微通道加工技术

预冷组合发动机的再生器适宜采用 PCHE 结构形式,为提高再生器的紧凑度、减轻重量,需进一步降低换热通道的尺度,这就对 PCHE 换热通道的加工方式提出了较高要求。下面对目前常用的微通道加工技术进行概述。

1. 刻蚀

刻蚀是一种通过溶液、反应离子或者其他方式来剥离、去除材料的加工技术。刻蚀技术可分为湿法刻蚀和干法刻蚀,其工艺流程如图 7.44(a)所示[30]。湿法刻蚀包括浸泡、鼓泡、喷淋等方式。与湿法化学蚀刻相比,干法刻蚀则是利用等离子体进行薄膜刻蚀技术。Dwivedi 等[31]利用低压反应离子刻蚀(reactive-ion etching, RIE)蚀刻出深宽比达 20.5 的矩形微通道,如图 7.44(b)所示。

2. LIGA

LIGA 技术最早起源于德国(LIGA 一词为德文光刻、电铸和注塑的缩写),是基于 X 射线光刻的微机电系统(micro electro-mechanical systems, MEMS)加工技术,其将深度 X 射线刻蚀、电镀成型与塑料铸模三项技术结合微加工技术。LIGA 加工

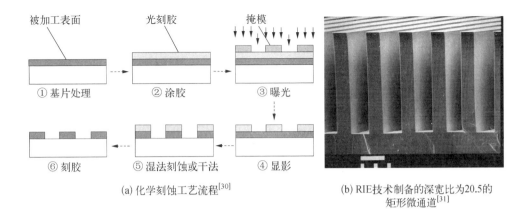

①基片处理 ②涂胶 ③曝光

⑥刻胶 ⑤湿法刻蚀或干法 ④显影

(a) 化学刻蚀工艺流程[30]

(b) RIE技术制备的深宽比为20.5的矩形微通道[31]

图 7.44  刻蚀技术

技术最大的特点是能加工高深宽比、结构侧壁光滑且平行度偏差在亚微米范围内的微通道结构,如图 7.45 所示。

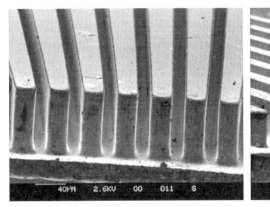

(a) 宽度20 μm,深宽比3.6,镍微通道

(b) 宽度100 μm、深宽比为0.7的铜微通道

图 7.45  LIGA 技术加工的微通道[32]

虽然 LIGA 技术具有优越的高深宽比加工能力,但 LIGA 工艺需要昂贵的同步 X 射线源作为曝光设备,使得 LIGA 工艺成本非常之高,因此产生了准 LIGA 技术,如激光刻蚀技术、深反应离子刻蚀技术、厚胶紫外光刻技术等取代 X 射线光刻的深度微加工。其中技术成熟、性能优越、加工简便的就是 UV - LIGA(ultraviolet LIGA)技术,UV - LIGA 工艺应用紫外线光刻技术代替 X 射线,可以大幅度降低加工成本。

3. 激光加工

激光加工利用激光产生的高能量实现去除材料,属于非接触式加工,具有加工效率高、加工范围广等优点。利用激光加工制备微通道,受到了广泛的关注。与微细铣削加工的微通道相比,激光加工出的表面更加粗糙,如图 7.46 所示。相比于其他微通道加工技术,激光加工在加工效率、加工灵活性等方面具有优势,且可实现复杂微通道的三维加工,但同时面临着加工尺寸难以精确控制等问题。

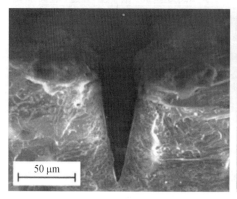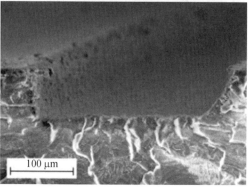

图 7.46　激光加工的不同通道轮廓[33]

4. 电火花加工

电火花加工利用电极脉冲放电的电蚀作用实现材料的去除,是微通道加工的重要技术之一。与其他微通道加工方法相比,电火花加工能加工高硬度材料、耐高温合金等难加工材料,具有加工效率高、成本低、易加工复杂形状结构等特点,可以制备出高深宽比微通道,如图 7.47 所示。目前,电火花加工主要用于加工可导电的金属材料,但是材料去除率不高,并且存在放电过程的复杂性、随机性、加工精度较差等问题。

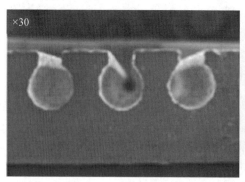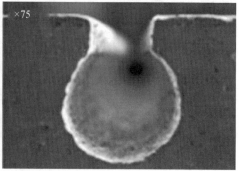

图 7.47　电火花线切割加工的内凹槽微通道[34]

5. 微细切削

微细切削加工技术是微通道加工中较为成熟的制造技术之一,具有加工精度高、效率高等优点。普通的车、铣、钻孔和冲压等加工方法均可以应用于微加工,而数

控机床的应用则大大提高了微通道加工
效率和加工精度。Jang 等[35]利用微细铣
削的方法,在铝基体上加工出平行矩形微
通道,微通道的宽度、深度分别为 200 μm
和 1.4 mm,翅片厚度为 200 μm,深宽比达
到 7,如图 7.48 所示。微细切削加工微通
道方法虽然在设备成本、加工精度方面具
有优势,但是也存在易出现切削残留毛
刺、微细铣刀易磨损、断刀等问题。

6. 3D 打印技术

图 7.48　微细铣削加工的矩形微通道[35]

3D 打印技术基于增材制造来实现材
料成形,具有成形速度快、材料利用率高、生产周期短与数字化程度高等优点,近
年来成为微通道换热器研究的热点。Lade 等[36]利用不同 3D 打印技术(熔融沉
积、立体平版印刷、选择性激光烧结、喷射成型),制备出了不同形状的微通道,如
图 7.49 所示,但表面质量较差。此外,3D 打印也存在加工成本高、设备昂贵以及加
工材料受限等问题,在微通道换热器中的应用还有待于技术进步。

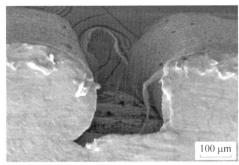

(a) 熔融沉积

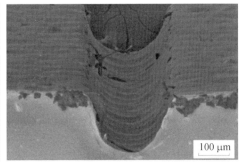

(b) 立体平板印刷

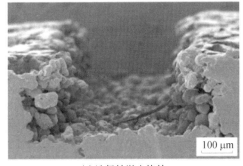

(c) 选择性激光烧结

(d) 喷射成型

图 7.49　不同 3D 打印方法制备的微通道[36]

## 7.4　小结

本章对预冷组合发动机包含的预冷器、再生器/再热器这几种典型换热器的基本原理、国内外典型方案及研制进展、换热器的制造加工技术等进行了概述。在微细管束式预冷器研制方面,日本和英国均取得了很大进展,对所研制的预冷器的流动换热特性进行了较为充分的验证,表明薄壁密集微细管束式预冷器用于预冷组合发动机的技术可行性,有力支撑了预冷组合发动机热力循环的可行性。对于再热器,由于其使用温度已经超过常规金属材料的耐温极限,需采用耐温能力更高的复合材料,但需进一步解决微细通道复合材料换热器制造加工问题。对于再生器,适合采用 PCHE 结构形式以提高换热器整体的紧凑度和耐压能力,但受当前制造技术限制,换热通道尺寸仍较大,换热器整体换热功重比离发动机要求仍有一定距离,依赖于制造技术的发展与突破。

## 参考文献

[ 1 ] 马晓秋.预冷吸气组合发动机研究进展与关键技术分析[J].科技导报,2020,38(12):85-95.

[ 2 ] Hendrick P, Heintz N, Bizzarri D, et al. Air-hydrogen heat exchangers for advanced space launchers[J]. Journal of Propulsion and Power, 2009, 25(6): 1211-1219.

[ 3 ] Harada K, Tanatsugu N, Sato T. Development study of a precooler for the air-turboramjet expander-cycle engine[J]. Journal of Propulsion and Power, 2001, 17(6): 1233-1238.

[ 4 ] Satozx T, Tanatsuguk N, Naruo Y, et al. Development study on ATREX engine[J]. Acta Astronautica, 2000, 47(11): 799-808.

[ 5 ] Satoa T, Taguchia H, Kobayashi H, et al. Development study of precooled-cycle hypersonic turbojet engine for flight demonstration[J]. Acta Astronautica, 2007, 61: 367-375.

[ 6 ] Taguchi H, Kobayashi H, Kojima T, et al. Hypersonic flight experiment plan of pre-cooled turbojet engine hypersonic flight experiment plan of pre-cooled turbojet engine[C]. Tours: 18th AlAA/3AF International Space Planes and Hypersonic Systems and Technologies Conference, 2012.

[ 7 ] Taguchi H, Kobayashi H, Kojima T. et al. Performance evaluation of hypersonic pre-cooled turbojet engine[C]. Glasgow: 20th AIAA International Space Planes and Hypersonic Systems and Technologies Conference, 2015.

[ 8 ] Kojima T, Taguchi H, Kobayashi H. Starting characteristics of hypersonic pre-cooled turbojet

inlet[R]. Glasgow：20th AIAA International Space Planes and Hypersonic Systems and Technologies Conference，2015.

[ 9 ]　Taguchi H，Hongoh M，Kojima T，et al. Mach 4 performance evaluation of hypersonic pre-cooled turbojet engine[C]. Orlando：22nd AIAA International Space Planes and Hypersonics Systems and Technologies Conference，2018.

[ 10 ]　Varvill R. Heat exchanger development at Reaction Engines Ltd[R]. IAC-08 − C4.5.2，2008.

[ 11 ]　Hempsell M. Progress on SKYLON and SABRE[R]. IAC-13 − D2.4 − 6x19609，2013.

[ 12 ]　Murray J，Hempsell1 C，Bond A. An experimental precooler for airbreathing rocket engines [J]. Journalofthe british interplanetary society，2001，54：199 − 209.

[ 13 ]　Webber H，Taylor N. Local heat transfer measurements inside a compact heat exchanger[R]. Chicago：10th AIAA/ASME Joint Thermophysics and Heat Transfer Conference，2010.

[ 14 ]　Bond A，Varvill R. Pre-cooler design and development[R]. SP2012_23，2012.

[ 15 ]　Feast S. The Synergetic Air-Breathing Rocket Engine (SABRE) — Development status update [R]. IAC − C4 − Section7，2020.

[ 16 ]　Reaction Engines Ltd. Reaction engines test programme fully validates precooler at hypersonic heat conditions[EB/OL].https：//reactionengines.co.uk/reaction-engines-test-programme-fully-validates-precooler-at-hypersonic-heat-conditions/[2022 − 4 − 15].

[ 17 ]　玉选斐.预冷吸气式组合推进系统热力循环及控制规律研究[D].哈尔滨：哈尔滨工业大学，2020.

[ 18 ]　Fernandez V V，Paniagua G. Numerical model of a variable-combined-cycle engine for dual subsonic and supersonic cruise[J]. Energies，2013，6：839 − 870.

[ 19 ]　Zhang X，Keramati H，Arie M，et al. Recent developments in high temperature heat exchangers：A review[J]. Frontiers in Heat and Mass Transfer，2018，11(18)：1 − 14.

[ 20 ]　Tanatsugu N，Sato T，Balepin V，et al. Development study on ATREX engine[J]. Acta Astronautica，1997，41(12)：851 − 862.

[ 21 ]　Isomura K，Omi J. A comparative study of an ATREX engine and a turbo jet engine[R]. AIAA 2001 − 3239，2001.

[ 22 ]　Kobayashi H，Sato T，Taguchi H. Development status of Mach 6 turbojet engine in JAXA[R]. IAC-04 − S.5.04，2004.

[ 23 ]　Varvill R. Heat exchanger development at Reaction Engines Ltd [R]. IAC-08 − C4.5.2，2008.

[ 24 ]　Reaction Engines Ltd. Reaction engines completes further validation of SABRE technology [EB/OL].https：//reactionengines.co.uk/reaction-engines-completes-further-validation-of-sabre-technology/ [2022 − 4 − 15].

[ 25 ]　Webber H，Feast S，Bond A.Heat exchanger design in combined cycle engines[R]. IAC-08 − C4.5.1，2009.

[ 26 ]　朱岩，马元，张蒙正.预冷组合发动机中微通道换热器的仿真分析[J].火箭推进，2017，43(2)：18 − 24.

[ 27 ]　Pan X，Zhang S L，Jiang Y G，et al. Key parameters effects and design on performances of hydrogen/helium heat exchanger for SABRE[J]. International Journal of Hydrogen Energy，2017，42：21976 − 21989.

[ 28 ]　Li H，Liu H X，Zou Z P. Experimental study and performance analysis of high-performance micro-channel heat exchanger for hypersonic precooled aero-engine [J]. Applied Thermal

Engineering, 2021, 182: 116108.

[29] Meng B, Wan M, Zhao R, et al. Micromanufacturing technologies of compact heat exchangers for hypersonic precooled airbreathing propulsion: A review[J]. Chinese Journal of Aeronautics, 2021, 34(2): 79 - 103.

[30] Choi I, Kim Y, Yi J. Fabrication of hierarchical micro/nanostructures via scanning probe lithography and wet chemical etching[J]. Ultramicroscopy, 2008, 108(10): 1205 - 1209.

[31] Dwivedi V, Gopal R, Ahmad S. Fabrication of very smooth walls and bottoms of silicon microchannels for heat dissipation of semiconductor devices [J]. Microelectronics Journal, 2000; 31(6): 405 - 410.

[32] Yu W, Desmulliez M P Y, Drufke A, et al. High-aspect-ratio metal microchannel plates for microelectronic cooling applications [J]. Journal of Micromechanics and Microengineering, 2009, 20(2): 025004.

[33] Suriano R, Kuznetsov A, Eaton S M, et al. Femtosecond laser ablation of polymeric substrates for the fabrication of microfluidic channels[J]. Applied Surface Science, 2011, 257(14): 6243 - 6250.

[34] Deng D, Wan W, Tang Y, et al. Experimental investigations on flow boiling performance of reentrant and rectangular microchannels: A comparative study[J]. International Journal of Heat and Mass Transfer, 2015, 82: 435 - 446.

[35] Jang S P, Kim S J, Paik K W. Experimental investigation of thermal characteristics for a microchannel heat sink subject to an impinging jet, using a micro-thermal sensor array[J]. Sensors & Actuators: A Physical, 2003, 105(2): 211 - 224.

[36] Lade R K, Hippchen E J, Macosko C W, et al. Dynamics of capillary-driven flow in 3D printed open microchannels[J]. Langmuir, 2017, 33(12): 2949 - 2964.

# 第8章
# 预冷组合发动机压缩与膨胀系统

在预冷组合发动机中,来流预冷最主要的目的是:通过降低空气压气机入口的温度来保证空气压气机正常工作,为燃烧室提供压力满足要求的空气,进而保证发动机的稳定工作,产生合适的推力。当空气压气机的入口温度被冷却至较低水平,会遇到非传统的低入口温度超高压比空气压气机设计问题。此外,对于SABRE、Scimitar 等采用闭式氦循环的预冷组合发动机,存在氦涡轮、氦压气机等特殊工质的叶轮机械。由于氦气的物性与空气差别较大,氦叶轮机的设计与空气压气机差别较大。本章对超高压比压气机、氦压气机及氦涡轮的典型设计特点进行了分析与总结,进而为相关叶轮机的设计提供一定的参考。

## 8.1 极高压比空气压缩系统

在不同的预冷组合发动机方案中,由于采用的热力循环、燃料(冷源)的冷却能力及预冷器的性能不同,对来流空气的冷却程度不同,导致空气压气机入口的温度不同。在几种典型的预冷发动机方案中,空气压气机入口的温度如表 8.1 所示。

**表 8.1　典型预冷发动机方案中空气压气机入口温度**

| 发动机类型 | Ma0 地面状态 | Ma5 状态 |
|---|---|---|
| ATREX 发动机 | 约 175 K | 约 660 K |
| PCTJ 发动机 | 约 200 K | 约 600 K |
| SABRE3 发动机 | 约 120 K | 约 120 K |
| SABRE4 发动机 | 预冷器不工作/常温 | 约 380 K |
| Scimitar 发动机 | 预冷器不工作/常温 | 约 648 K |

在 ATREX、PCTJ、SABRE4、Scimitar 等发动机方案中,在 $Ma5$ 来流状态下通过预冷器将空气进行适度冷却,空气压气机的入口温度在 380~660 K。但对于 SABRE3 发动机方案,采用深度预冷,在 $Ma0$ 和 $Ma5$ 状态下,空气压气机的入口温度都较低,保持在 120 K 左右,远低于常规空气压气机的入口温度范围。

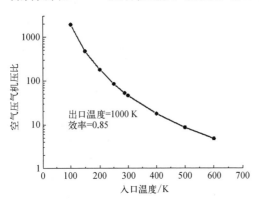

图 8.1 给出了在固定空气压气机出口温度为 1 000 K、效率为 0.85 时,压气机可实现的最大压比与入口空气温度的关系。随着压气机入口空气温度的降低,压气机可实现的最大压比大幅度增加,有利于提高发动机的单位推力。例如,在入口温度被冷却在 120 K 的条件下,可实现高达 1 000 以上的压比。

**图 8.1　压气机压比与入口温度的关系**

在典型的 SABRE3 发动机方案中,空气压气机的主要设计参数为: 入口总温 120 K、总压 0.1 MPa、流量 300 kg/s、压比达到 150。该空气压气机与现有航空涡轮发动机用空气压气机相比,具有进气温度极低、进气流量较大、总压比极高的特点,导致其设计特征与传统的空气压气机存在明显区别,下面对其设计特点进行简要分析。

### 8.1.1　极高压比轴流压气机的设计特点

1. 进口跨声速级的设计

对于空气压气机,根据压缩功计算公式:

$$W = \frac{c_p T_{t1}}{\eta_{is}}(\pi^{\frac{\gamma-1}{\gamma}} - 1) \tag{8.1}$$

式中,$c_p$、$T_{t1}$、$\eta_{is}$、$\pi$、$\gamma$ 分别为空气的比定压热容、进口总温、压气机等熵效率和空气的比热比。显然进气总温越低,压缩耗功越少,对于实现高压比是有利的,这也是预冷的主要目的之一。但低温同时会导致声速较低,从而使得前面级速度容易达到或者超过声速,造成额外气动损失而降低效率。而作为推进系统,要求迎风面积小,因此进气速度也应足够大;同时从单级的加功量与速度三角形的关系可知:

$$W_s = UC_a(\tan\alpha_2 - \tan\alpha_1) \tag{8.2}$$

式中,$U$、$C_a$、$\alpha_1$、$\alpha_2$ 分别为叶片切线速度、轴向速度、进口气流角和出口气流角。增加轴向速度可以增加单级加功量,从而在压气机总加功量一定的条件下减少压气机级数,减轻压缩系统的重量。

对于深度预冷发动机用空气压气机,其前 2~3 级通常是跨声速级。对于跨声速级,其设计难点在于工作范围和效率之间的平衡。高速对于加功量和迎风面积有利,但跨声速导致的激波损失以及由此引发的激波附面层干涉,会导致损失增加,使得效率降低。同时速度越高,压气机级的可用工作范围越窄,对发动机的部件匹配和调节不利。因此必须合理选择进口级设计参数,使得其可以在高压比、高效率、宽范围之间达到合理的平衡。

2. 大轮毂比的后面级设计

随着压比的增加,空气密度逐渐增加,从而使得流道逐渐收缩,叶片越来越短。对于深度预冷发动机所要求的超高压比,必然导致后面级叶片叶高非常小。如何保证大轮毂比、小叶高的后面级高效工作是预冷发动机压缩系统所面临的一个难题。同时由于温度的增加,导致后面级更难增压。实现高增压比需要平均半径大,而增加叶高需要平均半径小,这两者之间的矛盾将影响整个设计方案的确定。

3. 强烈的多级匹配效应

预冷发动机压缩系统所要求的超高压比必然导致压气机级数增多,因此会带来强烈的多级匹配效应,对压气机的变工况性能有较大影响。当压气机转速降低时,由于工作点的变化会导致压气机出现“前喘后堵”,即级的不匹配,从而使得压气机的工作范围减小,效率降低。为了减缓低转速时压气机多级不匹配的影响,可通过调节进口导向器和/或前面若干级静子的安装角来实现,还有级间放气、多轴布置等减缓多级不匹配的措施,这需要结合压气机和驱动涡轮的共同工作特性来综合确定。

## 8.1.2　设计参数选择准则

轴流压气机速度三角形的形状主要由流量系数 $\phi$、载荷系数 $\psi$ 以及反动度 $R$ 三个无量纲参数来决定。一旦三个参数确定,再结合设计流量就可以确定级的尺寸,根据设计压比来确定所需级数。这三个参数的选择可参考 Smith 图来进行。

轴流压气机的 Smith 图是反映效率与上述 3 个无量纲参数之间的关系。需要说明的是,轴流压气机 Smith 图的普适性与涡轮不同。由于轴流压气机流动的复杂性,严格地讲,不存在普遍适用的 Smith 图,不同研究者得到的结果也差别较大,但这不妨碍其对参数选择的指导作用。下面以 Lewis[1] 给出的 Smith 图为例加以说明。图给出了反动度为 0.5、0.7 和 0.9 时效率等值线图,即 $\eta = f(\phi, \psi)$。由图 8.2 可知,对于某一个固定的反动度,总存在一个区域使得效率最优。随着反动度的增加,对应效率最优区域的载荷系数不断增加。

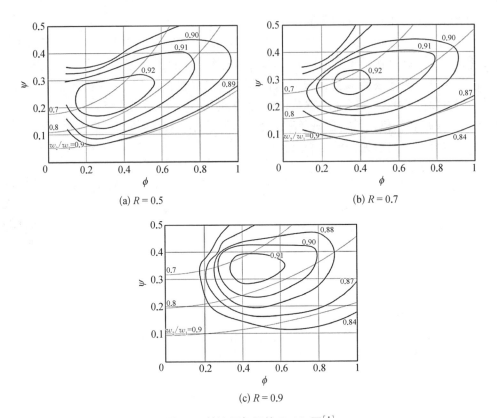

(a) $R = 0.5$　　　　(b) $R = 0.7$

(c) $R = 0.9$

**图 8.2　轴流压气机的 Smith 图**[1]

　　尽管 Smith 图上给出了广阔的流量系数和载荷系数空间,实际上其取值是受到限制的。Aungier[2] 整理了不同反动度下,流量系数和载荷系数的取值空间,如图 8.3 所示。在每个反动度下,$\phi$ 和 $\psi$ 的取值受到扩压极限、气流角度以及特性线斜率三者的影响,因此有 3 个边界。

　　对于压气机前面级,为增加加功量和减小迎风面级,需要采用较大的轴向速度,但会导致效率降低;同时由于前面级温度低,单级压比高,因此负荷较高,需要采用较高的反动度;由于前面级叶片较长,为保证轮毂反动度为正值,也要求中径上的反动度值较高。对于压气机后面级,由于叶高较短,气动性能受端壁附面层影响较大,工作条件恶劣,应该采用较小的载荷系数;为降低叶高太小带来的不利影响,需要降低平均半径,但这会导致平均中径降低,流量系数增加。

　　需要说明的是,Smith 图中未考虑激波和激波/附面层干涉、轮毂比、叶尖间隙等众多尺寸效应带来的影响,其只能从方向上对设计参数选取进行指引,难以给出确定的效率衡量。

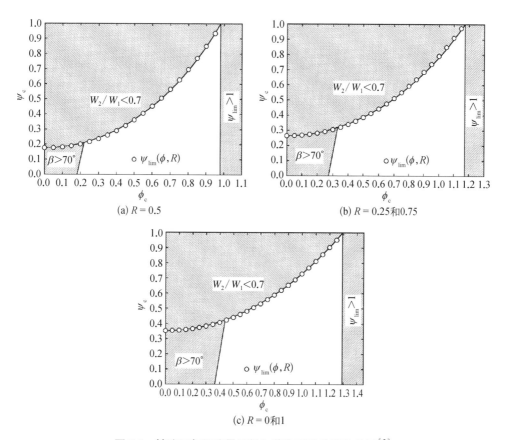

图 8.3 轴流压气机流量系数和载荷系数的取值范围[2]

## 8.1.3 设计方案举例

下面以某预冷发动机压缩系统初步设计以阐明该空气压气机的主要特征。主要设计指标为入口温度 120 K、入口总压 0.1 MPa、流量 300 kg/s、压比 150。

为简单起见,选取反动度为 0.5。根据前面设计参数的选择准则,第一级的流量系数应该较大,此处选择 $\phi = 0.4$,为保证第一级有尽可能高的效率,取载荷系数 $\psi = 0.2$。转速选取为 900 rad/s,即 8 595 r/min,压气机入口机匣半径为 0.595 m,轮毂半径为 0.21 m。根据 Smith 图保守估计其多变效率大致为 0.90,据此估算第一级总温升约为 26 K。整个压气机的总温升约为

$$\Delta T_t = \frac{T_{t1}}{\eta}(\pi^{\frac{\gamma-1}{\gamma}} - 1) \approx 470 \text{ K} \qquad (8.3)$$

则所需级数大致为

$$n_{stg} = \frac{470}{26} \approx 18 \qquad (8.4)$$

按照复速级和等内径开展一维计算,并进一步假设每级多变效率为 90%,静子总压恢复系数 0.97,得到的子午面流道方案如图 8.4 所示。此外,如果总压比为 60,而其余设计条件不变,则可以选择前 12 级来实现。

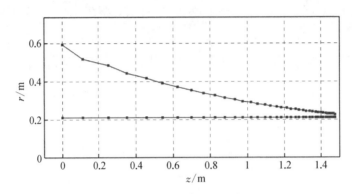

**图 8.4 压比 150 的 18 级轴流压气机子午流路示意图**

需要指出的是,上述初步设计方案第一级具有较长的叶片,因此离心力较大,为保证强度、降低叶根拉应力,可以采用叶尖弦长减小的方法。采用了等轮毂流道设计保证了后面级叶高,但容易造成根部反动度为负,具体详细设计过程中可通过调整每级设计参数来避免该问题。实际上造成这些问题的根本原因在于多级造成的前后级不协调,可通过采用多轴压缩的方案来解决。

此外,在预冷组合发动机中,空气经过预冷器后会产生压力和温度畸变,进而对空气压气机的气动性能及稳定工作范围产生影响。目前,国内外对空气经预冷器后的压力和温度畸变程度的研究较少,缺乏相关数据,尚不能评估畸变对空气压气机性能的影响,需进一步开展相关研究。

## 8.2 高负荷压气机设计技术

对于空天飞行器使用的预冷组合发动机,有必要利用多种新技术以提高空气压气机的级负荷、减少压气机级数,进而降低整个发动机的尺寸和重量。

图 8.5 给出了压气机平均级压比的发展趋势,平均级压比从早期的 1.2 左右提高到如今常用的 1.3~1.4,先进压气机已经达到 1.5~1.6。提高负荷可以通过改进基元叶栅、展向积叠、排间匹配以及主被动控制措施等多种方式实现。首

先,随着压气机叶片负荷的不断提高,叶片气动外形出现了以下的变化:① 基本元叶型从仿照机翼的 NACA 系列,发展到双圆弧、多圆弧、多项式造型、可控扩散叶型,再到定制、计算机优化叶型。② 叶片的三维性增强,如小展弦比、宽弦、弯、掠、复合弯掠、非轴对称端壁、叶身融合等,如图 8.6 所示。这些变化使得压气机在负荷不断增加的同时,效率和裕度保持不降,甚至提高。

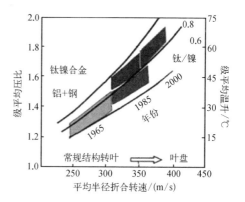

图 8.5　材料与结构变化对风扇/压气机影响历程[3]

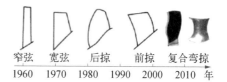

图 8.6　三维叶片发展[3]

此外,压气机通过革新气动布局,采用对转气动布局可取消级间导叶,且上游转子可为下游转子提供反预旋来提高下游转子对气流的做功能力,进而提高压气机级压比。国外从 20 世纪 50 年代开始进行对转压气机的研究工作,美国国家航空咨询委员会(NACA)的 Wilcox 等[4]设计了一台超声速对转压气机,两级总压比达到 4.51,绝热效率 71%。美国柯蒂斯-莱特(Curtiss-Wright)公司也开展了超声速对转压气机的设计研究工作[5],最终实验测得的对转压气机总压比为 3.24,等熵效率 73.3%。自 2000 年以后,美国麻省理工学院开展了吸附式对转压气机的研究工作[6]。该对转压气机结构如图 8.7 所示,第二级转子采用边界层抽吸控制方法,抽吸槽从轮毂处延伸到 80%展向高度,设计抽吸流量为 1%的主流流量。采用边界层抽吸可以有效地抑制第二级转子叶片表面的边界层分离并稳定激波系,压气机压比达到 3.06,且绝热效率为 89%。

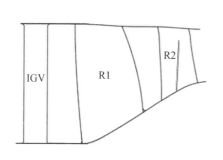

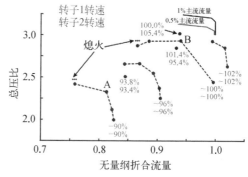

图 8.7　MIT 的双级对转压气机方案及性能[6]

中国科学院工程热物理研究所徐建中课题组[7]提出了激波增压对转压气机技术,利用对转效应将转子进气相对速度提高至马赫数 2.0 左右,转子利用叶片三维型面组织低损失激波系增压,压气机级压比可大幅度提升。设计了某激波增压对转压气机,设计压比 5.0,试验测量的效率达到 82.3%,失速裕度 15.1%,如图 8.8 所示。在压比 5.0 的条件下,常规压气机需要 4~6 级,激波增压对转压气机仅包含 2 排转子和 1 排静子;激波增压对转压气机和常规高速轴流压气机相比,轴向长度能够降低 50%以上,重量能够降低 40%以上,如图 8.9 所示。但是,4~6 级压比 5.0 的常规高速轴流压气机的效率能够达到 86%~88%,激波增压对转压气机目前的效率为 82.3%,要低于常规轴流压气机。

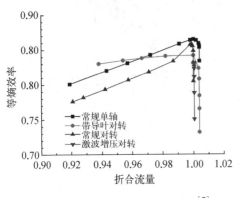

图 8.8 不同方案压气机性能对比[7]

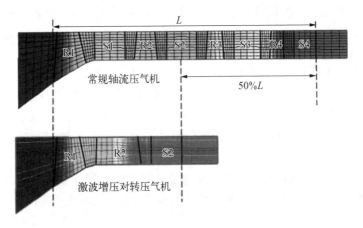

图 8.9 激波增压对转压气机与常规轴流压气机通流方案对比[7]

对转气动布局在提升压气机进口相对马赫数和级增压能力、减少压气机叶片排数、削弱压气机做功对圆周速度的依赖等方面有明显效果,但实现更高进口相对马赫数条件下的高效稳定增压是对转压气机性能提升的关键。当高压转子进口相对马赫数较高时,激波强度急剧增加并且激波、边界层和叶顶泄漏流相互作用会引起较大流动损失和堵塞,制约压气机气动性能的提升[7]。在非设计工况下,进口相对马赫数降低会导致高压转子难以起动,使得对转压气机通流能力和气动性能衰减。对转压气机面临的上述问题还有待进一步研究解决。

## 8.3　氦气压缩系统技术需求及挑战

对于 SABRE 这类采用氦作为中间循环介质的预冷组合发动机,为保证闭式氦循环系统内氦气的稳定流动,需采用氦压气机对氦气进行增压以克服预冷器、再热器、再生器等换热器流阻及氦涡轮的压降,因此氦压气机是 SABRE 类发动机的核心部件之一。

表 8.2 给出了氦气与空气在常温、常压条件下的物性对比。与空气相比,氦气具有下列的物理性质:分子量小、密度低、导热率高、比定压热容约为空气的 5 倍、绝热指数大、氦气中的声速接近空气中声速的 3 倍。此外,氦气在 0~3 000℃、1~10 MPa 情况下非常接近理想气体,其比热容和绝热指数几乎为常数。

**表 8.2　氦气与空气物性对比( 20℃、1 atm )**

| 名　称 | 符　号 | 单　位 | 氦　气 | 空　气 |
|---|---|---|---|---|
| 分子量 | $M$ | — | 4.002 6 | 28.97 |
| 气体常数 | $R$ | J/( mol · K ) | 2 077.25 | 287 |
| 比定压热容 | $c_p$ | J/( kg · K ) | 5 193 | 1 004 |
| 绝热指数 | $k$ | — | 1.666 7 | 1.4 |
| 密　度 | $\rho$ | kg/m³ | 0.166 | 1.204 |
| 动力黏度 | $\mu$ | kg/( m · s ) | $1.98 \times 10^{-5}$ | $1.82 \times 10^{-5}$ |
| 声　速 | $a$ | m/s | 1 007 | 343 |
| 导热率 | $\lambda$ | W/( m · K ) | 0.146 6 | 0.026 5 |
| 普朗特数 | $Pr$ | — | 0.70 | 0.69 |

从公开的资料来看,针对 SABRE 用氦压气机的详细设计相关报道极少。目前氦压气机主要用于核电领域的高温气冷堆闭式循环发电系统、超低温制冷领域等,其氦压气机的部分设计特征与 SABRE 中氦压气机类似,可在一定程度上参考借鉴。

首先,图 8.10 给出了比转速与压气机结构形式的关系。在比转速较小时,宜采用离心结构形式;在比转速较大时,宜采用轴流结构形式。

表 8.3 给出了一些典型的高温气冷堆用闭式循环发电系统中轴流氦压气机的主要设计参数。可见,氦气的特殊热物性对闭式循环内氦压气机的影响如下。

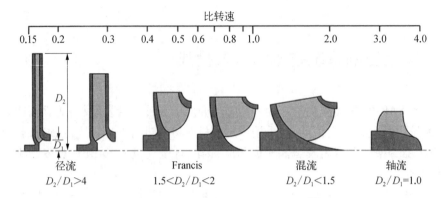

图 8.10　比转速与压气机形式的关系[8]

表 8.3　典型的轴流氦压气机主要设计参数[9]

| 名　称 | 国家 | 年份/年 | 进口总压/MPa | 进口总温/℃ | 流量/(kg/s) | 总压比 | 级数 | 平均级压比 |
|---|---|---|---|---|---|---|---|---|
| La Fleur | 美国 | 1962 | 1.25 | 21 | 7.3 | 1.5 | 16 | 1.026 |
| Escher Wyss | 美国 | 1966 | 1.22 | 22 | 11 | 2.0 | 10LP、8HP | 1.039 |
| Oberhausen Ⅱ | 德国 | 1974 | 1.05,2.85 | 25 | 85 | 2.7 | 10LP，15HP | 1.0405 |
| GT－MHR | 美国俄罗斯 | 1993 | 2.57 | 26 | 316 | 2.82 | 16LP，24HP | 1.026 2 |
| PBMR | 南非 | 1996 | 2.6 | 27 | 140 | 2.7 | 9LP，9HP | 1.056 |
| HTGR－GT | 日本 | 1997 | 2.442 | 35 | 178.2 | 1.57 | 16LP，19HP | 1.012 9 |
| HTR－10GT | 中国 | 2000 | 1.025 3 | 35.5 | 4.72 | 1.58 | 8LP，10HP | 1.025 7 |
| GTHTR300 | 日本 | 2001 | 3.5 | 28 | 439.1 | 2.0 | 20 | 1.035 |

（1）常压下氦气密度低,通常需要提高闭式循环的基础压力,以增加密度,进而提高氦气流量,降低整个闭式循环系统的结构尺寸及重量。表 8.3 中所列的氦压气机的入口压力均在 1 MPa 以上。

（2）由于氦气定压比热高且绝热指数大,因此在相同的输入功率下,其压比较低,难以压缩,所需级数较多。在常温入口条件下,氦压气机的平均级压比极低,在 1.0129～1.056,采用 16～40 级才能获得 1.5～2.82 的总压比。

由于单级压比极低,氦压气机沿程的温度、压力变化较小,导致叶片的高度变化较小。图 8.11 给出了 La Fleur 电站的 16 级氦压气机转子实物图,图 8.12 给出了 Escher Wyss 电站的 10 级低压、8 级高压转子实物图。可见高温气冷堆用

图 8.11　La Fleur 电站 16 级氦压气机[10]

图 8.12　Escher Wyss 电站氦压气机[10]

闭式循环发电系统中轴流氦压气机的典型特征为流路接近平直、级数多、轮毂比大、叶片短。

文献[11]给出了某高性能氦压气机的设计实例,所采用的先进设计方法包含高反力度设计、可控扩散 CDA 叶型、叶片三维造型等,如图 8.13 所示。首先,完成了 4 级氦压气机的设计和试验验证。其中,氦气流量 12.2 kg/s、入口温度 30℃、入口压力 0.883 MPa、总压比为 1.15、平均级压比 1.036、流量系数 0.51、负荷系数 0.63。试验结果表明,在达到压比 1.17 时,绝热效率约 88.6%,达到设计预期,如图 8.14 所示,验证了所发展的设计方法的有效性。随后设计了流量 442 kg/s、入口压力 3.52 MPa、总压比 2.0 的 20 级轴流氦压气机,预测的绝热效率达到 90.3%。

Mohamed 总结了从 1989~2004 年的多个轴流氦压气机的气动性能数据[12],得到的氦压气机压比与多变效率的关系见图 8.15。单轴氦压气机的效率显著高于多轴压气机,基本在 90% 以上。随着压比的增加,氦压气机的效率逐渐降低,且多轴氦压气机效率下降更快。可见,当前利用先进的设计方法,可以保证氦压气机的效率在较高水平。

(a) 非中间冷却氦气压气机配置

(b) 氦气压气机反力度选择

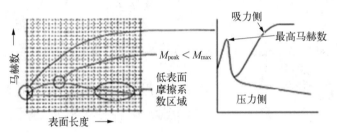

(c) 氦压气机可控扩散叶型（CDA）设计

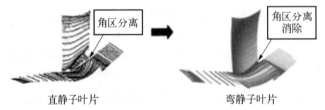

(d) 氦压气机先进叶片技术，氦压气机减少角区分离和端壁损失技术

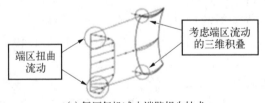

(e) 氦压气机减少端壁损失技术

**图 8.13　高性能氦压气机设计方法**[11]

(a) 四级氦压气机

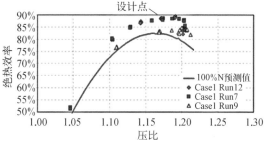

(b) 100%设计转速下氦压气机压比-绝热效率特性图

图 8.14　四级氦压气机试验件及试验结果[11]

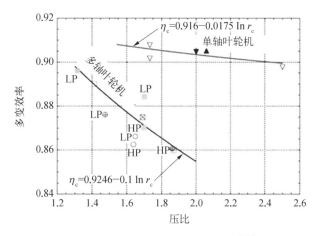

图 8.15　轴流氦压气机的多变效率[12]

当需要在预冷组合发动机上使用氦压气机时,对氦压气机的结构、尺寸、重量提出了苛刻的要求,上述传统的以追求效率为主的氦压气机设计技术可能不再适用,需要在效率可接受的条件下,尽量减少氦压气机的级数,降低尺寸重量,提高整个闭式循环系统的功重比。Mihayiluofu 等[13]最早提出了高流量系数的高负荷氦压气机的设计方法。田志涛等[14]在空气压气机叶型损失模型的基础上发展了适用于氦压气机的叶型损失模型,并研究了反力度、流量系数、负荷系数等设计参数对氦压气机级效率的影响规律,得到了氦压气机效率的 Smith 图,如图 8.16所示。图 8.17 给出了反力度为 0.5 时,轴流氦压气机、空气压气机级效率与流量系数的对比。相比于空气压气机,氦压气机在较高的流量系数和负荷系数下拥有较高的效率;效率较高的氦压气机流量系数范围更宽,适合采用高流量系数的设计理念。

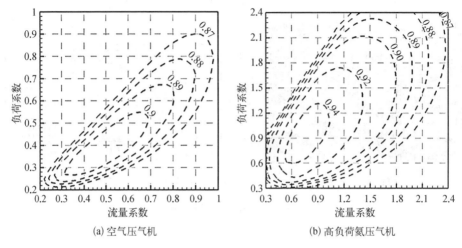

(a) 空气压气机  (b) 高负荷氦压气机

图 8.16  Smith 图(反力度 0.5)[9]

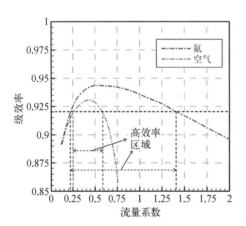

图 8.17  级效率与流量系数的关系
(反力度为 0.5)[9]

田志涛等[14]采用上述高负荷氦压气机设计思路,在保持基本相同的叶尖切线速度和总压比下,将一个 300 MW 级高温气冷堆用总压比为 1.572 的氦压气机的级数由 16 级大幅减少至 3 级,其设计参数对比见表 8.4。其中,流量系数由 0.6 提高到 1.4、负荷系数由 0.32 大幅度提高到 1.8、级平均压比由 1.03 提高到 1.17。计算流体动力学(computational fluid dynamics, CFD)数值模拟计算的设计点效率约 90%,与原型基本保持一致。但采用高负荷设计通常会降低压气机的效率和失速裕度,该高负荷氦压气机的设计技术仍然需要进一步研究及试验验证。

表 8.4  设计参数对比[14]

| 参　数 | 原型设计 | 高负荷设计 |
| --- | --- | --- |
| 进口压力/MPa | 2.442 | 2.442 |
| 进口温度/℃ | 35 | 35 |
| 级压比(第 1 级) | 1.03 | 1.17 |
| 流量/(kg/s) | 178.2 | 178.2 |
| 出口压力/MPa | 3.84 | 3.84 |

续 表

| 气动设计参数 | 原型设计 | 高负荷设计 |
| --- | --- | --- |
| 级数 | 16 | 3 |
| 叶尖半径/m | 1.426 | 1.348 |
| 叶根半径/m | 1.282 | 1.282 |
| 叶尖速度/(m/s) | 268.78 | 247.86 |
| 流量系数 | 0.6 | 1.4 |
| 载荷系数 | 0.32 | 1.8 |
| 反动度 | 0.7 | 0.7 |

对于 SABRE,氦压气机的压比典型值为 3.5。对于压气机来说,在驱动功率不变的前提下,提高压比的一个有效措施是:降低压气机入口温度。此外,SABRE 中氦压气机入口的氦气压力通常较高,达到 5 MPa 以上。在高压低温条件下,氦气的密度增加,体积流量减小,压气机的比转速较小,可采用离心结构形式,进一步提高单级压比,减少压气机级数,如图 8.18 所示。

下面以某典型入口温度、压力条件下的氦压气机初步设计来介绍氦压气机设计特点,设计条件和性能要求见表 8.5,其比转速约为 0.5。

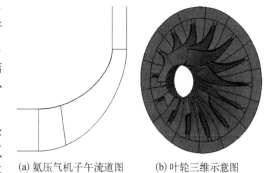

(a) 氦压气机子午流道图    (b) 叶轮三维示意图

**图 8.18  离心氦压气机结构示意图**

**表 8.5  氦压气机设计条件及要求**

| 设计条件和要求 | 数 值 |
| --- | --- |
| 进口总温/K | 70 |
| 进口总压/MPa | 5.8 |
| 转速/(r/min) | 44 000 |
| 质量流量/(kg/s) | 86 |
| 总压比 | 3.5 |

经过一维流动设计和叶片造型得到叶轮几何参数,如表 8.6 所示。对于氦气离心压气机,单级压比 3.5 属高压比设计,故将叶轮出口叶片角设置为 90°,这样在

保证压比满足条件的同时也保证了效率在较高范围,设计点效率为 0.85。使用分流叶片来减小叶轮进口的堵塞。此外,为保证叶轮运行在安全的范围内,将叶轮的毂径比设计为 0.3。

表 8.6　叶轮几何参数

| 参　　数 | 数　值 |
| --- | --- |
| 叶轮进口轮毂直径 $D_{1h}$/mm | 74 |
| 叶轮进口轮缘直径 $D_{1t}$/mm | 147 |
| 叶轮直径 $D_2$/mm | 250 |
| 叶轮出口宽度 $B_2$/mm | 13 |
| 叶片数 | 7+7 |
| 叶轮出口气流角/(°) | 90 |

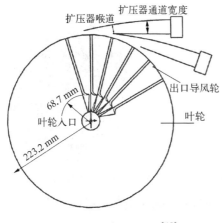

图 8.19　氦压气机构型[15]

张韬[15]针对 20 kg/s 空气量级的预冷发动机方案,完成氦压气机初步方案设计,如图 8.19 所示。该氦压气机的设计点流量为 3.73 kg/s、入口温度 47.4 K、入口压力 232 KPa,采用单级离心设计,压比达到 6.46,且效率为 90%,如表 8.7 所示。

Dong 等[16]设计了用于超流氦系统的超低温氦压气机,氦压气机的入口温度低至 7 K、进口总压仅 11.5 kPa、流量 28 g/s、设计压比 2.75。试验表明,氦压气机压比达到设计要求,效率为 63%,和 CFD 模拟结果吻合良好(图 8.20)。

表 8.7　氦压气机设计参数

| 参　　数 | 结　果 |
| --- | --- |
| 转速/(r/min) | 24 360 |
| 叶尖半径/mm | 223.2 |
| 叶轮长度/mm | 221.0 |
| 扩压器入口半径/mm | 234.4 |
| 扩压器出口半径/mm | 312.5 |
| 等熵效率 | 0.9 |
| 压比 | 6.46 |

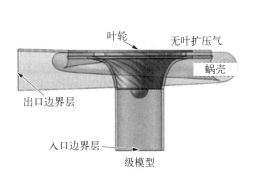
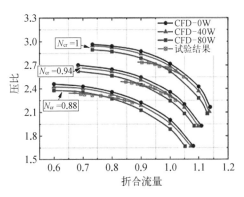

**图 8.20　低温氦压气机结构及试验结果**[16]

$N_{Cr}$ 为折合转速

由于氦气压气机的研究相对较少,设计方法暂不成熟,对于氦压气机气动性能的准确评估难度较大。如果氦压气机的性能与设计值偏差较大,可能会导致整个闭式氦循环无法达到预期工作状态。目前,氦压气机的性能评估主要依赖 CFD 模拟,缺乏试验验证。另外,对于我国而言,氦气为稀缺资源,95%以上的氦气均需进口,氦气价格较高。在研制阶段,开展氦压气机试验所消耗的氦气的成本较高,极大地限制了设计方案的试验验证。为缓解该问题,许多研究者提出了采用空气等工质代替氦气进行模化试验研究的方法,并发展了多种相似模拟准则。

朱荣凯等[17]开展了轴流压气机氦气和空气工质相似准则研究,模拟时同时保证几何相似,进出口速度三角形相似,微分方程分析法得到压气机模拟的相似准则为斯特劳哈尔准则、雷诺准则、欧拉准则,并用数值模拟方法及试验进行了验证,典型结果如图 8.21 所示,表明通过相似模拟方法用空气作为工质的实验数据来评估氦气压气机性能参数的可行性和有效性。

陈一鸣等[18]通过量纲分析、速度三角形分析,提出了一种包含相似准则和性能参数转换的相似方法,并利用数值模拟方法在某单级离心氦压气机的性能计算中进行了验证,如图 8.22 所示。可见采用空气为工质的压气机特性经过相似方法转换后,与氦气为工质的压气机特性吻合很好。

此外,在氦压气机设计中,除气动设计难度较大外,在结构设计方面主要面临:压气机级数过多导致的转子动力学

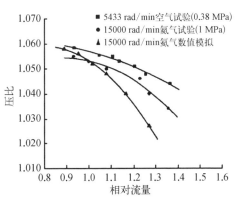

**图 8.21　设计点处氦气试验、氦气模拟和空气试验压比的对比**[17]

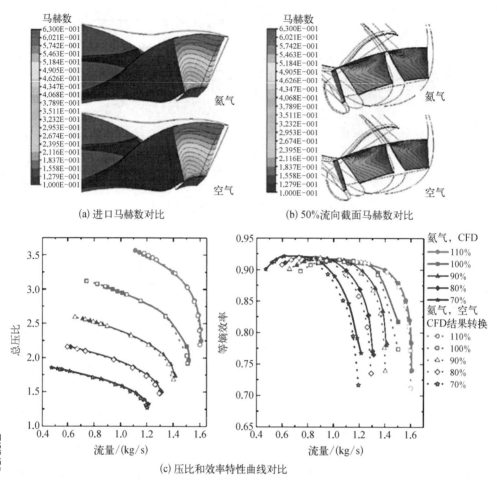

(a) 进口马赫数对比　　　(b) 50%流向截面马赫数对比

(c) 压比和效率特性曲线对比

图 8.22　氦压气机相似模拟 CFD 验证结果[18]

问题、轴向力平衡及氦气密封问题。

　　压气机级数多,会导致轴过长、柔性轴容易产生振动问题,增大了结构设计难度。如 Oberhausen Ⅱ 电站中的氦压气机,由于高压轴的振动严重损坏了轴承,导致无法达到设计转速;采取了包括更换轴承类型、缩短轴长等措施之后才解决了振动问题,使得转子达到设计转速[9]。此外,可通过采用高负荷设计技术,采用高压、低温入口条件等方式来减少氦压气机的级数、尺寸及重量,进而避免转子动力学问题。

　　由于氦压气机常在高压中运行,而普通压气机进口条件为常温常压,压力数值相差数十倍,造成在相同压比下,氦压气机的出口压力远大于普通压气机,轴向力很大,给轴承部件设计带来了一定的困难。因此,尽可能减小轴向力对氦压气机的安全稳定运行至关重要。减小轴向力的方法主要有两种:叶轮对置布置和设置平衡盘。对置布置,即如果压气机为两级离心压气机,可将叶轮设置为"背靠背"的形式,这种方法的优点是可以大大减小轴向力,缺点是需要大量的空间来布置第一级叶轮出口至第二级叶轮进口的管路。平衡盘设计是利用平衡盘两侧压力不同,造成与叶轮产生轴向力反向的轴向力。这种方法的优点是结构简单,所占空间较小,缺点是所抵消的轴向力数值较小。

由于工作在高温、高压条件,且氦气分子量小,在动密封和静密封处极易发生泄漏。McDonald 计算了 3 个采用氦气为工质的闭式循环发电系统的氦气泄漏情况,日泄漏率为 0.167%~0.75%[10]。对于预冷组合发动机,由于闭式氦循环系统中的工质压力更高,高达 20 MPa,且对密封装置的结构尺寸及重量要求更严格,进一步增加了氦气密封结构设计难度,目前尚无相关研究报道。

## 8.4  氦气膨胀系统技术需求及挑战

在不同的预冷组合发动机中,存在燃气涡轮、氦涡轮、氢涡轮等几类采用不同工质驱动的涡轮,为追求发动机整机的高推重比,涡轮部件的设计都朝着高负荷、高效率的方向发展。燃气涡轮及氢涡轮的技术相对成熟,已有大量型号应用。但是当前,氦涡轮的相关研究较少,以下简要描述氦涡轮的主要设计特点及挑战。

对于 SABRE 类发动机,氦涡轮用于驱动空气压气机或氦压气机,是闭式氦气循环回路的核心部件之一。由于氦气的物性与空气/燃气差别较大,与氦压气机的情况类似,氦涡轮的气动设计存在一些区别于常规空气/燃气涡轮的新问题。与传统的燃气涡轮相比,由于氦气的比热接近空气的 5 倍,因此在相同的焓降下,温降仅为五分之一;且由于氦气的比热比比空气大约 20%;相同的输出功率下,氦涡轮的落压比仅约为空气涡轮的 1/20。此外,氦气的声速较高,使得氦涡轮中的流动基本为亚声速,对于提高涡轮的效率有益。

在闭式氦循环发电系统中,其涡轮入口同样为高温、高压条件,其涡轮设计特征可部分参考借鉴。典型的用于闭式布雷敦发电系统的氦涡轮的主要设计参数如表 8.8 所示。与氦压气机类似,单级落压比仅为 1.053~1.095,实现较大落压比时所需级数较多。

从已有的研究结果来看,氦气涡轮的设计难点主要有两个方面:一是级数过多;二是叶片高度短。涡轮级数过多会带来诸多不便之处:① 制造、安装复杂;② 造价高、经济性差;③ 转子动力学方面,长轴的共振、寿命等问题难以解决。叶片高度短,会导致间隙占比增加,二次流占据更多的叶片通道,增加二次流损失,降低涡轮的效率。

表 8.8　典型氦涡轮设计参数[10]

| | La Fleur<br>氦涡轮 | Escher Wyss<br>氦涡轮 | Oberhausen 11<br>发电厂氦涡轮 | HHV<br>测试循环氦涡轮 |
|---|---|---|---|---|
| 级数 | 4 | 9 | 11LP、7HP | 2 |
| 入口压力/MPa | 1.8 | 2.3 | 1.65 | 5.0 |
| 落压比 | 1.44 | 1.88 | 2.7 | 1.11 |
| 平均级落压比 | 1.095 | 1.072 | 1.056 7 | 1.053 |
| 入口温度/℃ | 650 | 660 | 750 | 850 |
| 入口体积流量/(m³/s) | 3 | 5.7 | 67 | 98 |
| 转速/(r/min) | 19 500 | 18 000 | 5 500/3 000 | 3 000 |

式(8.5)给出了涡轮级数 $N_{\text{stages}}$ 与总焓降 $\Delta H_{\text{total}}$、负荷系数 $\psi$ 和叶片切线速度 $U$ 的关系：

$$N_{\text{stages}} = \frac{\Delta H_{\text{total}}}{\psi \cdot U^2} \tag{8.5}$$

可见,在保证氦涡轮输出功率不变的情况下,要减少涡轮的级数,可以通过增加级负荷系数或者提高叶片的切线速度的方法来实现。

图 8.23 给出了涡轮的 Smith 图,图中符号标记的点为相关文献中的氦涡轮设计参数。可见负荷提高后,会导致在相同的流量系数下涡轮效率下降。当氦涡轮的负荷系数为 2.0 左右时,涡轮效率可以达到 91%;当负荷增加至 3.0 左右,效率大幅度降低至 86%。

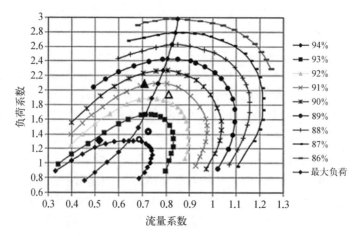

图 8.23　涡轮 Smith 图(图中符号为氦涡轮典型设计结果)[19]

Braembussche 等[19] 对某流量 316 kg/s、落压比 2.65、入口压力 7 MPa、转速 3 600 r/min 的氦涡轮按图 8.23 中的"最大负荷"进行了设计研究。图 8.24 给出了氦涡轮的级数、最大应力与切线速度的关系。虽然切线速度增加可大幅度减少涡轮级数,但是涡轮盘所受离心应力(正比于 $AN^2$,$A$ 为转子叶中的环面面积,$N$ 为转速)同样会急剧增加。由于涡轮叶片材料强度的限制,叶片切线速度通常不能过高。此外,由式(8.6)可知,叶片的切线速度增加后会导致叶片高度降低,如图 8.25 所示,这会导致二次流占据更多的叶片通道,增加了二次流损失:

$$h = \frac{m}{2\pi r\rho\phi U} \tag{8.6}$$

分析表明,在叶片切线速度 280 m/s 下,采用 12 级,可保证 92% 的效率,且最大应力约 300 MPa(图 8.24 中的设计点 1);将叶片切线速度提高至 350 m/s,仍采用 12 级,则可获得 94% 的效率,但最大应力增加到约 400 MPa(图 8.24 中的设计点 2);在 400 MPa 的应力水平下,可将涡轮从 12 级减少至 8 级,且保持效率不变(图 8.24 中的设计点 3)。综合考虑效率、强度裕度及转子动力学,选择了 12 级的方案。

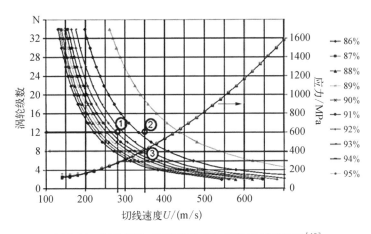

**图 8.24　涡轮级数、涡轮盘应力与切线速度的关系**[19]

当叶片较短时,不但会导致效率降低,且叶片的制造难度加大。要提高叶片高度,除了降低切线速度外,还可以改变入口氦气的温度和压力条件,提高氦气的体积流量,但是体积流量增加后,会导致整个闭式循环的体积和重量增加,因此需要综合考虑,选取适宜的氦涡轮入口条件。

除采用常规的高负荷涡轮设计技术来减少氦涡轮的重量及尺寸外,可以改变涡轮气动结构布局,采用对转涡轮形式。REL 在 Scimitar 发动机的氦涡轮中采用了对转结构形式[20],减少静子排以降低叶片排数,且通过增加出口的旋角来提高

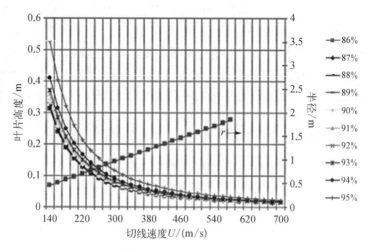

**图 8.25  叶片高度和平均半径随切线速度的变化**[19]

负荷系数。Scimitar 发动机的氦涡轮流量为 90 kg/s、涡轮入口的总压 20 MPa、总温 1 000 K、落压比 1.515、转速 11 000 r/min、涡轮平均半径为 250 mm。分别对比了 2、3、4、6 个转子的设计方案,如图 8.26 所示。表 8.9 给出了不同转子数下,涡轮的级负荷系数、流量系数和涡轮总效率的关系。涡轮级数越少,单转子的负荷越高,总效率越低。最终采用了 4 个转子的设计方案,其中,级负荷系数约 2.0,流量系数 0.7,整个氦涡轮的多变效率在 91% 以上。从图 8.27 中可以看到,由于转子转向相反,转子 1 出口较大的相对速度 $W_3$ 在转子 2 出口大幅度降低至 $W_2$。如果不采用对转结构,那么在转子 1 和转子 2 之间需要采用静子叶片来对气流进行折转。该方案中,转子 1 和转子 3 采用相同的叶型,转角为 30°;转子 2 和转子 4 采用相同的叶型,转角为 110°。随后开展了以氩气为工质的对转涡轮缩尺模拟试验,产生了全尺寸氦涡轮 0.5% 的输出功,验证了对转氦涡轮设计方法[21]。虽然采用对转结构可以大幅度降低涡轮的级数、减少尺寸和重量,但是对转结构会带来轴承的周向速度过高、非常规装配困难和泄漏流增加等问题,实现技术难度大。

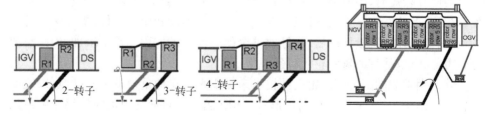

**图 8.26  不同转子数的氦涡轮设计方案**[20]

表 8.9  不同方案的效率、负荷等参数对比[20]

| | $\alpha_{2\,R1}/(°)$ | $\alpha_{3\,Rlast}/(°)$ | $\Delta H/U^2$ | $V_{ax2}/U$ | $\eta_{多变}$ |
|---|---|---|---|---|---|
| 6 转子 | 43.5 | −36 | 1.6 | 0.8~1.0 | 90.0 |
| 4 转子 | 36.3 | −34.8 | 2.0~2.1 | 0.7~0.8 | 93.7 |
| 3 转子 | 2.3 | 10.1 | 1.7~4.7 | 0.7~1.0 | 91.3 |
| 2 转子 | 68.8 | 63.4 | 4.4~4.5 | 0.8~0.9 | 86.8 |

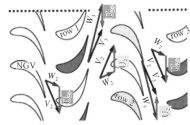

(a) 反向旋转涡轮机中的速度三角形

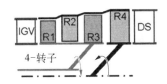

(b) 4 个转子的对转氦涡轮方案（示意图）

(c) 4 个转子的对转氦涡轮方案（立体图）

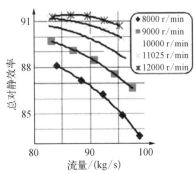

(d) 不同转速下氦涡轮流量-总对静
效率特性图

图 8.27  4 个转子的对转氦涡轮方案[20]

此外,由于氦涡轮沿程的温度、压力变化较小,导致涡轮叶片的高度基本不变。在高入口压力下,涡轮叶高较小(如 10 mm)、高负荷低展弦比大折转涡轮叶片通道内强烈的径向二次流动会对涡轮性能带来不利影响,使得高负荷氦涡轮的效率提升难度较大。叶片弯曲是控制叶片二次流损失的一种有效手段。隋秀明等[22]研究了某多级氦涡轮的第一级,具体参数见表 8.10。进口总温和总压分别为 900 K和 11 MPa,出口平均静压 9.87 MPa。在高进口总压小体积流量条件下,为增加涡轮叶高以降低端区黏性损失,涡轮进口马赫数较小,但即便如此,涡轮叶片高度仅9 mm,展弦比仅为 0.31;此外,为减少涡轮级数而采用高负荷大折转角设计方案,导致转子气流折转达到 141°。

表 8.10  叶中截面涡轮参数[22]

| | 静 子 | 转 子 |
|---|---|---|
| 入口马赫数 | 0.05 | 0.22 |
| 出口马赫数 | 0.10 | 0.24 |
| 气流转角/(°) | 81 | 141 |
| 叶高/mm | 9 | 9 |
| 叶根/叶尖半径比 | 0.916 | 0.916 |
| 叶片数 | 25 | 25 |
| 外壳半径/mm | | 125 |
| 级载荷系数 | | 2.64 |
| 级流量系数 | | 0.4 |
| 压比 | | 1.10 |

　　该氢涡轮负荷高、展弦比极低、折转大的特点加剧了叶片通道中的径向二次流动,受其影响叶片上下端壁吸力面流体向叶中区域的迁移及压力面中部区域流体向两端区域的迁移加剧,如图 8.28 所示,叶尖泄漏损失和端壁二次流损失使得涡轮性能降低。弯叶片对低展弦比、大折转涡轮叶片的作用效果与传统涡轮具有明显差别,叶片正弯能够降低叶顶载荷,从而减小叶顶泄漏涡与通道涡强度及损失(图 8.29),涡轮效率相比直叶片提升 0.187%;叶片反弯虽然能改善转子出口气流均匀性,降低轮毂通道涡强度与损失,但叶片反弯增大了叶顶泄漏涡强度及损失,且叶顶泄漏损失增加量大于二次流损失减小量(图 8.30),涡轮效率比直叶片方案降低 0.385%。可见,叶片三维造型是提高高负荷、低展弦比、大折转涡轮气动性能的一种有效途径。

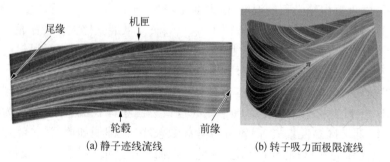

(a) 静子迹线流线　　　　　　　(b) 转子吸力面极限流线

图 8.28　静子和转子吸力面迹线流线[22]

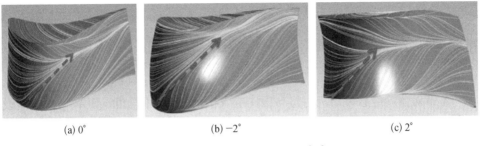

(a) 0°　　　　　　　(b) −2°　　　　　　　(c) 2°

**图 8.29　转子吸力面迹线流线**[22]

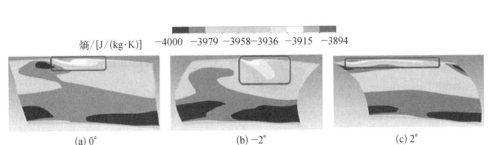

熵/[J/(kg·K)]　　−4000　−3979　−3958 −3936　−3915　−3894

(a) 0°　　　　　　　(b) −2°　　　　　　　(c) 2°

**图 8.30　转子出口的熵分布**[22]

对于 SABRE，氦涡轮驱动空气压气机，两者需要转速匹配。由于空气与氦气工质物性差别较大，难以在同样的转速下同时达到各自最优的设计状态。解决该转速匹配问题有两个可行途径。其一是摒弃孤立地设计压气机与涡轮，而是在设计过程中就兼顾两者，并加入更多的总体指标（如尺寸、重量等）来优化转速，从而使转速匹配变成一个多目标的优化问题。其次是在氦涡轮与空气压气机转轴之间采用减速器，使得各自工作在性能较高的转速区间，这种方式类似齿轮风扇发动机中的低压涡轮轴与风扇的转速匹配方式。另外，由于氦涡轮在高压中运行，但与其同轴的空气压气机的运行压力低，压力数值可相差数十倍，可能导致氦涡轮-空气压气机轴系的轴向力较大，给轴承部件设计带来一定的困难。

对于 SABRE 类发动机的氦涡轮，在输出功率一定的条件下，涡轮的膨胀比大小决定了涡轮级数。可提高氦涡轮入口温度以降低膨胀比，进而减少级数，但这会给氦涡轮的材料及冷却带来很大的挑战。也可通过增加氦气流量降低膨胀比，但这会增加氦气与液氢的换热量，降低发动机比冲。因此，氦涡轮的设计也需要与发动机总体紧密迭代。氦涡轮设计中，可以采用高负荷对转设计以减少叶片排数，但结构实现难度增大。因此，氦涡轮设计需充分考虑与发动机总体、空气压气机的匹配（如转速、尺寸、轴向力平衡等），同时考虑涡轮气动性能与材料、结构可实现性等方面，确定最优的氦涡轮设计。

## 8.5　小结

本章对预冷组合发动机用超高压比空气压气机、氦压气机及氦涡轮的典型设计特点进行了分析与总结,明晰了其设计难点与后续重点研究内容。此外,对于SABRE3 发动机的超高压比空气压气机和氦涡轮,除自身的设计难点外,还面临转速匹配、轴向力平衡、超高压密封等难题,目前尚无相关研究报道,但这些问题在很大程度上决定了 SABRE 发动机方案的技术可行性,值得重点关注与开展相关研究工作。

## 参考文献

[ 1 ]　Lewis R I. Turbomachinery performance analysis [ M ]. Amsterdam：Elsevier Science & Technology Books, 1996.

[ 2 ]　Aungier H R. Axial-flow compressors：A strategy for aerodynamic design and analysis[ M ]. New York：ASME Press, 2003.

[ 3 ]　刘永泉,刘太秋,季路成.航空发动机风扇/压气机技术发展的若干问题与思考[J].航空学报,2015,36(8)：2563 - 2576.

[ 4 ]　Wilcox W W, Stevans W. Investigation of two-stage counterrotating compressor Ⅳ：Overall performance of compressor with modified secondstage rotor[ R ]. NACA RM Paper, No. E58A27, 1958.

[ 5 ]　Sabel E J, Sabatiuk A. Turbojet engine Development：Phase I compressor test results[ R ]. Curtiss-Wright Corporation Report, No. 502, 1957.

[ 6 ]　Kerrebrock J L, Epstein A H, Merchant A. Design and test of an aspirated counter-rotating fan [ R ]. ASME Paper, GT2006 - 90582, 2006.

[ 7 ]　赵庆军,周小勇,赵巍,等.对转压气机内部流动机理及设计方法研究[J].中国科学：技术科学,2020,50(10)：1359 - 1375.

[ 8 ]　Japikse D, Marscher W D, Furst R B.Centrifugal pump design and performance[ M ]. Wilder：Concepts ETI, Inc., 1997.

[ 9 ]　Tian Z T, Jiang B, Malik A, et al.Axial helium compressor for high-temperature gas-cooled reactor：A review[ J ]. Annals of Nuclear Energy, 2019, 130：54 - 68.

[10]　McDonald C F. Helium turbomachinery operating experience from gas turbine power plants and test facilities[ J ]. Applied Thermal Engineering. 2012, 44：108 - 142.

[11]　Yan X, Takizuka T, Kunitomi K, et al. Aerodynamic design, model test, and CFD analysis for a multistage axial helium compressor[ J ]. Journal of Turbomachinery. 2008, 130：031018.

[12]　Mohamed S E G, Jean M T. Noble gas binary mixtures for gas-cooled reactor power plants[J]. Nuclear Engineering and Design, 2008, 238: 1353 - 1372.

[13]　Mihayiluofu A B, Baolisuofu B B. Closed cycle gas turbine plant[M]. Book of Science Publishing Company, 1964: 39 - 57.

[14]　Tian Z T, Zheng Q, Jiang B, et al. Research on the design method of highly loaded helium compressor based on the physical properties[J].Journal of Nuclear Science and Technology, 2017, 54(8): 837 - 849.

[15]　张韬.预冷压缩吸气式发动机系统方案设计与分析[D].长沙：国防科技大学,2017.

[16]　Dong X B, Wu J H, Li J J, et al. Impact of external heat transfer on the performance of a cold compressor used in superfluid helium system[J]. Cryogenics. 2020, 110: 103141.

[17]　朱荣凯,张健,郑群,等.高温气冷堆 HTGR-10 能量转换单元中压气机气动性能试验研究[J].哈尔滨工程大学学报,2009,30(2): 233 - 238.

[18]　Chen Y, Zou Z P, Fu C. A study on the similarity method for helium compressors[J]. Aerospace Science and Technology, 2019, 90: 15 - 126.

[19]　van den Braembusschea R A, Brouckaerta J F, Paniaguaa G, et al. Design and optimization of a multistage turbine for helium cooled reactor[J]. Nuclear Engineering and Design, 2008, 238: 3136 - 3144.

[20]　Jivraj F, Varvill R, Bond A, et al.The Scimitar precooled Mach 5 engine[C]. Brussels: 2nd European Conference for Aerospace Sciences (EUCASS), 2007.

[21]　Varvill R, Paniagua G, Kato H, et al. Design and testing of the contra-rotating turbine for the Scimitar precooled Mach 5 cruise engine[R]. IAC-08 - C4.5.3, 2008.

[22]　隋秀明,董甜甜,周庆晖,等.高负荷低展弦比氦涡轮端壁损失机理研究[J].推进技术, 2021,42(3): 540 - 549.

# 第 9 章
# 预冷组合发动机进排气系统

进排气系统是高超声速预冷组合发动机的重要组成部分,其性能的优劣很大程度上决定了发动机的成败。其中,最关键的两个问题:一是进排气系统能适应宽马赫数范围工作,具有较高的气动性能,满足发动机需求;二是与飞行器的一体化设计,保证能匹配高效工作。

## 9.1 预冷组合发动机进气道

适配于预冷组合发动机的进气道需要在宽广的工作范围内($Ma = 0 \sim 6$、$H = 0 \sim 30 \text{ km}$)工作,这类进气道的设计既要满足各个工况下的气动性能,同时需考虑预冷器结构布局、预冷器工作对进气道性能的影响,进行进气道预冷器一体化设计。

### 9.1.1 典型设计方案

传统的定几何进气道在设计点下性能较好,但无法满足在水平起降至高超声速的宽广工作范围内都能高效工作的要求,主要原因如下:

(1) 进气道非设计点性能较差;

(2) 进气道自启动性能较低;

(3) 进气道内气流容易发生分离。

因此,能够适应宽范围工作的变几何可调进气道成为研究的焦点,国内外对此也开展了大量的研究。变几何可调进气道的本质在于通过改变进气道几何型面,调节进气道内、外收缩比及捕获面积,以满足发动机在不同工作条件下对流量、压力和流场品质等方面的要求。

目前,典型的预冷组合发动机进气道有: SABRE、ATREX 发动机采用的轴对称可调进气道和 SCIMITAR、S 发动机采用的二元可调进气道等,以下对其典型设计方案进行概述。

SABRE 具有吸气和火箭两种工作模式,其进气道外形如图 9.1 所示。该进气道在 $Ma5.5$ 以下的吸气模态处于打开状态,采用轴对称双波系外压式进气道布局,中心锥半锥角 20°,在环形唇口板与中心锥之间分布着三道同心环形挡风片。进气道中心锥轴线与发动机轴线间存在 7°的偏转角,中心锥可沿轴向前后移动以调整激波位置使进气道始终保持额定工作状态以获得最大的捕获流量并最小化溢流阻力。当中心锥向前移动时,将通过与之相连的平板顺次带动三道挡风片向前移动,最终实现在火箭模态下进气道的完全关闭。

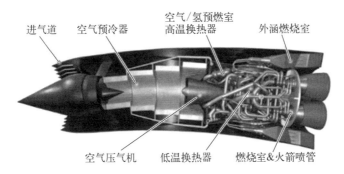

图 9.1　SABRE 及进气道示意图[1]

从公开资料来看(图 9.2),SABRE 进气道主要设计理念如下。

(1) $Ma2$ 以上进气道通过调节中心锥位置保持各个飞行马赫数下锥形激波封口,流量系数接近 1.0。在 $Ma4$ 来流下,其临界总压恢复系数仅为 0.159 2[2],低于常规进气道性能。

(2) 三道挡风片的存在是为了在加速到 $Ma5.5$ 后关闭进气道,其设计需要既

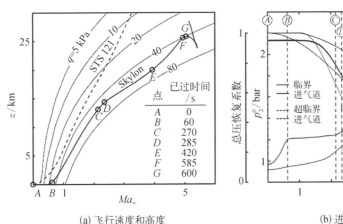

(a) 飞行速度和高度　　　　(b) 进气道总压恢复

图 9.2　SABRE 飞行轨迹及进气道性能[2]

能满足气动要求又能满足调节方案要求,还要兼顾外阻。

(3) Ma4 以下冲压通道流量占优势,Ma4 以上涡轮通道流量占优势。

Fincham 等[3]利用 CFD 方法模拟研究了 SABRE 进气道的性能,在 Ma4 来流条件下的流场如图 9.3 所示。计算表明,进气道阻力基本随着激波位置变化线性变化,激波位置相对于唇罩半径变化 1%会导致约发动机推力 1.5%的阻力大小变化;来流阵风扰动(温度)对激波位置影响较大,需在设计中考虑阵风条件下进气道的动态特性。

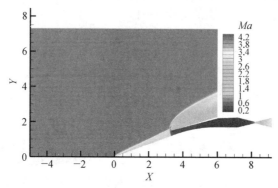

图 9.3　Ma4 条件下 SABRE 进气道流场[3]

日本的 ATREX 发动机采用混压式轴对称进气道[4],由可以前后调节的中心锥和唇罩两个主要部件组成,如图 9.4 所示。其设计马赫数为 3.5,中心锥上布有抽吸孔用以吸除附面层,而过量的空气则通过旁路排出。在起动状态下,进气道获得需要的压缩空气;但是当马赫数降到 1.0 时,进气道不起动导致进气道性能下降。中心锥和唇罩上方均有溢流孔,其作用是将边界层上的低速气流抽吸,以此来避免流动分离。工作范围内,ATREX 发动机进气道总压恢复系数、流量系数如图 9.5 所示,其在 Ma5 条件下,总压恢复系数约 0.2。

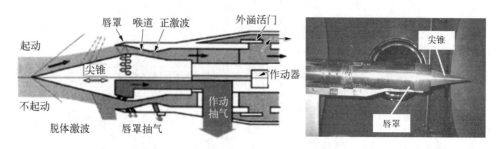

图 9.4　ATREX 发动机进气道及试验件[4]

适用于 Ma0.9 和 Ma5 巡航的 Scimitar 发动机进气道的工作范围为马赫数 0~5.0,除采用轴对称结构形式外,REL 也研究了二元混压式变几何进气道[5]。其用

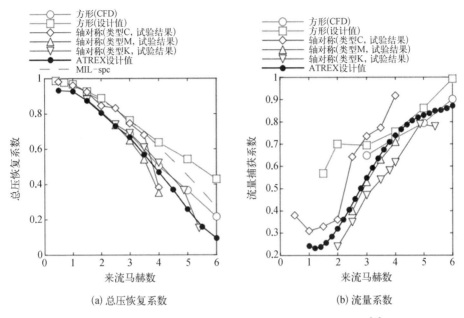

(a) 总压恢复系数　　　　　　　(b) 流量系数

**图 9.5　ATREX 发动机进气道总压恢复系数和流量系数**[4]

一个固定外压缩板和一个可调节的压缩板进行压缩,第一级压缩板角度为 6°;第二级压缩板角度可在 14°~28° 调节,保证从 $Ma2.5$ 加速至 $Ma5.0$ 过程中激波始终保持在唇口。通过可调斜板调节,使得进气道在各个工况下均能满足发动机的要求。其中,图 9.6 给出了试验获得的 $Ma5$ 来流条件下不同反压下的流场。

**图 9.6　$Ma5$ 来流下不同反压下流场(从左到右,背压逐渐增加)**[5]

日本 PCTJ 发动机的原理样机 S 发动机采用二元进气道,结构如图 9.7 所示。该进气道有三道斜坡,其中第 2 道和第 3 道斜坡几何可调,以保证不同来流马赫数下的激波形态。其中,喉道高度在海平面状态为 3.75 cm,在 $Ma6$ 条件下为 0.6 cm。图 9.8 给出了不同马赫数下的进气道总压恢复系数值,在 $Ma5$ 条件下达到 21%。此外,在低马赫数下的总压恢复系数低于设计值,这是试验件尺寸较小导致雷诺数较低而带来的不利影响。

总的来说,对于典型的预冷组合发动机,SABRE 进气道采用轴对称结构形式,

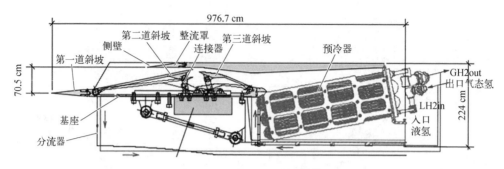

图 9.7 S 发动机进气道[6]

一是便于在 $Ma5.5$ 以上通过中心锥的移动保证进气道能完全关闭;二是轴对称进气道与其圆筒状预冷器结构上更加易于匹配。虽然 SABRE 进气道在高马赫数下的总压恢复系数偏低,但由于采用进气预冷,压气机的增压能力得到提升,可以弥补进气道总压损失偏大的缺点。Scimitar 和 S 发动机采用二元可调进气道,通过调节喉道面积和内型面形状来满足较宽马赫数范围内的进气需求,在高马赫数下的总压恢复性能略高于轴对称进气道。

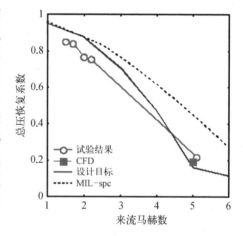

图 9.8 S 发动机进气道性能[6]

## 9.1.2 进气道与预冷器一体化设计

在预冷组合发动机中,预冷器位于进气道与空气压气机之间。首先,进气道结构需要匹配预冷器的型式、几何大小和安装位置。其次,由于来流经过预冷器后,气流流动状态与无预冷器时差别较大,必须考虑两者匹配时相互间气动性能的影响。

由于当前预冷组合发动机的技术成熟度较低,国内外相关工作主要集中于发动机热力循环设计优化、发动机方案论证及关键部件的研究。当前阶段,对进气道与预冷器的匹配研究较少,仅开展了初步的 CFD 数值模拟研究。

在 CFD 数值模拟研究中,开展全计算域一体化仿真无疑是获得进气道预冷器一体化规律的最直接方法,但是其面临的挑战也是比较直接的:① 预冷器微细管数量多,达到几万根,网格生成复杂,且方案迭代需要反复建立网格,工作量巨大;② 流场范围内,既有微小尺度流动通道(1 mm 量级),又有大尺寸进气道(1 m 量级),网格建立需要兼顾平滑过渡原则,增长率一般在 1.3 倍以内,造成一体化计算域网格数量极大。

　　由于开展全计算域一体化仿真的效率较低,目前研究多采用简化的方法来进行进气道与预冷器的一体化性能评估。孙波等[7, 8]对 SABRE 进气道预冷器一体化数值计算方法进行了探索,采用多孔介质耦合源项法开展了预冷效应对进气道流动特性影响的数值仿真研究,其进气道模型如图 9.9 所示。计算表明,多孔介质耦合源项法可以较好地模拟预冷器的降温效应以及降压效应,结尾激波后压力分布均匀,各工况涡轮通道出口总温较预冷前降低了48%~77%。预冷后涡轮通道流量系数较预冷前降低约15%,冲压通道则有所上升。总压恢复系数呈减小趋势,但预冷前后两通道总压恢复系数变化不大,低速工况总压恢复性能较好。相同涡轮通道流量系数的高速工况下,经过预冷,涡轮通道出口马赫数大幅度降低,提高了涡轮通道流通能力。经过预冷后涡轮通道出口总压恢复系数均下降约10%,体现出了预冷区对涡轮通道的总压损失影响,如图 9.10 所示。此外,由于预冷器形状和安装位置限制,预冷器出口气流参数极度不均匀(如图 9.9 中数值模拟计算的预冷器出口的总温分布,畸变程度±57 K),如何在气流不均匀区域实现特定的总压

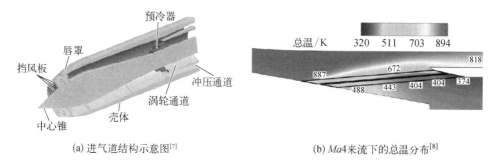

(a) 进气道结构示意图[7]　　　　　　　(b) Ma4来流下的总温分布[8]

**图9.9　进气道模型图及 Ma4 下的总温分布**

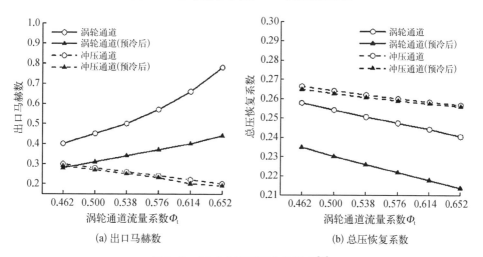

(a) 出口马赫数　　　　　　　　　　(b) 总压恢复系数

**图9.10　Ma4 来流下预冷的影响[8]**

损失是研究的难点,这也是后续工作的研究重点。

## 9.2 排气系统

尾喷管是组合循环发动机关键部件之一,其设计目标是在较宽广的工作范围内使燃气高效率膨胀、使气流加速从而产生推力。

传统的固定几何喷管主要包括基于特征线法的理想喷管和最大推力喷管。传统的固定几何喷管在设计点膨胀效率很高,其出口静压与环境压力一致或者接近,设计点的落压比(定义为入口气流总压与环境静压之比)决定了尾喷管的出口面积。然而,环境压力从海平面到高空差异巨大,导致固定几何尾喷管在非设计点膨胀效率损失加大。图 9.11 给出了 Vulcain 火箭发动机喷管性能随高度的变化曲线[9],相对于使气流完全膨胀的理想喷管,固定面积比的喷管会造成较大的性能损失;如果按高空点设计喷管的面积比,会导致喷管在低空的性能较差。当喷管出口压力小于环境压力时,喷管工作在过膨胀状态;当喷管出口压力大于环境压力时,喷管工作在欠膨胀状态。在过膨胀状态下喷管背压较高,管内往往出现流动分离现象,并伴随着流场强烈的非定常性、非对称性、严重的侧向载荷以及流固耦合等现象,危及喷管结构和火箭入轨精度。SSME、J2 - S、LE - 71A 和 Vulcain 2 等发动机均出现过由喷管过膨胀现象产生的不利影响而导致试车或发射失败的案例[10]。

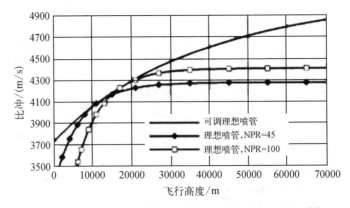

**图 9.11  Vulcain 火箭发动机喷管对发动机性能的影响**[9]

传统喷管会出现两种分离模式(图 9.12):自由激波分离(free shock separation,FSS)和受限激波分离(restrained shock separation,RSS)。在自由激波分离中,气流在分离激波后并未出现再附现象,壁面压力在分离激波后便上升至略低于环境压力。而在受限激波分离模式下,气流在喷管壁面上再附,形成完整的分离包,并产生膨胀扇和再附激波等波系。膨胀扇在自由剪切层处反射为激波,入射到下游壁面后,带来新的逆压梯度,造成当地边界层增厚或分离,产生新的干扰结构。如此衍生下去,便在受限区域内形成菱形激波串结构。受限激波分离的流场结构迫使壁面压力交替变化,即壁面压力在分离激波处急剧上升,并在分离包处形成高压平台,再到膨胀扇处降低,而后在再附激波处升高,甚至高于环境压力,最后下降至环境压力附近[10]。在实际工作过程中,随着飞行高度的增加,喷管落压比不断增加,管内流场由最初的自由激波分离模式演变为受限激波分离模式,最后工作在满流状态下。

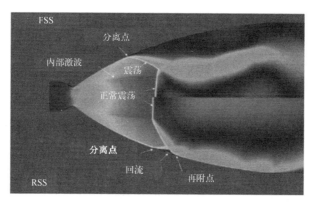

**图 9.12　SSME 发动机喷管的分离模式**[11]

为了提高非设计点膨胀效率的需求,高度补偿喷管的概念被提出。通过创新设计喷管结构,高度补偿喷管能够有效控制甚至避免传统喷管的过膨胀流动分离现象。此外,高度补偿喷管还可以在不同程度上降低发动机在海平面条件下的推力损失,提高高空条件下的比冲。高度补偿喷管至今已发展了近 60 年,并广泛应用于当前的宽域组合循环发动机中,文献[10]对液体火箭发动机使用的高度补偿喷管研究进展进行了详细综述。本节仅对其中三种典型方案——双钟形喷管、塞式喷管以及膨胀偏转喷管进行概述。

## 9.2.1　双钟形喷管

双钟形喷管是一种高度补偿喷管,可在地面及高空两个不同高度达到最佳工作状态。双钟形喷管由固定的基弧段和延伸段组成,在低空时,基弧段喷管完全膨胀,延伸段在转折点处发生对称可控分离,低空性能接近于小面积比传统钟形喷管。在高空时,延伸段完全满流,喷管总面积比得到有效应用,性能相当于大面积比钟形喷管,如图 9.13 所示。只是由于型面不连续,存在一定的附加性能损失。

此外,双钟形喷管的型面转折点在控制分离的同时,也会在海平面条件下和模态转换时产生较高的热流密度、造成较大的热应力,需考虑适当的冷却措施。

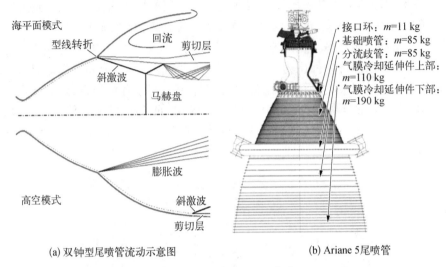

(a) 双钟型尾喷管流动示意图　　　　　　　　(b) Ariane 5 尾喷管

**图 9.13　双钟形尾喷管**[12]

双钟形喷管具有结构简单、系统可靠、关键技术和传统喷管的相容性好、技术难度小等优点,在国内外受到广泛关注。美国 Armadillo 航天公司 7t 级液氧甲烷发动机方案之一就是采用双钟形喷管,目前该发动机已经进行了多次热试验研究,验证了双钟形喷管的海平面及高空工作性能以及两种工作模式下转换特性。欧洲的 Ariane 5 火箭发动机也采用了双钟形喷管,分析表明双钟形喷管能显著提高飞行器的负载能力。

## 9.2.2　塞式喷管

塞式喷管是一种具有连续自动高度补偿的先进喷管,主要由内喷管和塞锥组成,如图 9.14 所示,结构可根据发动机布局设计成二元或者轴对称形式。

由于全长的塞式喷管几何尺寸和重量大,所以一般将塞锥截短,即截短型塞式喷管,它主要由内喷管、塞锥和底部组成。为了减少塞锥截短所引起的性能损失,将发动机涡轮废气从塞锥底部引出形成二次流,在底部形成气动锥。由于喷管的燃气与大气相通,外边界能自动适应反压变化,使发动机在各个高度上工作时均处于完全或接近完全膨胀的状态。截短塞式喷管具有"开放"和"闭合"两种工作模态。在海平面条件下,塞锥尾部的射流剪切层不相交闭合,截短塞式喷管工作在"开放模态"。而在高空条件下,塞锥尾部的射流剪切层相交闭合,在塞锥底部产生一个与大气隔绝的闭合回流区,此回流区扮演着被截塞锥的角色,故其又称"气动塞"(aerospike),如图 9.15 所示。

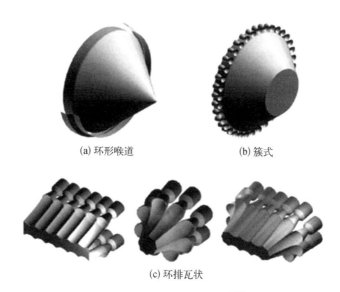

(a) 环形喉道　　　　　　　(b) 簇式

(c) 环排瓦状

**图 9.14　环排式塞式喷管**[13]

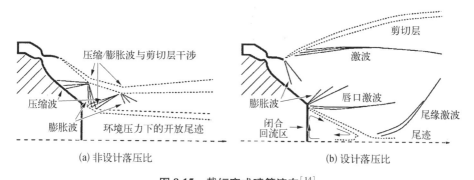

(a) 非设计落压比　　　　　　　(b) 设计落压比

**图 9.15　截短塞式喷管流态**[14]

在工作高度变化大、设计扩张比较大的情况下,塞式喷管综合性能明显高于传统的钟形喷管,尤其以低空性能为甚。研究表明,以高空大扩张比为设计点时,塞式喷管在设计点附近与理想钟形喷管相近,而低空性能明显优于钟形喷管,喷管效率可提高 20%~30%[15];面积比相同时,塞式喷管长度比钟形喷管短,湿面积减少,重量可以减轻。

塞式喷管具有结构形式灵活、性能高、结构尺寸小等优点,在国内外受到广泛关注。1996 年,洛克希德·马丁公司在 X-33 运载器上采用了带塞式喷管的火箭发动机,经过了多次热试车的考核,塞式喷管的高度补偿特点得到了验证。

## 9.2.3　膨胀偏转喷管

膨胀偏转喷管(expansion deflection nozzle,ED 喷管)由收缩段、扩张段和中心体构成,类似于塞式喷管,不同的是膨胀过程是在喷管内部。ED 喷管的喉道可以是由中心体与收缩段构成的环形喉道或者分散独立嵌入扩张段的管道形式。喉道使喷流强制向扩张段壁面偏转,如图 9.16 所示,低空条件下,中心体后形成开式分离,其底部压力接近环境压力;高空条件下,中心体后形成闭式分离,出口面积得到充分利用。中心体后的分离随着环境压力连续变化,进而实现高度补偿特性。同塞式喷管一样,ED 喷管流动对环境压力扰动比较敏感。

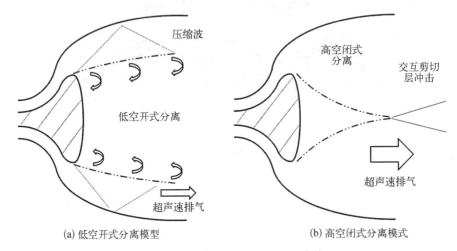

(a) 低空开式分离模型                    (b) 高空闭式分离模式

图 9.16    膨胀偏转喷管工作模式[14]

相对于相同扩张比设计的传统喷管,ED 喷管具有低空性能高、结构尺寸小、重量轻、结构紧凑等优点。1995 年,于胜春等[16]开展了国内首个关于 ED 喷管的测力试验,通过压力数据验证了 ED 喷管具有高度补偿能力。2011 年,Taylor 等[17]通过测压试验对比了双钟形喷管和 ED 喷管的性能,结果表明 ED 喷管在低空时性能较双钟形低,但高空性能更好。

预冷组合发动机通常也采用高度补偿喷管来提高发动机在宽高度范围内的性能,下面对其典型方案进行概述。

针对 SABRE3 方案,REL 首先开展了带膨胀偏转火箭喷管(expansion-deflection,ED)的 5 kN 的氢气空气火箭的静态测试(stern),这是一种带有中心体的高度补偿喷管,如图 9.17 所示。冷态和热态的试验表明,在工作范围内,喷管流动稳定,且在壁面上没有流动分离,ED 喷管性能良好并具备一定高度补偿能力;但是喷管的底阻较高。在此基础上,2011 年,开展了带 ED 喷管的氢气空气火箭 Strict 发动机测试,如图 9.18 所示。

为了提高发动机的比冲同时降低发动机的实现难度,REL 对 SABRE3 热力循环进行了改进,改进至 SABRE4 方案。在 SABRE4 中,高室压的火箭燃烧室和低室

**图 9.17　带 ED 喷管的 5 kN Stern 火箭发动机**[18]

**图 9.18　带 ED 喷管的 Strict 火箭发动机**[18]

压的吸气式燃烧室解耦,同时为了保证较低的重量和底阻,吸气式燃烧室环形布置在火箭燃烧室外部,发动机相当于一个环形塞式喷管发动机,推力室喷管具有高度补偿特性,双模态喷管结构如图 9.19 所示。在吸气模态利用部分火箭喷管;在火箭模态,喷管延伸段轴向移动,使得火箭燃烧室的燃气可以在整个喷管区域膨胀以获得最高的性能。

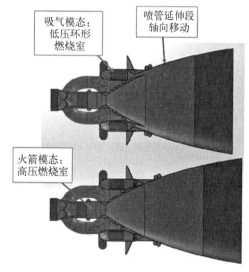

**图 9.19　SABRE4 双模态喷管**[19]

　　REL 利用 Strident 发动机(图 9.20)测试了该双喉道喷管结构,但 Strident 发动机仅用于冷流测试。在 Strident 发动机的基础上,REL 开展了 Stoic 发动机的研究,其结构如图 9.21 所示。

Stoic 发动机具有 SABRE4 的典型特征:具有吸气和火箭模态,通过移动喷管的延伸段进行模态的切换。该研究的主要目标是:① 与 CFD 对比,验证双喉道喷管设计方法;② 测量双喉道喷管非轴向的稳态和瞬态推力;③ 验证吸气式和火箭模态的转换方法;④ 验证燃烧室和喷管的传热模型,测试气膜冷却效果。Stoic 发动机的额定推力为 20 kN,吸气模态的空气为 10 kg/s、氢气 0.3 kg/s;火箭模态 0.5 kg/s 的氢气和 3.3 kg/s 的氧气。通过 Stoic 发动机试验研究,REL 对用于 SABRE4 的吸气模态与火箭模态解耦的双模态喷管技术进行了较为充分的验证。

图 9.20　带双喉道喷管的 Strident 火箭发动机[18]　　　　图 9.21　带双喉道喷管的 Stoic 火箭发动机[18]

在 LAPCAT-II 计划中,Marini 等[20]对配装 Scimitar 发动机的 A2 高超声速飞机的喷管进行了研究,如图 9.22 所示。研究了不同喷管方案以减少底阻,不同飞行条件下喷管羽流/外流的干涉效应,如图 9.23 所示,并开展了 $Ma4$ 条件下的风洞试验以准确评估喷管羽流/外流的干涉影响以及底阻大小。研究表明,改进后的喷管方案 V1 在 $Ma5$ 条件下的效率超过 REL 的预估值 0.97,但是在 $Ma1$ 附近的效率有所降低,如图 9.24 所示。

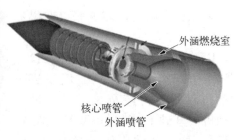

外涵燃烧室

核心喷管

外涵喷管

图 9.22　LAPCAT A2 飞机和 Scimitar 发动机[20]

日本 JAXA 的 S 发动机尾喷管工作的落压比为 2.7~200,喉道面积变化 2.5 倍,如图 9.25 所示。如果采用传统的轴对称结构形式,喷管的喉道面积很难变化如此之大,因此采用了二元方形可调喷管结构,如图 9.26 所示。此外,发动机加力燃烧室出口的温度为 1 800~2 100 K,对喷管的热防护提出了较高要求。为了减轻加力燃烧室和喷管的重量,其侧板和唇罩采用 C/C 复合材料制造。喷管及整机试验表明,尾喷管工作正常,符合设计预期。

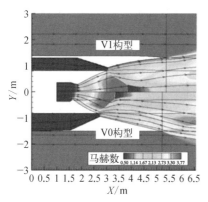

图 9.23 *Ma*5 来流下不同
喷管的流场[20]

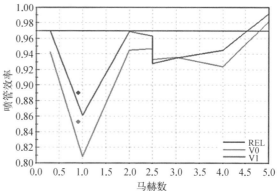

图 9.24 喷管效率[20]

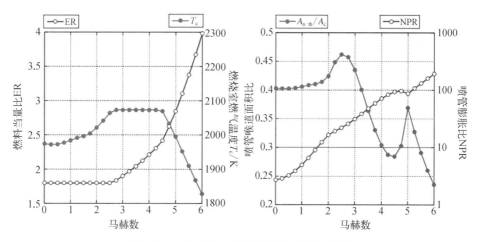

图 9.25 S 发动机加力燃烧室及喷管参数[21]

图 9.26 S 发动机喷管结构图及试验件[21]

总的来说,不同的高度补偿喷管虽然均具有一定的高度补偿能力,但却也存在些许不足。塞式喷管和膨胀偏转喷管虽然具有连续的高度补偿能力,但却需要对发动机推力室/燃烧室进行重新设计;双钟形高度补偿喷管尽管结构简单,但却带来热防护困难等问题;具体方案设计中如何取舍,需要谨慎综合考虑。

## 9.3 进排气系统与飞行器一体化设计

### 9.3.1 进气道与飞行器一体化设计

    对于以吸气式为动力的高超声速飞行器外形设计而言,机体/推进系统一体化设计是其关键技术之一。对于飞行器的设计要求来说,主要追求的是高升阻比、高有效容积以及良好的前缘气动热防护性能。对于进气道的设计来说,其目的主要是以最小的气流能量损失为发动机尽可能提供有效的气流。以往通常将两者分开来研究,单独获得较好的性能后再将它们配合到一起。但是,对于高超声速飞行器,进气道与飞行器的相互影响较大,进气道与飞行器一体化设计的一般做法是将飞行器的前体作为进气道的气流预压缩段,和进气道在结构和功能上合二为一。此外,一体化的设计能够缓解高、低马赫数下进气道与发动机流量不协调这一矛盾,减轻由于非一体化设计带来的严重激波干扰和气动阻力问题,这对于宽马赫数范围工作的高超声速飞行器来说非常重要。

    目前,国内外研究较多的高超声速飞行器一体化设计主要集中于飞行器与超燃冲压发动机的一体化设计。其基本思想是利用飞行器外形在高超声速流动中产生的激波对来流进行压缩,满足超燃冲压发动机工作要求并获得一定的升力。这就必须要求首先明确发动机进气道内流动特征,然后对其构形以及在飞行器整体外形中的位置和布局进行设计。典型的高超声速一体化前体/进气道构型有美国 X‒43A 的二维前体/进气道结构[22],如图 9.27 所示。其设计理念一方面采用具有高性能升阻比气动特性的乘波体作为飞行器前体以提高飞行器气动性能,另一方面乘波体所产生的激波为后方进气道进行气流预压缩,从而缩小进气道的长度尺寸并且提高发动机的压缩效率。

**图 9.27 X‒43A 验证机**[22]

从国内外的研究来看,在 2005 年之前,进气道与飞行器一体化设计都集中在二维或者三维矩形进气道与乘波外形/翼身融合体结构/升力体构型的一体化研究上,到 2007 年,美国首次公布了三维曲面内收缩进气道/尾喷管与高超声速飞行器一体化的 Falcon 飞行器气动布局方案(图 9.28)[23],其前机身采用密切锥乘波体设计,发动机基于三维曲面内收缩进气道设计,这种推进流道具有优于常规直板压缩气流的高超声速推进内流道的特点:① 其对气流的压缩效率较高;② 其对气流的捕获流量大,有利于获得更高的推力;③ 其采用圆形或类圆形截面形状流道,壁面拐角流动,减少激波/附面层相互干扰,减小流动损失;④ 浸润面积小,减小气动摩擦阻力,减小冷却负荷。

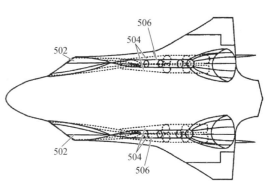

图 9.28　Falcon 飞行器一体化方案[23]

对于飞行器与预冷组合发动机进气道一体化设计的研究较少,其中,REL 探索了多种 Scimitar 发动机进气道与机体的一体化设计方案,如图 9.29 所示。对于方案 2,通过采用机翼的下表面替代进气道的第一道斜坡以减少进气道的尺寸。

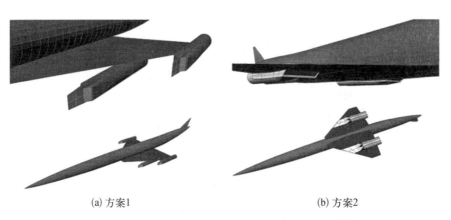

(a) 方案1　　　　　　　　　　　　(b) 方案2

图 9.29　Scimitar 发动机与飞行器不同布局方案[5]

## 9.3.2　尾喷管与飞行器一体化设计

目前的高速飞行器的外形设计在后体/尾喷管设计方面的一体化程度较低,原因在于:一方面,对于目前的机体和尾喷管设计,由于分属不同专业进行设计,虽然各自单独性能均能保证,但叠加后总体效果会大打折扣;另一方面,两者设计中,相关的设计参数多且复杂,由于两者的匹配设计不是简单的叠加和折中,需要综合权衡各关键设计参数的匹配关系,导致难度加大。由于目前后体/尾喷管设计方面的一体化程度较低,导致高速飞行器存在推阻不匹配、飞行器总体性能无法满足要求等技术问题,限制了飞行器的发展。

对于乘波体构型的高超声速飞行器而言,出于尾喷管与飞行器一体化的要求,飞行器的后体下表面通常与发动机尾喷管的上膨胀面融合设计,从而形成非对称喷管[22],如图 9.27 所示。其特点为易于与飞行器后体进行一体化设计,结构简单并且重量轻。在较宽的马赫数范围内,虽然几何不可调,但是仍然能够进行气动调节,并且具有高度补偿功能,因此在宽马赫数范围、宽空域范围内具有良好的性能。但是非对称喷管也存在着一些问题,由于其不仅是发动机中推力的产生部件,在几何外形上又是非对称形状,因此容易产生额外的法向力和俯仰力矩,并且在不同的工况下容易发生较大的波动,进而对飞行器的安全产生威胁。

此外,一体化设计中也需考虑尾喷管的高温气流对飞行器机身的不利影响,如Mehta 等[24]对 Skylon/SABRE 一体化数值模结果拟表明,在马赫数 8.5 以上,发动机喷管的高温燃气将喷射到机尾部分,给机尾的结构热防护带来极大的挑战,如图 9.30 所示。

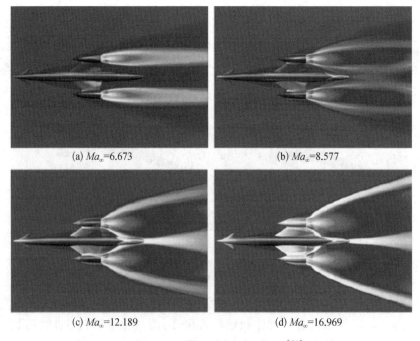

(a) $Ma_{\infty}$=6.673

(b) $Ma_{\infty}$=8.577

(c) $Ma_{\infty}$=12.189

(d) $Ma_{\infty}$=16.969

**图 9.30　SABRE 尾流对机体影响**[24]

　　总的来说,合理的进排气布局和匹配对于高超声速飞行器的性能有很大的提升。由于预冷组合发动机仍处于研究阶段,技术成熟度较低,对于预冷组合发动机进排气系统与飞行器一体化设计相关研究工作较少,却是后续的重点研究方向之一。

## 9.4　小结

　　本章对典型的预冷组合发动机的进气道、尾喷管的设计特点、典型设计方案进行了概述,其主要设计特征与其他宽域组合发动机的进排气系统相同,通过几何调节等方式保证在宽马赫数范围内工作时具有较高的气动性能。由于预冷器的存在,在预冷组合发动机进气道设计时,需充分考虑进气道-预冷器-空气压气机这三者的耦合匹配,在紧凑的空间约束下实现三者的高效工作。

## 参考文献

[ 1 ]　Hempsell M. Progress on SKYLON and SABRE[R]. IAC-13 - D2.4 - 6x19609, 2013.

[ 2 ]　Villace V F. Simulation, design and analysis of air-breathing combined-cycle engines for high speed Propusion[D]. Belgium: von Karman Institute For Fluid Dynamics, 2013.

[ 3 ]　Fincham J, Taylory N V. Freestream disturbance effects on an axisymmetric hypersonic intake [C]. San Diego: 47th AIAA/ASME/SAE/ASEE Joint Propulsion Conference & Exhibit, 2011.

[ 4 ]　Kojima T, Taguchi H, Aoki T, et al. Development study of the air-intake of the ATREX engine [C]. Norfolk: 12th AIAA International Space Planes and Hypersonic Systems and Technologies, 2003.

[ 5 ]　Steelant J. Achievements obtained for sustained hypersonic flight within the LAPCAT Ⅱ project [R]. AIAA 2015 - 3677, 2015.

[ 6 ]　Taguchi H, Kojima T, Fujita K, et al. Design study and component tests on a subscale precooled turbojet engine for flight experiments[R]. IAC-05 - C4.5.02, 2005.

[ 7 ]　薛亮波,孙波,卓长飞,等.预冷对发动机进气道流动特性影响的数值模拟研究[J].推进技术,2020,41(6): 1227 - 1236.

[ 8 ]　王海,孙波,卓长飞,等.预冷发动机进气道节流特性数值研究[J].2021,36(3): 553 - 563.

[ 9 ]　Östlund J, Klingmann B M. Supersonic flow separation with application to rocket engine nozzles [J]. Applied Mechanics Reviews, 2005, 58: 143 - 177.

[10]　刘亚洲,李平,杨建文.液体火箭发动机喷管流动特性及高度补偿研究进展[J].推进技术: 1 - 20.

［11］ Blades E L, Luke E A, Ruf J. Fully coupled fluid-structure interaction simulations of rocket engine side loads［R］. AIAA 2012 - 3969, 2012.

［12］ Genin C, Gernoth A, Stark R. Experimental and numerical study of heat flux in dual bell nozzles［J］. Journal of Propulsion and Power, 2013, 29(1): 21 - 26.

［13］ Dai W Y, Liu Y, Cheng X C, et al. Analytical and experimental studies of tile-shaped aerospike nozzles［J］. Journal of Propulsion and Power, 2003, 19(4): 640 - 645.

［14］ Hagemann G, Immich H, Nguyen T V, et al. Advanced rocket nozzles［J］. Journal of Propulsion and Power, 1998, 14(5): 620 - 634.

［15］ 王长辉,刘宇.塞式喷管在固体火箭发动机上的应用研究［J］.固体火箭技术,2005, 28(1): 36 - 39.

［16］ 于胜春,蔡体敏,何洪庆,等,强制偏流喷管的实验研究［J］,推进技术,1995,2: 19 - 21.

［17］ Taylor N, Steelant J, Bond R. Experimental comparison of dual bell and expansion deflection nozzles［C］. San Diego: 47th AIAA/ASME/SAE/ASEE Joint Propulsion Conference & Exhibit, 2011.

［18］ Waugh I, Davies A, Moore E, et al. Testing air-breathing rocket engines［R］. SP2016 - 3125048, 2016.

［19］ Feast S. The Synergetic Air-Breathing Rocket Engine (SABRE)-development status update ［R］. IAC-20 - C4 - 7 - 1, 2020.

［20］ Marini M, Smoraldi A, Cutrone L, et al. Analysis of LAPCAT A2 vehicle scimitar engine nozzle［C］. Napoli: Italian Association of Aeronautics and Astronautics XXII Conference, 2013.

［21］ Kojima T, Kobayashi H, Taguchi H, et al. Design study of hypersonic components for precooled turbojet engine［C］. Dayton: 15th AIAA International Space Planes and Hypersonic Systems and Technologies Conference, 2008.

［22］ National Aeronautics and Space Administration. X - 43A scramjet engine［EB/OL］. https://www.nasa.gov/centers/armstrong/multimedia/graphics/EG-0098-03.html［2022 - 1 - 25］.

［23］ 向先宏,钱战森.高超声速飞行器机体/推进气动布局一体化设计技术研究现状［J］.航空科学技术,2015,26(10): 44 - 52.

［24］ Mehta U, Aftosmis M, Bowles J, et al. Skylon aerodynamics and SABRE plumes［R］. AIAA 2015 - 3605, 2015.

# 第 10 章
# 间接预冷发动机多分支闭式循环构型设计方法

第 6 章的评估表明,在同样的输入参数下,间接预冷压缩系统具有更大的预冷压缩有效度。理论上,采用简单闭式 Brayton 循环(closed-Brayton cycle, CBC)的间接预冷压缩系统构型最为简单。然而,这一方案存在着诸如燃料消耗量大、系统设计约束导致性能退化严重等问题,因而,如何克服简单 CBC 方案的缺点是构造高性能间接预冷压缩系统的关键。对此,SABRE4 及 Scimitar 发动机方案中均采用复杂的多分支闭式中介循环设计方案以实现预冷燃料消耗量的降低以及改进系统参数的匹配。但是,针对不同的系统输入参数,如何给出相应的最优构型配置,如分支数目的选择、工质在分支间的分配等系统构造基本问题,当前依然未有文献给出完备的回答。基于上述认识,本章将通过理论分析并结合数值优化的手段给出多分支间接预冷压缩系统的最优构型配置策略,进而为间接预冷发动机总体方案设计提供理论依据。

## 10.1　简单间接预冷压缩系统性能及存在的问题

为了揭示采用多分支复杂设计的必要性,有必要对图 10.1 所示简单间接预冷压缩方案的性能进行深入分析。实际上,6.2.3 节对图 10.1(b)所示系统开展了初步评估,而为了同其他方案的性能有一致的比较基础,分析中仅考虑了较为理想的设计工况,对此,本节将进一步考虑实际系统运行及设计所面临的约束,以及由此带来的问题。除非特别指出,否则所需的参数均采用表 6.5、表 6.6 及表 10.1 中的值,此时来流总温/压为(1 300 K,1.67 MPa),不需要预燃室提供额外热量。根据文献[1],预冷器出口氦工质温度限定为 $(T_\chi)_{max} = 950$ K 以防止高温端壁面超温。

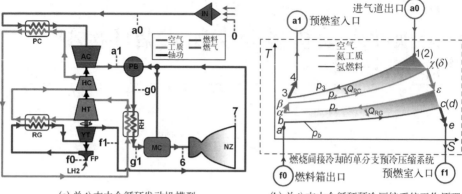

(a) 单分支中介循环发动机模型      (b) 单分支中介循环预冷压缩系统工作原理

图 10.1 基于简单闭式 Brayton 循环的间接预冷发动机概念模型

表 10.1 系统性能评估用到的参考参数

| 参 数 | 取 值 |
|---|---|
| 空气流量 $\dot{m}_a$ /(kg/s) | 125 |
| 热容流率匹配时的燃料流量 $\dot{m}_f$ /(kg/s) | 9.42 |
| 热容流率匹配时的氦工质流量 $\dot{m}_e$ /(kg/s) | 26.14 |
| 进气道总压恢复系数 $\sigma_{\mathrm{IN}}$ | 0.08 |
| 预冷器出口氦工质最高温度 $(T_\chi)_{\max}$ /K | 950 |

### 10.1.1 热容流率匹配时的简单预冷压缩系统性能

对于图 10.1(b)所示系统方案,为实现对空气的充分预冷和压缩,借鉴文献[2]对闭式布雷敦循环的分析,以及文献[3]提出的工质与变温热源匹配的 P 准则可知,此时需保持预冷器及再生器中热容流率的匹配,即空气、氦工质与氢燃料的热容流率满足 $C_a:C_e:C_f = 1:1:1$,对应的流量比为 $\dot{m}_a:\dot{m}_e:\dot{m}_f = 1:0.21:0.075$,可知预冷燃料当量比为 $\phi_{\mathrm{PCS}} = 2.7$. 由后面的 11.2 节分析可知,预冷器和再生器是图 10.1(b)系统熵产的最大来源,因而本节仅考虑了这两者有效度对预冷压缩系统及发动机性能的影响。

图 10.2 给出了预冷器及再生器中热容流率完全匹配时,基于简单 CBC 方案的预冷压缩系统及发动机性能。总体上,图示结果表明,随着预冷器有效度的增加,PCS 系统最大压比 $(\pi_{\mathrm{PCS}})_{\max}$ 及发动机最大比冲 $(I_{sp})_{\max}$ (及比推力)均随之增大,而空气预冷温度 $T_3$ 整体上降低了。对于具有匹配热容流率的简单 CBC 方案预冷

压缩系统,虽然 $Ma=5.2$ 时预冷器入口空气总温高达 1 300 K,然而,由于对空气的预冷作用,压气机入口温度依然可被控制在 350 K 以下,并且,预冷压缩的最大压比可达 $(\pi_{PCS})_{max}=70\sim110$,这有利于实现同火箭发动机共用部件的吸气-火箭多模态组合发动机。然而,对于热容流率匹配的预冷器,其出口氦工质的温度 $T_\chi>$ 1 200 K,显然,这超过了当前所允许的最大材料温限 $(T_\chi)_{max}=950$ K。此外,热容流率匹配的要求使得预冷燃料当量比高达 $\phi_{PCS}=2.7$,这将造成大量的燃料浪费。再生器有效度变化对系统参数的影响与图 10.2 结果完全类似。

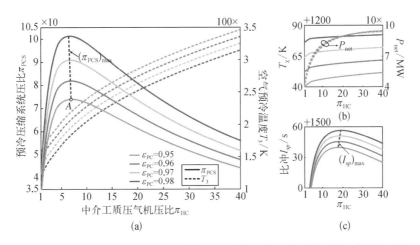

**图 10.2　不同预冷器有效度时基于简单 CBC 的间接预冷压缩系统及发动机性能**

（a）不同预冷器有效度下中介工质压气机压比-预冷压缩系统压比/空气预冷温度特性图;（b）不同预冷器有效度下中介工质压气机压比-出口氦工质温度/用于平衡压气机功耗的系统净功率特性图;（c）不同预冷器有效度下中介工质压气机压比-发动机比冲特性图

## 10.1.2　热容流率失配对简单预冷压缩系统性能的影响

基于简单 CBC 方案的 PCS 系统,当预冷器及再生器中热容流率完全匹配时,存在预冷燃料消耗量大且预冷器出口氦工质超温的不足,通常,这可以通过调整工质或燃料的热容流率（流量）加以避免,然而,这些措施将导致预冷器或再生器中热容流率的失配,进而对系统性能带来不利影响。

1. 降低预冷燃料消耗量导致的热容流率失配影响

为减少燃料浪费,本节评估了降低预冷燃料消耗量对系统性能的影响,此时空气和燃料的热容流率不再匹配,但是,通过调整氦工质流量可使预冷器或再生器中的热容流率依然保持匹配。

图 10.3 给出了保持再生器热容流率匹配时,预冷燃料消耗量的降低对系统性能的影响,可见当空气、氦工质与氢燃料的热容流率比由 $C_a:C_e:C_f=1:1:1$ 变

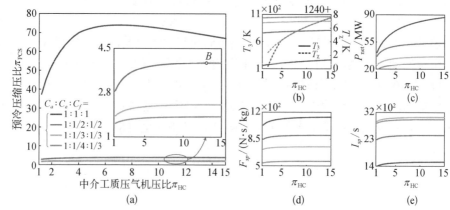

**图10.3　降低燃料流量对系统性能的影响(保持再生器热容流率匹配)**

(a)中介工质压气机压比-预冷压缩系统压比特性图;(b)中介工质压气机压比-空气预冷温度特性图;(c)中介工质压气机压比-用于平衡压气机功耗的系统净功率特性图;(d)中介工质压气机压比-发动机比推力特性图;(e)中介工质压气机压比-发动机比冲特性图

化至 $1:1/4:1/4$ 时,由图10.3(b)及(c)可知,此时预冷温度 $T_3$ 及用于平衡压气机功耗的系统净功率 $P_{net}$ 分别大幅度增加和减小,最终如图10.3(a)所示,这使得预冷压缩压比出现了大幅度降低。由图10.3(e)及(d)进一步可知,虽然预冷燃料消耗量的降低在一定范围内可以增加发动机比冲,但是,这是以大幅度损失发动机比推力为代价的,以 $C_a:C_e:C_f=1:1/4:1/4$ 为例,此时比推力仅为预冷器及再生器热容流率全部匹配时的约一半大小。

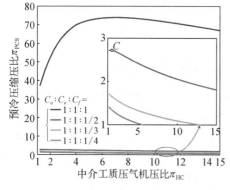

**图10.4　降低燃料流量对系统性能的影响(保持预冷器热容流率匹配)**

图10.4给出了当预冷器中保持热容流率匹配时,预冷燃料量的降低对PCS压比的影响,可见当热容流率由匹配状态的 $C_a:C_e:C_f=1:1:1$ 变化至 $1:1:1/4$ 时,系统压比降低了几乎一个数量级。其他系统参数随燃料流量减小的定性变化趋势与图10.3结果是类似的,因此未在此展示。需要指出的是,对于以上两种情况,预冷器出口氦工质的温度均在1 200 K左右,显然,这并不满足给定的约束。

2. 预冷器材料温度限制导致的热容流率失配影响

对于热容流率匹配的预冷器,理论上氦工质出口温度可无限接近入口空气总温。为避免预冷器超温,在不降低预冷器有效度的前提下,此时只有增加氦热容流率比以降低氦工质的温升,这使得预冷器热容流率不再匹配。然而,通过调整燃料流量,再生器中依然可维持匹配的热容流率。

图 10.5 给出了氦工质流量的增加对系统性能的影响,由于再生器中维持匹配的热容流率,这要求燃料流量与氦工质同比例增加。可见,当系统热容流率比由 $C_a : C_e : C_f = 1 : 1 : 1$ 变化至 $1 : 7/4 : 7/4$ 时,PCS 系统压比随之增大。由图 10.5(b)可知,对于给定的预冷压缩压比,随着氦工质热容流率 $K$ 的增加,预冷器出口氦工质温度 $T_\chi$ 将持续降低,这正是满足预冷器温度约束所期望的。然而,当参数 $K$ 的取值由 1 增加至 7/4 时,预冷燃料当量比则由 $\phi_{PCS} = 2.7$ 增加至 4.55,如图 10.5(d)所示,这将引起发动机比冲的大幅度降低,而如图 10.5(c)所示,此时发动机比推力并未随 PCS 压比的增大而增加,这是由于增加的额外燃料将带走更多来自空气的热量,进而降低了主燃烧室的总焓所致。

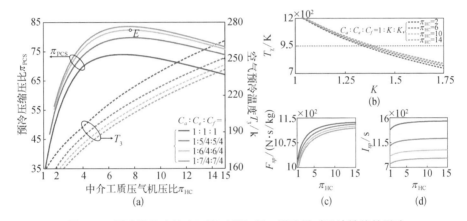

**图 10.5    再生器热容流率匹配时增加氦工质流量对系统性能的影响**

(a)中介工质压气机压比-预冷压缩系统压比特性图;(b)氦工质热容流率-预冷器出口氦工质温度特性图;(c)中介工质压气机压比-发动机比推力特性图;(d)中介工质压气机压比-发动机比冲特性图

考虑到同步增加预冷燃料量对发动机性能带来的不利影响,图 10.6 给出了仅增加氦工质热容流率时系统性能的变化,此时预冷器及再生器的热容流率都将失配。可见,随着氦工质流量的增加,预冷温度 $T_3$ 快速增加,这将引起 PCS 压比大幅度下降,而最终如图 10.6(d)所示,相应的发动机比冲(及比推力)也同步减小。对于给定的 CBC 压比,图 10.6(b)表明,此时存在最佳的氦热容流率使预冷器出口氦工质温度 $T_\chi$ 最小化。由于 $(T_\chi)_{min}$ 随 CBC 压比的增加而增大,这意味着存在一个临界的压比值 $(\pi_{HC})_{critical}$,当 $\pi_{HC} > (\pi_{HC})_{critical}$ 时,此后调整氦工质流量将不能使 $T_\chi$ 满足给定的约束值。因而,通过这一措施控制 $T_\chi$ 时,还需要同步对 CBC 压比做出相应的限制。

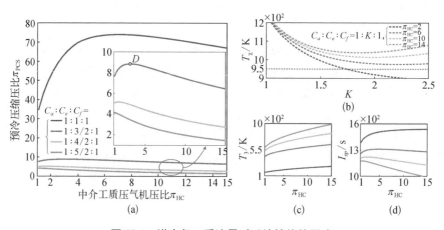

图 10.6 增大氦工质流量对系统性能的影响

（a）中介工质压气机压比-预冷压缩系统压比特性图；（b）氦工质热容流率-预冷器出口氦工质温度特性图；（c）中介工质压气机压比-预冷温度特性图；（d）中介工质压气机压比-发动机比冲特性图

### 10.1.3 基于简单 CBC 方案的预冷压缩系统存在的问题

以上结果表明,当预冷器及再生器中均维持匹配的热容流率时,基于简单 CBC 方案的 PCS 系统具有优异的预冷压缩性能,以图 10.2 点 A 为例,如表 10.2 所示,其对应的预冷温度和压比分别可达 $T_3 = 222.5$ K, $(\pi_{PCS})_{max} = 74$。结合图 10.7 所示的中介循环 $T$-$S$ 图与吸/放热过程的 $T$-$Q$ 图可知,热容流率匹配时工质与高、低温热源间的吸、放热曲线几乎平行,因而大幅度降低了吸/放热过程的温差。

然而,实际中存在诸如节省燃料、预冷器温度限制等现实需求,进而导致预冷器及再生器热容流率的失配。以图 10.3 及图 10.4 B 点、C 点为例,当预冷燃料消耗量减半时,PCS 系统压比降低了一个数量级,这一方面源于系统对应的理论压比 $(\pi_{PCS})_{rev}$ 的减小,另一方面,由图 10.7 中相应的 $T$-$S$ 及 $T$-$Q$ 图可知,预冷器或再生器热容流率的失配使得换热过程的温差大幅度增加,进一步增加了 PCS 系统的熵产,如 6.3 节所述,这两方面原因最终导致系统预冷压缩性能的急剧恶化。对于图 10.6 D 点,虽然预冷燃料量并未减小,但是氦工质流量的增加使得预冷器及再生器热容流率同时失配,这同样导致了系统性能的大幅降低,因此,为满足预冷器温度约束而又不降低预冷压缩性能,此时只能同比例增加氦工质和燃料流量,由图 10.5 中 E 点可知,这是以增加燃料浪费为代价的。

综上所述,基于简单 CBC 方案的预冷压缩系统,由于自身构型的限制,这导致系统难以满足燃料节省、预冷器温度约束及预冷压缩性能三方面的要求。

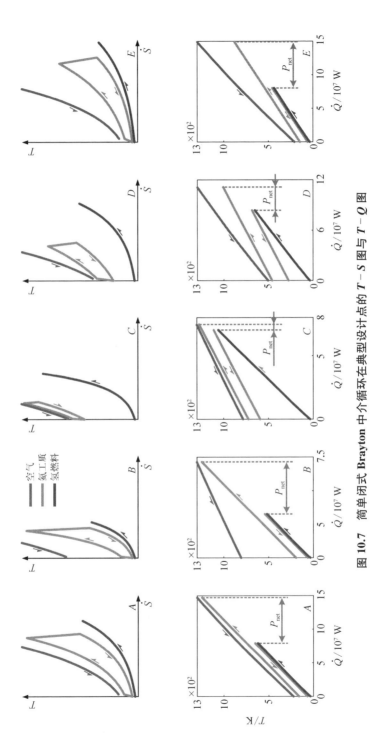

图 10.7　简单闭式 Brayton 中介循环在典型设计点的 $T-S$ 图与 $T-Q$ 图

表 10.2　典型设计点预冷压缩系统及发动机参数

| 参　数 | 典 型 设 计 点 | | | | | | |
|---|---|---|---|---|---|---|---|
| | $A$ | $B$ | $C$ | $D$ | $E$ | $F$ | $G$ |
| | $N_b = 1, N_s = 1$ | | | | | $N_b = 5,$ $N_s = 2$ | $N_b = 6,$ $N_s = 2$ |
| $C_a : C_e : C_f$ | 1 : 1 : 1 | 1 : 1/2 : 1/2 | 1 : 1 : 1/2 | 1 : 3/2 : 1 | 1 : 3/2 : 3/2 | 1 : 5/2 : 1/2 | 1 : 6/3 : 1/3 |
| $\phi_{PCS}$ | 2.7 | 1.35 | 1.35 | 2.7 | 3.9 | 1.35 | 0.9 |
| $(\pi_{PCS})_{max}$ | 74 | 3.9 | 2.7 | 8.8 | 82.4 | 4.9 | 3.0 |
| $\pi_{HC}$ | 7.3 | 13.2 | 1.6 | 3.2 | 7.5 | 2.2 | 1.9 |
| $T_3/K$ | 222.5 | 805.0 | 782.0 | 504.8 | 206.9 | 719.9 | 864.2 |
| $T_\chi/K$ | 1 245.5 | 1 247.1 | 1 273.6 | 1 007.7 | 878.7 | 950.8 | 1 080.0 |
| $P_{CBC}/MW$ | 68.1 | 38.9 | 4.3 | 27.7 | 68.7 | 38.2 | 27.3 |
| $P_{OFC}/MW$ | 8.3 | 14.4 | 31.8 | 33.0 | 5.7 | 19.2 | 16.0 |
| $P_{net}/MW$ | 76.4 | 53.3 | 36.1 | 60.7 | 74.4 | 57.4 | 43.3 |
| $(\eta_{th})_{CBC}/\%$ | 46.2 | 54.4 | 5.9 | 24.9 | 46.1 | 45.8 | 42.6 |
| $I_{sp}/s$ | 1 523.8 | 2 436.7 | 2 276.2 | 1 306.8 | 1 001.2 | 2 514.7 | 3 193.3 |
| $F_{sp}/[(N·s)/kg]$ | 1 124.9 | 899.5 | 840 | 964.7 | 1 108.7 | 927.9 | 785.7 |

注:$N_b$ 为预冷压缩系统分支数;$N_s$ 为预冷系统分段数。

## 10.2　多分支中介循环梯级再生-压缩系统的最优构型研究

10.1 节表明,为降低燃料消耗并满足预冷器温度约束,这需要在减小预冷燃料流量的同时增加氦工质流量,这将使预冷器及再生器热容流率失配,即

$$C_a : C_e : C_f = 1 : K_e : K_f \qquad (10.1)$$

式中,$K_e \neq K_f \neq 1$。对此,SABRE4 及 Scimitar 等发动机[4,5]引入了图 10.8 所示的多分支梯级再生-压缩系统(tandem regeneration-compression system,TRC)以避免简单 CBC 方案的不足。本节将给出图示系统的最优构型配置策略。

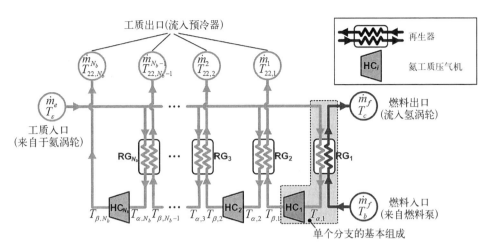

**图 10.8　多分支梯级再生-压缩系统的一般构型**

## 10.2.1　多分支 TRC 系统最优分支数目及工质流量分配策略

为便于理论分析,本节对图 10.8 所示 TRC 系统做出如下假设:① 假定工质及燃料为量热完全气体;② 假定各分支具有相同的压气机效率 $\eta_{HC,i}$ 及再生器有效度 $\varepsilon_{RG,i}$;③ 忽略工质及燃料流动过程中的压力损失。由假设可知各分支压气机具有相同的压比,记为 $\pi_{HC}$,并设式(10.2)规定的系统入口及部件性能参数已知:

$$\{(\dot{m}_e,\ T_\varepsilon,\ p_\varepsilon),\ (\dot{m}_f,\ T_b,\ p_b),\ \eta_{HC,i},\ \varepsilon_{RG,i},\ \pi_{HC},\ (N_b)_{max}\} \tag{10.2}$$

式中,$(N_b)_{max}$ 为所允许的最大分支数。对于图 10.8 所示 TRC 系统,分支数目的选择及工质流量在各分支的分配将影响压气机$\{HC_i\}$的总功耗 $\dot{W}_{HC}$,而降低 $\dot{W}_{HC}$ 意味着 PCS 系统可输出更多的净功至空气压气机,进而增加预冷压缩压比,因此图 10.8 系统的最优构型问题可以归结为:寻找最佳的系统分支数目$(N_b)_{opt}$及工质流量分配方案 $(\{\alpha_i\}_{i=1}^{N_b})_{opt}$,使 TRC 系统的总功耗 $\dot{W}_{HC}$ 最小化:

$$(N_b,\ \{\alpha_i\}_{i=1}^{N_b})_{opt} \xrightarrow{\text{最小化}} \dot{W}_{HC} = \dot{m}_e(\alpha_1 w_{HC,1} + \alpha_2 w_{HC,2} + \cdots + \alpha_{N_b} w_{HC,N_b}) \tag{10.3}$$

$$\sum_{i=1}^{N_b} \alpha_i = 1 \tag{10.4}$$

$$(N_b)_{opt} \leqslant (N_b)_{max} \tag{10.5}$$

式中,$w_{HC,i}$ 及 $\alpha_i$ 分别为第 $i$ 个分支压气机比功及工质流量分数。定义工质与燃料的总热容流率比 $K_{e2f}$ 为

$$K_{e2f} = \frac{C_e}{C_f} = \frac{K_e}{K_f} \qquad (10.6)$$

实际上,工质流量的分配等价于对总热容流率比 $K_{e2f}$ 的"分配"(即 $\{K_i\} = \{\alpha_i K_{e2f}\}_{i=1}^{N_b}$),为方便理论推导,后续分析中将使用这一表述。为了导出图 10.8 系统的最优构型配置策略,本节首先对 $(N_b)_{max} = 2$ 这一多分支 TRC 系统中最简单的构型进行了分析。

### 10.2.1.1 $(N_b)_{max} = 2$ 的 TRC 系统最优构型配置

对图 10.9 所示系统,记 $\alpha(0 < \alpha < 1)$ 为第一分支的氦工质流量分数,则工质分配策略可表示为 $\{\alpha K_{e2f}, (1-\alpha)K_{e2f}\}$。

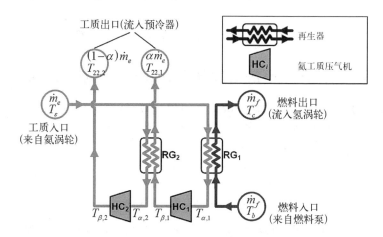

**图 10.9  $(N_b)_{max} = 2$ 的 TRC 系统构型及参数定义**

对于第一个分支:

$$\varepsilon_{RG,1} = \frac{\alpha C_e (T_\varepsilon - T_{\alpha,1})}{\min(\alpha C_e, C_f)(T_\varepsilon - T_b)} \qquad (10.7)$$

$$\dot{W}_{HC,1} = \alpha \dot{m}_e c_{pe} T_{\alpha,1} (\pi_{HC}^{n_e} - 1)/\eta_{HC} \qquad (10.8)$$

$$T_{\beta,1} = T_{\alpha,1}[1 + (\pi_{HC}^{n_e} - 1)/\eta_{HC}] \qquad (10.9)$$

式中,$n_e = (\gamma_e - 1)/\gamma_e$,对第二个分支:

$$\varepsilon_{RG,2} = \frac{(1-\alpha)\dot{m}_e c_{pe}(T_\varepsilon - T_{\alpha,2})}{\min[(1-\alpha)\dot{m}_e c_{pe}, \alpha \dot{m}_e c_{pe}](T_\varepsilon - T_{\beta,1})} \qquad (10.10)$$

$$\dot{W}_{HC,2} = (1-\alpha)\dot{m}_e c_{pe} T_{\alpha,2} (\pi_{HC}^{n_e} - 1)/\eta_{HC} \qquad (10.11)$$

由式(10.7)~式(10.10)可知,在式(10.2)的条件下,两个分支的压缩功耗 $\dot{W}_{HC,1}$ 及 $\dot{W}_{HC,2}$ 取决于 $\min(\alpha K_{e2f}, 1)$ 以及 $\min[\alpha K_{e2f}, (1-\alpha)K_{e2f}]$,即 $\{\alpha K_{e2f}, 1, (1-\alpha)K_{e2f}\}$ 的相对大小,对于不同的情况,这可依据 $\alpha$ 与 $K_{e2f}$ 的取值分类讨论得到系统总功耗 $\dot{W}_{HC}$ 的最小值。

1) 条件 A: $0 < K_{e2f} \leqslant 1$

在此条件下, $\{\alpha K_{e2f}, 1, (1-\alpha)K_{e2f}\}$ 的相对大小如图 10.10 所示,由于总是有 $\alpha K_{e2f} < 1$,且 $\alpha K_{e2f}$ 与 $(1-\alpha)K_{e2f}$ 的相对大小将在 $\alpha = 0.5$ 处改变,故 $0 < \alpha < 1$ 时,需对此分别讨论,其对应的结果如表 10.3 所示,其中,

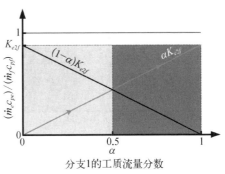

图 10.10　$0<K_{e2f}\leqslant1$ 时 $\{\alpha K_{e2f}, 1, (1-\alpha)K_{e2f}\}$ 的相对大小

$$C = \frac{K_{e2f}\dot{m}_f c_{pf} T_{\varepsilon}(\pi_{HC}^{n_e} - 1)}{\eta_{HC}} > 0 \tag{10.12}$$

在系统正常的工作范围内,以下温度关系总是成立:

$$T_b < T_{\beta,1} < T_{\varepsilon} \tag{10.13}$$

表 10.3　$0<K_{e2f}\leqslant1$ 时 TRC 系统各分支参数

| 分 类 | A-1 | A-2 |
|---|---|---|
| $\alpha$ | $[0, 0.5]$ | $(0.5, 1]$ |
| $\min(\alpha K_{e2f}, 1)$ | $\alpha K_{e2f}$ | $\alpha K_{e2f}$ |
| $\min[\alpha K_{e2f}, (1-\alpha)K_{e2f}]$ | $\alpha K_{e2f}$ | $(1-\alpha)K_{e2f}$ |
| $T_{\alpha,1}$ | $T_{\varepsilon}[1 - \varepsilon_{RG,1}(1 - T_b/T_{\varepsilon})]$ | $T_{\varepsilon}[1 - \varepsilon_{RG,1}(1 - T_b/T_{\varepsilon})]$ |
| $T_{\alpha,2}$ | $T_{\varepsilon}\left[1 - \dfrac{\alpha}{1-\alpha}\varepsilon_{RG,2}\left(1 - \dfrac{T_{\beta,1}}{T_{\varepsilon}}\right)\right]$ | $T_{\varepsilon}\left[1 - \varepsilon_{RG,2}\left(1 - \dfrac{T_{\beta,1}}{T_{\varepsilon}}\right)\right]$ |
| $\dfrac{\partial \dot{W}_{HC}}{\partial \alpha}$ | $-\left[\varepsilon_{RG,1}\left(1 - \dfrac{T_b}{T_{\varepsilon}}\right) + \varepsilon_{RG,2}\left(1 - \dfrac{T_{\beta,1}}{T_{\varepsilon}}\right)\right]C$ | $\left[\varepsilon_{RG,2}\left(1 - \dfrac{T_{\beta,1}}{T_{\varepsilon}}\right) - \varepsilon_{RG,1}\left(1 - \dfrac{T_b}{T_{\varepsilon}}\right)\right]C$ |
| $\dfrac{\partial^2 \dot{W}_{HC}}{\partial \alpha^2}$ | 0 | 0 |

因此,对于情况(A-1)和情况(A-2),系统总压缩功耗的一阶导数总是小于零:

$$\frac{\partial \dot{W}_{HC}}{\partial \alpha} < 0 \qquad (10.14)$$

这表明此时总压缩功耗 $\dot{W}_{HC}$ 总是随着流量分数 $\alpha$ 的增加而单调减小,因而,对于条件 A,系统的最佳工质流量分配方式为 $\{\alpha_i\}_{opt} = \{1, 0\}$,对应的热容流率比分配为 $\{K_i\}_{opt} = \{K_{e2f}, 0\}$。

2) 条件 B: $1 < K_{e2f} \leqslant 2$

对于条件 B,如图 10.11 所示,此时 $\{\alpha K_{e2f}, 1, (1-\alpha)K_{e2f}\}$ 的相对大小将分别在 $\alpha = 0.5$ 和 $\alpha = 1/K_{e2f}$ 处改变,因而在 $0 < \alpha < 1$ 时,有三种不同的情况需要分别讨论,对应结果如表 10.4 结果所示。

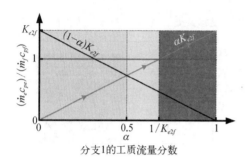

图 10.11　$1 < K_{e2f} \leqslant 2$ 时 $\{\alpha K_{e2f}, 1, (1-\alpha)K_{e2f}\}$ 的相对大小

表 10.4　$1 < K_{e2f} \leqslant 2$ 时 TRC 系统各分支参数

| 分　类 | B-1 | B-2 | B-3 |
|---|---|---|---|
| $\alpha$ | $[0, 0.5]$ | $(0.5, 1/K_{e2f}]$ | $(1/K_{e2f}, 1]$ |
| $\min(\alpha K_{e2f}, 1)$ | | | 1 |
| $\min[\alpha K_{e2f}, (1-\alpha)K_{e2f}]$ | $=(A-1)$ | $=(A-2)$ | $(1-\alpha)K_{e2f}$ |
| $T_{\alpha,1}$ | — | — | $T_\varepsilon\left[1 - \frac{1}{\alpha K_{e2f}}\varepsilon_{RG,1}\left(1 - \frac{T_b}{T_\varepsilon}\right)\right]$ |
| $T_{\alpha,2}$ | — | — | $T_\varepsilon\left[1 - \varepsilon_{RG,2}\left(1 - \frac{T_{\beta,1}}{T_\varepsilon}\right)\right]$ |
| $\dfrac{\partial \dot{W}_{HC}}{\partial \alpha}$ | — | — | $\eta_{RG,2}\left\{1 - \left[1 - \frac{\varepsilon_{RG,1}}{\alpha^2 K_{e2f}}\left(1 - \frac{T_b}{T_\varepsilon}\right)\right]\left(1 + \frac{\pi_{HC}^{n_e} - 1}{\eta_{HC}}\right)\right\}C$ |
| $\dfrac{\partial^2 \dot{W}_{HC}}{\partial \alpha^2}$ | — | — | $-2\frac{\varepsilon_{RG,1}\varepsilon_{RG,2}}{\alpha^3 K_{e2f}}\left(1 - \frac{T_b}{T_\varepsilon}\right)\left(1 + \frac{\pi_{HC}^{n_e} - 1}{\eta_{HC}}\right)C$ |

实际上,情况(B-1)、(B-2)的结果同情况(A-1)、(A-2)完全相同,因而可知在 $0 < \alpha \leqslant 1/K_{e2f}$ 范围内,系统总功耗将在 $\alpha = 1/K_{e2f}$ 处取得最小值。在 $1/K_{e2f} < \alpha \leqslant 1$ 范围内,可知系统总压缩功耗的二阶导数总是小于零:

$$\frac{\partial^2 \dot{W}_{HC}}{\partial \alpha^2} < 0 \qquad (10.15)$$

同时，可知总压缩功耗在 $\alpha = 1 / K_{e2f}$ 及 $\alpha = 1$ 处的值分别为

$$\dot{W}_{HC}\Big|_{\alpha=1/K_{e2f}} = \left\{\left[1 - \varepsilon_{RG,1}\left(1 - \frac{T_b}{T_\varepsilon}\right)\right] + (K_{e2f} - 1)\left[1 - \varepsilon_{RG,2}\left(1 - \frac{T_{\beta,1}}{T_\varepsilon}\right)\right]\right\}C \tag{10.16}$$

$$\dot{W}_{HC}\Big|_{\alpha=1} = \left[K_{e2f} - \varepsilon_{RG,1}\left(1 - \frac{T_b}{T_\varepsilon}\right)\right]C \tag{10.17}$$

可知:

$$\dot{W}_{HC}\Big|_{\alpha=1} - \dot{W}_{HC}\Big|_{\alpha=1/K_{e2f}} = (K_{e2f} - 1)\varepsilon_{RG,2}\left(1 - \frac{T_{\beta,1}}{T_\varepsilon}\right)C > 0 \tag{10.18}$$

式 (10.15) 与式 (10.18) 表明，在区间 $1 / K_{e2f} < \alpha \leqslant 1$ 内，系统总功耗 $\dot{W}_{HC}$ 是变量 $\alpha$ 的单调递增的凸函数，因此，总功耗的最小值在 $\alpha = 1 / K_{e2f}$ 时取得。

综上可知，对于条件 B，TRC 系统总功耗最小值总是在 $\alpha = 1 / K_{e2f}$ 处取得，因而最佳工质流量分配方式为 $\{\alpha_i\}_{opt} = \{1 / K_{e2f}, 1 - 1 / K_{e2f}\}$，对应的热容流率比分配为 $\{K_i\}_{opt} = \{1, K_{e2f} - 1\}$。

3) 条件 C: $K_{e2f} > 2$

对于条件 C，如图 10.12 所示，此时 $\{\alpha K_{e2f}, 1, (1 - \alpha)K_{e2f}\}$ 的相对大小将分别在 $\alpha = 1 / K_{e2f}$ 和 $\alpha = 0.5$ 处改变，因而在 $0 < \alpha < 1$ 范围内，共有三种不同的情况需要分别讨论，对应结果如表 10.5 所示。

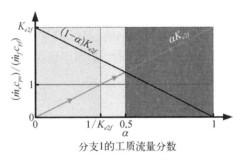

图 10.12　$K_{e2f}>2$ 时 $\{\alpha K_{e2f}, 1, (1-\alpha)K_{e2f}\}$ 的相对大小

表 10.5　$K_{e2f}>2$ 时 TRC 系统各分支参数

| 分　类 | C-1 | C-2 | C-3 |
|---|---|---|---|
| $\alpha$ | $[0, 1 / K_{e2f}]$ | $(1 / K_{e2f}, 0.5]$ | $(0.5, 1]$ |
| $\min(\alpha K_{e2f}, 1)$ | | 1 | |
| $\min[\alpha K_{e2f}, (1-\alpha)K_{e2f}]$ | | $\alpha K_{e2f}$ | |
| $T_{\alpha,1}$ | | $T_\varepsilon\left[1 - \dfrac{1}{\alpha K_{e2f}}\varepsilon_{RG,1}\left(1 - \dfrac{T_b}{T_\varepsilon}\right)\right]$ | |

续　表

| 分　类 | C－1 | C－2 | C－3 |
|---|---|---|---|
| $T_{\alpha,2}$ | $=(B-1)$ | $T_{\varepsilon}\left[1-\dfrac{\alpha}{1-\alpha}\varepsilon_{\mathrm{RG},2}\left(1-\dfrac{T_{\beta,1}}{T_{\varepsilon}}\right)\right]$ | $=(B-3)$ |
| $\dfrac{\partial \dot{W}_{\mathrm{HC}}}{\partial \alpha}$ | | $\varepsilon_{\mathrm{RG},2}\dfrac{\pi_{\mathrm{HC}}^{n_e}-1}{\eta_{\mathrm{HC}}}C$ | |
| $\dfrac{\partial^2 \dot{W}_{\mathrm{HC}}}{\partial \alpha^2}$ | | $0$ | |

类似地,分析可知情况(C－1)、(C－3)的结果分别与情况(B－1)、(B－3)完全相同,因而在 $0<\alpha\leqslant 1/K_{e2f}$ 范围内, $\dfrac{\partial \dot{W}_{\mathrm{HC}}}{\partial \alpha}<0$ ,而在 $1/K_{e2f}<\alpha\leqslant 0.5$ 范围内,由表 10.5 结果可知, $\dfrac{\partial \dot{W}_{\mathrm{HC}}}{\partial \alpha}>0$ ,这意味着在 $(0,0.5]$ 内,系统总功耗将在 $\alpha=1/K_{e2f}$ 处取得最小值。

$\alpha\in(0.5,1]$ 时,类似于情况(B－3),由于

$$\frac{\partial^2 \dot{W}_{\mathrm{HC}}}{\partial \alpha^2}<0 \qquad (10.19)$$

并且有

$$\dot{W}_{\mathrm{HC}}\big|_{\alpha=1}-\dot{W}_{\mathrm{HC}}\big|_{\alpha=1/K_{e2f}}=0.5K_{e2f}\varepsilon_{\mathrm{RG},2}\left(1-\frac{T_{\beta,1}}{T_{\varepsilon}}\right)C>0 \qquad (10.20)$$

即当 $0.5<\alpha\leqslant 1$ 时,系统总功耗 $\dot{W}_{\mathrm{HC}}$ 是变量 $\alpha$ 的单调递增的凸函数,因此,总功耗的最小值在 $\alpha=0.5$ 处取得。

结合 $\alpha\in(0,0.5]$ 的结果,可知对于条件 C,系统最小功耗在 $\alpha=1/K_{e2f}$ 处取得,因而最佳工质流量分配方式为 $\{\alpha_i\}_{\mathrm{opt}}=\{1/K_{e2f},1-1/K_{e2f}\}$ ,对应的热容流率比分配为 $\{K_i\}_{\mathrm{opt}}=\{1,K_{e2f}-1\}$ 。

### 10.2.1.2　$(N_b)_{\max}>2$ 的 TRC 系统最优构型配置

基于 10.2.1.1 小节的分析,对于 $(N_b)_{\max}=2$ 的 TRC 系统,其最优构型配置策略可总结如下:

(1) 当系统总热容流率比 $K_{e2f}$ 满足 $0<K_{e2f}\leqslant 1$ 时, $\{K_i\}_{\mathrm{opt}}=\{K_{e2f},0\}$ ;

(2) 当系统总热容流率比 $K_{e2f}$ 满足 $K_{e2f}>1$ 时, $\{K_i\}_{\mathrm{opt}}=\{1,1-K_{e2f}\}$ 。

即当 $K_{e2f} \in (0, 1]$，此时工质应当全部分配给第一个分支，因而实际上不需要第二个分支；当 $K_{e2f} > 1$，此时第一个分支应当具有匹配的热容流率，而剩余的工质则全部分配给第二个分支。显然，只有当 $(N_b)_{max} = K_{e2f} = 2$ 时，$\{K_i\}_{opt} = \{1, 1\}$，此时文献[6]采用的工质均分策略才是最优方案。

对于 $(N_b)_{max} > 2$ 的系统，也可采用 10.2.1.1 小节的方法给出系统的最优构型配置策略，然而，随着 $(N_b)_{max}$ 的增加，需要讨论的类别将更多，这大大增加了分析的复杂性。为此，本小节对 $(N_b)_{max} > 2$ 时的最优配置策略以推论的方式直接给出，其正确性将在后续通过数值优化的方式验证。

记 $K^+$ 为大于等于且最接近 $K_{e2f}$ 的正整数，则对于图 10.8 所示的多分支 TRC 系统，使系统压缩功耗 $\dot{W}_{HC}$ 最小化的最优构型配置策略总结如下：

（1）当 $0 < K_{e2f} \leqslant 1$ 时，此时单分支方案即为系统的最优构型，即 $(N_b)_{opt} = 1$；

（2）当 $K_{e2f} > 1$ 时，此时系统最优分支数目为 $(N_b)_{opt} = \min\{(N_b)_{max}, K^+\}$，对应的最优工质分配策略可表示为

$$\{K_i\}_{opt} = \{\underbrace{1, 1, \cdots, 1}_{(N_b)_{opt} - 1}, [K_{e2f} + 1 - (N_b)_{opt}]\} \tag{10.21}$$

同时，

$$\dot{W}_{HC}\big|_{(N_b)_{opt} = \min\{(N_b)_{max}, K^+\}} \geqslant \dot{W}_{HC}\big|_{(N_b)_{opt} = K^+} \tag{10.22}$$

以上策略可进一步解读为：当 $0 < K_{e2f} \leqslant 1$ 时，实际上并无必要采用多分支方案；当 $K_{e2f} > 1$ 时，$K^+$ 即为系统的理论最优分支数目，此时系统分支数的选取与工质分配原则即为：在理论最优分支数 $K^+$ 和系统允许的最大分支数 $(N_b)_{max}$ 所规定的范围内尽可能地增加更多的分支，且保持前 $(N_b)_{opt} - 1$ 个分支具有匹配的热容流率，而剩余的工质则全部分配至最后一个分支。同样的，只有满足 $(N_b)_{max} = K_{e2f} = K^+$ 时，由于此时 $(N_b)_{opt} = K_{e2f}$，且

$$\{K_i\}_{opt} = \{\underbrace{1, 1, \cdots, 1}_{(N_b)_{opt} - 1}, 1\} \tag{10.23}$$

相应的，此时文献[6]采用的工质均分策略才是最优方案，这表明了文献所给策略的不足。

## 10.2.2　多分支 TRC 系统最优构型配置策略的数值验证

本节采用优化算法对所发展的多分支 TRC 系统的最优构型配置策略进行了验证。不同于理论分析，数值优化中考虑了更为真实的情况，如不同分支压气机效率、换热器有效度的不同，换热器压降等的影响。为进一步检验理论分析结果针对实际情况时的鲁棒性，优化中系统输入参数随机产生，以保证每个工况点具有不同

的参数组合。参数的取样范围见表 10.6,对于每个给定的组合 $[(N_b)_{\max}, K_{e2f}]$,分别随机产生了 100 个工况点进行验证。优化问题采用 Price 等[7]发明的差分进化算法(differential-evolution algorithm)求解。

表 10.6　TRC 系统输入参数的取样区间

| 参　　数 | 取 样 区 间 |
|---|---|
| 氦工质入口温度 $T_e$ /K | $[300, 800]$ |
| 氢燃料入口温度 $T_b$ /K | $[20, 50]$ |
| 氦压气机压比 $\pi_{\mathrm{HC}}$ | $[1.1, 4.0]$ |
| 氦压气机效率 $\eta_{\mathrm{HC}, i}$ | $[0.86, 0.92]$ |
| 再生器有效度 $\varepsilon_{\mathrm{RG}, i}$ | $[0.85, 0.97]$ |
| 再生器氦工质侧总压恢复系数 $\sigma_{e, i}$ | $[0.8, 0.98]$ |
| 再生器燃料侧总压恢复系数 $\sigma_{f, i}$ | $[0.8, 0.98]$ |

图 10.13 与图 10.14 分别给出了 $(N_b)_{\max} = 2$ 与 $(N_b)_{\max} = 4$ 时,由理论预测及数值优化得到的工质最优分配方案。实际上,10.2.1.2 小节的理论结果表明,图 10.8 所示系统的最优构型仅仅取决于参数 $[(N_b)_{\max}, K_{e2f}]$,而与系统其他参数如氦压气机效率、压比及预冷器有效度等无关。显然,数值优化的结果同样证实了这一点,因为对于给定的 $[(N_b)_{\max}, K_{e2f}]$,虽然优化中不同工况点的输入参数并不相同,数值优化却给出了相同的工质分配方案。此外,对于 $0 < K_{e2f} \leqslant 1$ 情况,数值结果表明此时单分支是最佳选择,而对于 $K_{e2f} > 1$ 的情况,数值结果揭示了系统最佳的分支数目为 $(N_b)_{\max} = K^+$,并且虽然预设的系统最大分支数 $(N_b)_{\max}$ 可以大于 $K^+$,然而,数值结果表明此时分配给最后 $(N_b)_{\max} - K^+$ 个分支的工质流量总是为零,可见,这同理论预测的系统最优方案完全符合。显然,这些结果证明了 10.2.1 节给出的最优构型配置策略的正确性。

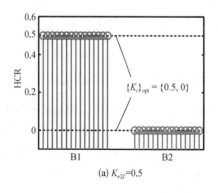

(a) $K_{e2f}$=0.5

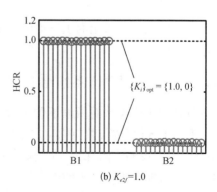

(b) $K_{e2f}$=1.0

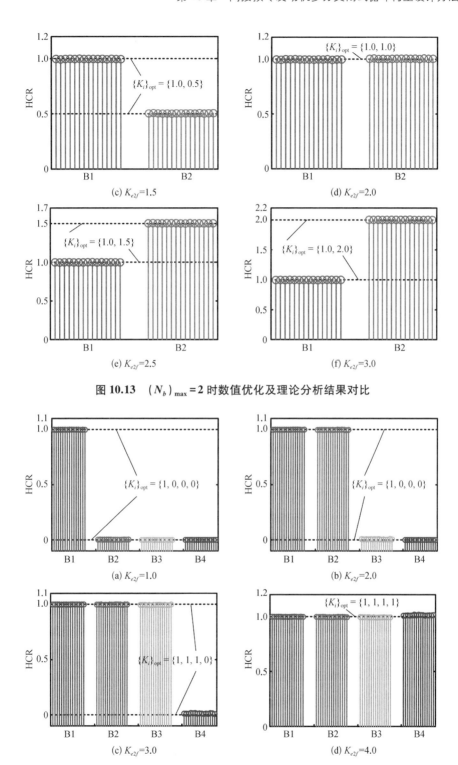

图 10.13　$(N_b)_{max}=2$ 时数值优化及理论分析结果对比

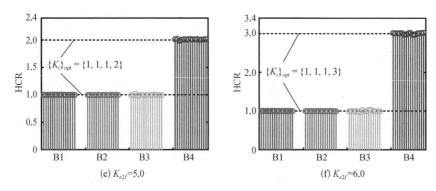

图 10.14 $(N_b)_{\max} = 4$ 时数值优化及理论分析结果对比

## 10.2.3 多分支 TRC 系统不同构型配置策略的性能比较

为进一步说明 10.2.1 节的分析实际上给出了多分支 TRC 系统构型配置的最优策略,本节对采用文献[6]设计策略及本书发展的最优策略的 TRC 系统性能进行了比较。计算所需的系统参数见表 10.7。

表 10.7 TRC 系统对比采用的参考参数

| 参　　数 | 取　值 |
| --- | --- |
| 氦工质入口温度 $T_\varepsilon$ /K | 800 |
| 氢燃料入口温度 $T_b$ /K | 35 |
| 氦压气机效率 $\eta_{\mathrm{HC},i}$ | 0.89 |
| 再生器有效度 $\varepsilon_{\mathrm{RG},i}$ | 0.93 |
| 再生器工质侧总压恢复系数 $\sigma_{e,i}$ | 0.95 |
| 再生器燃料侧总压恢复系数 $\sigma_{f,i}$ | 0.95 |

图 10.15 给出了 $(N_b)_{\max} = 3$ 时,基于文献[6]的工质均分策略的系统总功耗 $(\dot{W}_{\mathrm{HC}})_{\mathrm{uniform}}$ 与采用本章策略时系统总功耗 $(\dot{W}_{\mathrm{HC}})_{\mathrm{opt}}$ 的比值。可见,在 $K_{e2f} \neq (N_b)_{\max}$ 的区间内,采用工质均分策略的系统压缩功耗总是大于采用本章所给策略时的压缩功耗,且两者间的差距将随 TRC 系统压比 $\pi_{\mathrm{HC}}$ 的增大或 $K_{e2f}$ 偏离 $(N_b)_{\max}$ 程度的增加而增大。以 $K_{e2f} = 2$、$\pi_{\mathrm{HC}} = 1.5$ 为例,此时 $(\dot{W}_{\mathrm{HC}})_{\mathrm{uniform}}/(\dot{W}_{\mathrm{HC}})_{\mathrm{opt}} = 1.25$,而对于 $K_{e2f} = 4$、$\pi_{\mathrm{HC}} = 4.5$,$(\dot{W}_{\mathrm{HC}})_{\mathrm{uniform}}/(\dot{W}_{\mathrm{HC}})_{\mathrm{opt}} = 1.63$,显然,只有当 $K_{e2f} = (N_b)_{\max} = 3$ 时,两种策略的功耗相等。

图 10.16 为总热容流率比 $K_{e2f}$ 固定时两种策略的对比,为充分揭示分支数目对总功耗的影响,计算中取 $K_{e2f} = 8$,此时基于本章策略的系统理论最优分支数为

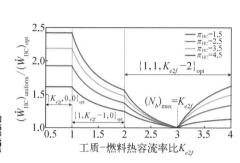

图 10.15　$(N_b)_{\max}=3$ 时同文献[6]的性能对比

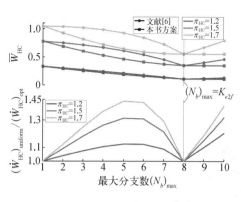

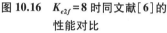

图 10.16　$K_{e2f}=8$ 时同文献[6]的性能对比

$(N_b)_{\mathrm{opt}}=K^+=8$。图中,参数 $\overline{W}_{\mathrm{HC}}$ 为不同压比的归一化总功耗,可见,在 $(N_b)_{\max}\leqslant K^+$ 的区间内,增加分支数目可使两种策略设计的系统总功耗都减小,这同文献[6]的结论是一致的。然而,在区间 $(N_b)_{\max}>K^+$ 内,继续增加分支数目将导致采用工质均分策略的系统功耗增加,这是文献[6]未曾揭示的,而对于采用本章配置策略的系统,由于 $(N_b)_{\mathrm{opt}}=K^+$,此时并不需要继续增加分支数目。这表明,对于两种工质分配策略,系统的最大分支数都没必要超过 $K^+$。即便如此,图 10.16 表明采用本章所给策略的系统总功耗总是不大于文献[6]设计策略系统的总功耗。可见,这些结果进一步验证了 10.2.1 节所发展的最优构型配置策略的正确性。

## 10.3　多分支中介循环串级预冷系统最优冷却方案研究

### 10.3.1　采用多分段串级预冷系统的必要性分析

由间接预冷发动机的工作原理可知,经过 TRC 系统的冷却和压缩,此后工质作为冷却剂流入预冷器对空气冷却并使自身温度升高。由图 10.8 可知,当中介循环采用多分支 TRC 方案时(记 $N_b$ 为系统的分支数),此时离开 TRC 系统的 $N_b$ 股工质的温度一般并不相等,因而对其不同方式的利用将影响到空气的预冷效果。

设预冷器入口空气参数及 TRC 系统排出工质的参数已知:

$$\{(\dot{m}_a,\ T_{a0},\ p_{a0}),\ (\dot{m}_i,\ T_{22,\,i},\ p_{22,\,i})_{i=1}^{N_b}\} \tag{10.24}$$

记冷却工质总流量为 $\dot{m}_e$，则

$$\dot{m}_e = \sum_{i=1}^{N_b} \dot{m}_i \qquad (10.25)$$

如图 10.17 所示，如果采用最简单的单分段预冷方案，当 TRC 系统不同分支的出口温度 $\{T_{22i}\}_{i=2}^{N_b+1}$ 相差较大时，工质的混合过程将造成极大的熵产及冷却性能的损失，进而降低了对空气的预冷效果。因此，为实现对 TRC 系统 $N_b$ 股工质冷却能力的最大利用，预冷器也应当采用具有 $N_b$ 个分段的方案，如图 10.18 所示。当第 $i$ 股冷却工质导入与相应预冷器分段出口温度较为接近的下一分段时，此时两股冷却工质虽然需要混合，但由于预冷器对应分段排出的工质热沉已经得到了利用，且两股工质之间较为接近的温度降低了混合带来的熵产，因而，多分段预冷方案具有大幅降低多股不同温度工质冷却能力损失的潜能，最终，图 10.18 方案构成了一个对空气进行串级冷却的预冷系统（cascade cooled precooler，CCP）。

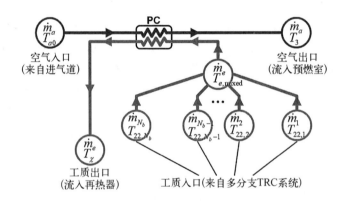

**图 10.17　采用单分段预冷器的空气预冷系统构型**

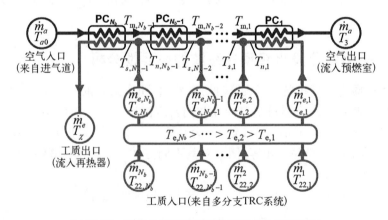

**图 10.18　采用多分段预冷器的空气预冷系统构型**

## 10.3.2　多分段串级预冷系统的最优冷却方案

对于图 10.18 所示的串级预冷系统,必然存在最优的冷却方案,使得给定系统输入参数下的空气预冷温度 $T_3$ 最小化。设 $\{\varepsilon_{PC,i}\}_{i=1}^{N_b}$ 为预冷器各分段的有效度。对于实际的 TRC 系统,工质与燃料热容流率比 $K_{e2f}$ 取整数值可以简化系统的设计,由 10.2.1 节分析可知,此时系统的理论最优分支数 $N_b = K^+ = K_{e2f}$,由对应的最优工质分配策略可知:

$$\dot{m}_1 = \dot{m}_2 = \cdots = \dot{m}_{N_b-1} = \dot{m}_{N_b} = \frac{\dot{m}_f c_{pf}}{c_{pe}} \qquad (10.26)$$

显然,多分段预冷器各段的空气侧进出口温度满足

$$T_{a0} > T_{m,N_b-1} > \cdots > T_{m,1} > T_3 \qquad (10.27)$$

在式(10.26)的前提下,为了使出口空气温度 $T_3$ 最小化,这要求将冷却工质中具有最低温度的分支对接至换热器 $PC_1$,记 $T_{n,1}$ 为对应分段冷却工质出口温度。类似地,对于换热器 $PC_2$,为最小化其出口空气温度,此时应该将剩余分支中温度最低者与 $PC_2$ 对接,以此类推,这可以导出如下的 $N_b$ 股冷却工质与 $N_b$ 个分段预冷器的最优对接方案:

记 $\{T_{e,N_b}, T_{e,N_b-1}, \cdots, T_2, T_1\}$ 为 TRC 系统 $N_b$ 个分支的氦工质出口温度 $\{T_{22,i}\}_{i=1}^{N_b}$ 的降序排列,即

$$T_{e,1} < T_{e,2} < \cdots < T_{e,N_b-1} < T_{e,N_b} \qquad (10.28)$$

$\{\dot{m}_{e,N_b}, \dot{m}_{e,N_b-1}, \cdots, \dot{m}_2, \dot{m}_1\}$ 为与之对应的氦工质流量,此时,按照图 10.18 所示的冷却工质与预冷器的对接方案可使预冷系统出口空气温度最小化。

以 $N_b = 4$ 的预冷系统为例,本节对上述冷却方案进行了验证。预冷器各段换热器采用 5.1.2 节所发展的模型。为检验设计方案的鲁棒性,类似于 10.2.2 节的方法,计算中冷却工质的温度 $T_{22,i}$、各分段换热器有效度 $\varepsilon_{PC,i}$、压力恢复系数均随机产生,各分段工质流量在总流量 $\dot{m}_e$ 为定值条件下随机分配,空气与氦工质热容流率比保持为 $C_a : C_e = 1/3$。相关参数的取样数值或区间见表 10.8。

**表 10.8　串级预冷系统(CCP)输入参数的取样数值或区间**

| 参　　数 | 取样数值或区间 |
| --- | --- |
| 入口空气温度 $T_{a0}$ /K | 1 300.0 |
| 空气流量 $\dot{m}_a$ /(kg/s) | 1.0 |
| 氦工质总流量 $\dot{m}_e$ /(kg/s) | 0.61 |

续　表

| 参　　数 | 取样数值或区间 |
|---|---|
| 入口氦工质温度 $T_{22,i}$ /K | $[200, 950]$ |
| 预冷器各分段有效度 $\varepsilon_{PC,i}$ | $[0.85, 0.97]$ |
| 预冷器各分段空气侧总压恢复系数 $\sigma_{a,i}$ | $[0.8, 0.98]$ |
| 预冷器各分段工质侧总压恢复系数 $\sigma_{ea,i}$ | $[0.8, 0.98]$ |

对于 4 分段预冷系统,理论上冷却工质同预冷器不同分段的对接方案有 $N_{perm} =$ 4! 种可能的方式,此处约定依照图 10.18 方式的冷却方案编号为 1,进而,上述最优冷却方案的正确性可通过比较方案 1 的预冷温度 $T_3$ 是否在所有可能方案中最小来判断。为此,图 10.19 给出了按照上述随机组合输入参数的方式进行 100 次验证计算时得到的使 CCP 系统预冷温度最小的冷却方案编号。可见,在表 10.8 所限定的参数范围内,按照图 10.18 所示冷却方案(即方案 1)的系统总是拥有最小的预冷温度。图 10.20 进一步给出了从这 100 次验证计算中随机抽取的算例对应的空气及工质出口温度,其结果按照预冷温度 $T_3$ 升序排列,可见,相对于其他方案,方案 1 不仅实现了对空气的充分冷却,同时也实现了对工质的充分加热。

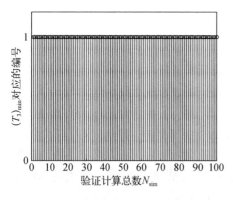

图 10.19　对应于 $(T_3)_{min}$ 的方案编号

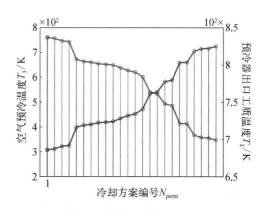

图 10.20　预冷器出口空气及工质温度

图 10.19 及图 10.20 的结果同上述最优冷却方案的预期效果完全符合,这证实了本节给出的多分段串级预冷系统最优冷却方案的正确性。

### 10.3.3　不同 TRC+CCP 系统方案空气冷却性能比较

多分段串级预冷系统(CCP)是为了高效利用多分支 TRC 系统排出工质的冷却能力而提出的,因而对空气最终的冷却效果同时取决于 TRC 及 CCP 系统的配置,为此,本节对不同配置方案的空气冷却性能进行了比较,以进一步说明采用 10.2.1 节、10.3.2 节给出的最优构型方案的性能优势。计算中 TRC 系统输入参数取自表 10.7,其他参数的值取自表 10.9。记 TRC＝O 或 U 分别表示采用最优或工质均分策略的 TRC 系统,CCP＝M 或 S 表示采用 10.3.2 节的最优冷却方案或单段预冷系统,显然,不同的配置组合可形成 4 种冷却方案。

表 10.9　系统冷却性能对比采用的参考参数

| 参　　数 | 取　值 |
| --- | --- |
| 入口空气温度 $T_{a0}$ /K | 1 300.0 |
| 空气流量 $\dot{m}_a$ /(kg/s) | 1.0 |
| 空气-氦工质热容流率比 $C_a : C_e$ | 1/3 |
| 预冷器各分段效度 $\varepsilon_{PC,i}$ | 0.93 |
| 预冷器各分段空气侧总压恢复系数 $\sigma_{a,i}$ | 0.98 |
| 预冷器各分段氦工质侧总压恢复系数 $\sigma_{ea,i}$ | 0.98 |
| 氦压气机压比 $\pi_{HC,i}$ | 2.0 |

图 10.21 给出了 TRC/CCP 系统采用 U－S 及 O－S 组合时的结果以揭示 TRC 系统配置对预冷燃料消耗量的影响。可见,相对于单分支 TRC 系统[即 $(N_b)_{max} = 1$],采用 TRC＝O 或 U 的多分支方案均可显著降低同等空气预冷温度下的冷却燃料消耗量,并且,TRC＝O 方案的燃料消耗量比 TRC＝U 的更小,这进一步说明了本章给出的 TRC 系统最优构型配置策略的优势。由 10.2.3 节可知,同等系统输入时,采用 TRC＝O 的系统压缩功最小,与 TRC＝U 的方案相比,这相当于总体上降低了氦工质的能量注入,因而如图 10.22 所示,在同等燃料消耗下,TRC＝O 的方案具有最小的氦工质混合温度,这解释了图 10.21 的结果。

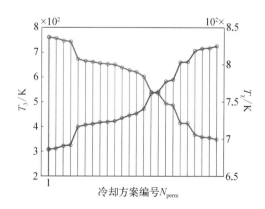

图 10.21　同等空气冷却温度下的燃料消耗

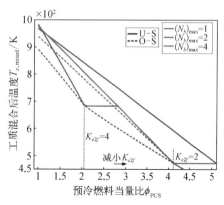

图 10.22　TRC 系统氦工质混合后的温度

实际上,采用 TRC=O 的方案优势还体现在系统的运行方面。由图 10.21 可知,采用 TRC=U 的系统具有最小预冷温度的限制,以 $(N_b)_{max}$ = 2 及 4 为例,其值分别为 $(T_3)_{min}$ = 517 K 和 716 K,这是由于对于具有 $N_b$ 个分支的 TRC 系统,由式 (10.6) 可知,增加燃料流量(或当量比)相当于降低了 TRC 系统的热容流率比值 $K_{e2f}$,而直到 $K_{e2f} \leqslant N_b$ 时,由系统第一个分支的换热关系式(10.29)可知,此时氦工质同氢燃料间的换热量达到最大值,因而此后继续增加燃料量(即减小 $K_{e2f}$)并不能降低工质的混合温度及空气预冷温度:

$$(Q_{TRC})_{max}^{TRC=U} = \underbrace{\min(1, N_b/K_{e2f})\left[\frac{C_e}{N_b}(T_\varepsilon - T_b)\right] \cdot \varepsilon_{RG,1}}_{\text{恒定不变}} \tag{10.29}$$

相反,对于采用 TRC=O 的方案,由于最优配置策略要求第一个分支始终保持匹配的热容流率:

$$(Q_{TRC})^{TRC=O} = C_e \cdot (T_\varepsilon - T_b)\varepsilon_{RG,1} \tag{10.30}$$

因而,空气的预冷温度总是可以通过增减预冷燃料量来加以调节。

图 10.23 给出了采用多分段预冷器对燃料消耗量的影响。对比 U-S 与 U-M,或 O-S 与 O-M 的结果可知,采用多分段冷却方案可以大幅度增加同等燃料消耗量下的空气冷却效果,或者大幅度降低同等预冷温度下的冷却燃料消耗量。以 $(N_b)_{max}$ = 2 ~ 4 的 U-S 方案为例,当采用 U-M 方案代替时,其对应的最小预冷温度分别由 $(T_3)_{min}$ = {520 K, 640 K, 720 K} 减小至 {200 K, 310 K, 500 K},而如果保持预冷温度不变时,对应的燃料消耗则可分别降低 {35%, 20%, 23%}。类似地,对于具有同样分支数的系统,采用 O-M 方案的系统在同等预冷温度时的燃料消耗总是小于 U-M 方案。图 10.24 给出了系统配置方案对预冷器出口氦工质温度 $T_\chi$ 的影响,可见,多分段预冷系统同等空气预冷温度下的氦出口温度总是高于

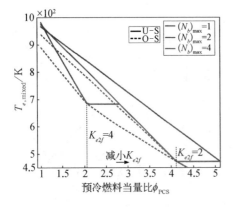

图 10.23　同等空气冷却温度下的燃料消耗

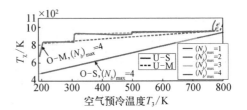

图 10.24　预冷器出口氦工质温度

采用单分段的系统,这有利于提高 PCS 系统性能。

　　总之,在同等燃料消耗量下,基于本章构型配置策略的多分支 TRC 系统及多分段冷却方案的 CCP 系统组合表现出了更好的空气冷却性能。应当指出,以上分析是在空气与氦工质热容流率失配的条件给出的(取 $C_a : C_e = 1/3$ 以防止氦工质出口温度超温),这揭示了在空气、工质及燃料总热容流率失配条件下,多分支系统具有改善工质同热源与冷源(即空气和燃料)匹配的能力,从而实现了对有限冷源的高效利用。

## 10.4　基于复杂多分支中介循环的预冷压缩系统/发动机性能

　　为揭示空气、氦工质与氢燃料总体热容流率失配条件下采用复杂多分支中介循环预冷压缩系统的优势,依据 10.2 节与 10.3 节给出的 TRC 及 CCP 系统最优构型配置策略,本节将从预冷压缩系统及发动机性能角度对多分支方案开展评估。图 10.25 为采用图 10.8、图 10.18 所示 TRC 及 CCP 系统而组成的多分支预冷发动机概念模型。为了对比 10.1 节的结果,计算中所需的来流及燃料初始条件、部件性能等参数取自表 10.1,并假设预冷器/再生器各分支/段间具有相同的换热器有效度、压力恢复系数或氦压气机效率。计算中仅考虑了氦工质同氢燃料热容流率比 $K_{e2f}$ 为整数的情况,系统分支数目取对应的理论最优值,即

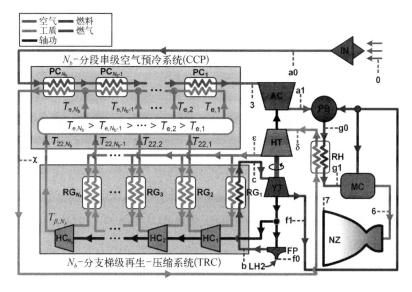

图 10.25　基于多分支 TRC 及 CCP 系统的预冷发动机概念模型*

$$N_b = (N_b)_{opt} = K^+ = K_{e2f} \tag{10.31}$$

当系统分支数按式(10.31)给定时,由式(10.23)可知再生器$\{RG_i, i = 1, 2, \cdots, N_b\}$中的热容流率均匹配,考虑到此时再生器$RG_2 \sim RG_{N_b-1}$出口工质温度$T_{22,1} \sim T_{22,N_b-1}$实际上非常接近,因此混合过程造成的冷却能力损失较小,因而实际计算中CCP系统采用两分段方案,记$T_{21,m}$为再生器$RG_2 \sim RG_{N_b-1}$出口工质混合后的温度:

$$T_{21,m} = \frac{T_{21,1} + T_{21,1} + \cdots + T_{21,N_b-1}}{N_b - 1} \tag{10.32}$$

如此一来,最优冷却方案可按照$T_{22,N_b}$与$T_{21,m}$的相对大小采用10.3.2节方法进行配置。

## 10.4.1　具有不同分支数目的最优预冷压缩系统及发动机性能

本节评估了分支数目对具有最优构型的复杂中介循环预冷压缩系统及发动机性能的影响。记$C_a : C_f = K_{a2f}$为空气相对于燃料的热容流率比,则由油气比$f$的定义及式(6.24)可知:

$$\phi_{PCS} = \frac{c_{pa}}{c_{pf}^{st}} \frac{1}{K_{a2f}} \tag{10.33}$$

因此,给定比值$K_{a2f}$相当于限定了预冷燃料当量比。为分析方便,本节仅考虑了$K_{a2f}$为整数的情况。

记$C_e : C_f = K_{e2f}$为工质相对于燃料的热容流率比,则按式(10.31),此时系统的空气、氦工质和氢燃料热容流率比具有以下形式:

$$C_a : C_e : C_f = 1 : K_{e2f}/K_{a2f} : 1/K_{a2f} = 1 : N_b/K_{a2f} : 1/K_{a2f} \tag{10.34}$$

评估中分别计算了$K_{a2f} = 1 \sim 3$时,系统分支数$N_b = (N_b)_{opt} = K_{e2f} = 1 \sim 6$时的性能,结果见图10.26~图10.29。

总结图10.26~图10.28的结果可知,采用最优构型配置策略设计的多分支预冷压缩系统,当$K_{a2f} \in \mathbb{N}$时,系统的最佳预冷压缩性能(即最大压比及最小预冷温度)总是在分支数目$N_b = K_{a2f}$处取得,此时,其热容流率比具有以下形式:

$$C_a : C_e : C_f |_{opt} = 1 : 1 : 1/K_{a2f} \tag{10.35}$$

结合式(10.31)可知,这要求系统的配置参数满足

$$N_b = (N_b)_{opt} = K^+ = K_{e2f} = K_{a2f} \tag{10.36}$$

式(10.35)意味着,为了得到最大的预冷压缩能力,多分支系统应当保持空气与氦工质热容流率总体上的匹配;同时应当指出,式(10.31)规定的理论最优系统分支

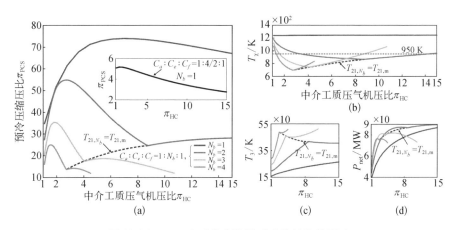

**图 10.26　$K_{a2f}=1$ 时分支数目对系统性能的影响**

（a）中介工质压气机压比-预冷压缩系统压比特性图；（b）中介工质压气机压比-预冷器出口氦工质温度特性图；（c）中介工质压气机压比-预冷温度特性图；（d）中介工质压气机压比-系统净功率特性图

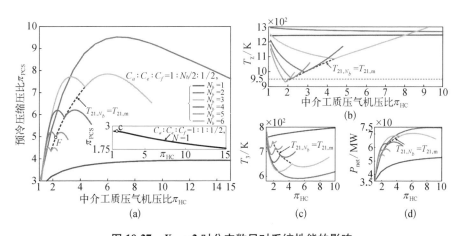

**图 10.27　$K_{a2f}=2$ 时分支数目对系统性能的影响**

（a）中介工质压气机压比-预冷压缩系统压比特性图；（b）中介工质压气机压比-预冷器出口氦工质温度特性图；（c）中介工质压气机压比-预冷温度特性图；（d）中介工质压气机压比-系统净功率特性图

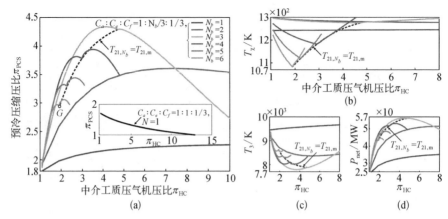

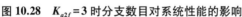

**图 10.28　$K_{a2f}=3$ 时分支数目对系统性能的影响**

（a）中介工质压气机压比-预冷压缩系统压比特性图；（b）中介工质压气机压比-预冷器出口氢工质温度特性图；（c）中介工质压气机压比-预冷温度特性图；（d）中介工质压气机压比-系统净功率特性图

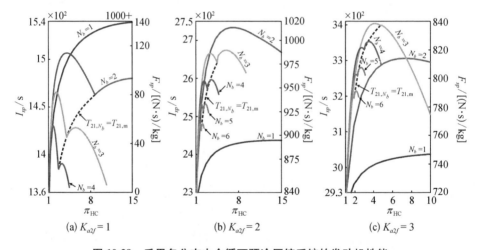

**图 10.29　采用多分支中介循环预冷压缩系统的发动机性能**

数目（$N_b$）$_{\text{opt}}$ 是以给定工质同燃料热容流率比 $K_{e2f}$ 为前提的，而式（10.36）则给出了当限定预冷压缩系统允许的冷却燃料当量比 $\phi_{\text{PCS}}$（即空气-燃料热容流率比 $K_{a2f}$）时，为得到最大的预冷压缩性能，系统的工质-燃料热容流率比 $K_{e2f}$（或分支数目 $N_b$）应当进一步满足的额外条件。

基于上述分析，显然当 $K_{a2f}=1$ 时，由于此时 $C_a:C_e:C_f\mid_{\text{opt}}=1:1:1$，并且（$N_b$）$_{\text{opt}}=K_{a2f}=1$，这意味着此时空气、工质与燃料总热容流率匹配的单分支方案即为预冷压缩系统的最优构型配置，这同 10.1 节分析一致。同样如 10.1 节揭示的，此时系统预冷当量比高达 $\phi_{PCS} = 2.7$，而由式（10.33）可知，为降低燃料消耗，应当增加 $K_{a2f}$ 的值。以 $K_{a2f} = \{2, 3\}$ 为例，其预冷燃料当量比可降至 $\phi_{PCS} = \{1.35, 0.9\}$，然而，图 10.27 与图 10.28 的结果表明，增大 $K_{a2f}$ 的同时整体上降低了系统的预冷压缩性能。但是，相对于依然采用单分支方案（即简单 CBC 中介循环方案）的系统，虽然 $K_{a2f}$ 的增加使系统的总热容流率不能完全匹配，但是采用最优构型配置方案的多分支系统此时依然具有远大于单分支方案的预冷压缩性能。以 $C_a : C_e : C_f = 1 : 1 : 1/2$ 及 $1 : 1 : 1/3$ 为例，多分支方案对应的最大压比分别为 $(\pi_{PCS})_{max} = \{9.6, 4.4\}$，而单分支方案对应的最大压比仅为 $(\pi_{PCS})_{max} = \{2.7, 1.8\}$，可见，这从预冷压缩系统层面上揭示了多分支方案的性能优势。

应当指出，按式（10.35）与式（10.36）配置的系统虽然具有最佳的预冷压缩性能，但是，由于此时工质与空气总热容流率匹配，如图 10.26~图 10.28 所示，这导致预冷器出口工质温度 $T_\chi$ 不满足给定的约束，为此必须减小空气-工质的热容流率比以控制工质的温升：

$$C_a : C_e = 1 : (K_{e2f}/K_{a2f}) = 1 : (N_b/K_{a2f}) \tag{10.37}$$

对于给定的空气-燃料热容流率比 $K_{a2f}$，由式（10.37）可知此时需要进一步增加系统分支数。由图 10.26~图 10.28 结果可知，这一措施虽然降低了系统的预冷压缩性能，但达到了降低工质出口温度 $T_\chi$ 的目的，并且，出口温度的最小值 $(T_\chi)_{min}$ 总是在 $T_{21, N_b} = T_{21, m}$ 处取得。以 $K_{a2f} = 1$ 为例，可见当 $N_b = 2$ 时，在相当大的氦压气机压比范围内，工质出口温度均满足 $T_\chi < (T_\chi)_{max} = 950$ K，而对于更大的 $K_{a2f}$ 值，对应需要增加更多的分支才能满足温度约束。

图 10.29 给出了 $K_{a2f} = 1 \sim 3$ 时对应的发动机性能参数，由于给定 $K_{a2f}$ 相当于限定了冷却燃料当量比 $\phi_{PCS}$，由式（5.30）可知此时比冲与比推力具有完全相同的变化趋势，同时，由 6.2.2 节分析可知，此时发动机性能仅由预冷压缩系统压比决定，因而，类似于对压比的影响，发动机最大性能也在分支数为 $N_b = K_{a2f}$ 时取得，这意味着式（10.35）及式（10.36）给出的构型配置同时也是发动机性能层面上的最优选择。然而，如上所述，考虑到预冷器温度约束，实际系统的分支数目往往大于 $K_{a2f}$ 用以控制预冷器出口氦工质的温度，这同样将导致发动机性能的降低。

## 10.4.2　基于燃料再冷方案的多分支预冷压缩系统及发动机性能

对于图 10.25 所示的多分支方案，燃料在涡轮（即部件 YT）中做功后由于温度的降低而"恢复"了部分冷却能力，因而对其重新利用有可能进一步提升系统的性能。如图 10.8 所示，TRC 系统中各分支氦压气机出口温度 $T_{\beta, i}$（$i = 1, 2, \cdots, N_b - 1$）随着逐级压缩而不断增大，进而导致下一相邻分支氦压气机入口温度 $T_{\alpha, i+1}$ 也逐级上升，因此氦压气机的功耗也逐级增加，这使得分支数目较多的系统，往往最后几个分支消耗了大部分的压缩功。因此，如果燃料涡轮出口温度比某个分支再生器入口工质温度 $T_{\beta,i}$ 小，此时采用燃料再冷却的方案有可能降低后续分支的功耗，而如图 10.30 所示，这一改进措施相当于将原来的单个 TRC 系统分解为两个子系统。

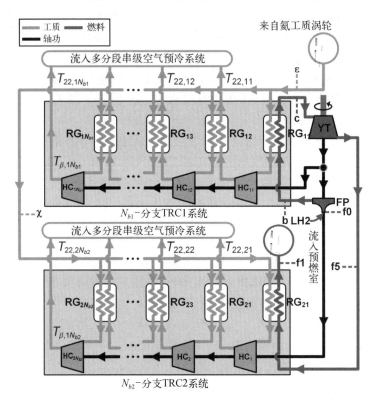

**图 10.30　基于燃料再冷方案的氦工质梯级再生-压缩系统**

对于图 10.30 所示的具有 $N_b$ 个总分支数的系统，显然需要确定两个 TRC 系统分支数目的划分方案以便最大限度地利用燃料恢复的冷却能力，为此，本节以 $K_{a2f}=2$ 为例，评估了不同划分方案预冷压缩系统的性能。记 $N_{b1}$ 与 $N_{b2}$ 分别为系统 TRC1 与 TRC2 的分支数，则

$$N_{b1} + N_{b2} = N_b \tag{10.38}$$

图 10.31 给出了总分支数 $N_b = 4$ 时的不同划分方案对系统预冷压缩性能的影响，可见相对于不采用燃料再冷方案的系统（即 $N_{b1}=4$、$N_{b2}=0$），采用划分方案 $\{N_{b1}=3, N_{b2}=1\}$ 的系统整体上具有最大的空气压比及最小的预冷温度，同时，其对应的预冷器出口氦工质温度总体上也小于其他划分方案。对于方案 $\{N_{b1}=2, N_{b2}=2\}$，虽然对应的空气预冷效果依然优于方案 $\{N_{b1}=4, N_{b2}=0\}$，然而其空气压比却小于后者，由图 10.31（d）可知，这主要是因为工质与燃料子循环输出的净

功 $P_{net}$ 降低了。实际上,这一现象的根本原因在于在划分方案 $\{N_{b1} = 2, N_{b2} = 2\}$ 中,燃料涡轮出口温度 $T_{f5}$ 实际上大于 TRC1 系统最后一个分支氦压气机出口温度 $T_{\beta, 1N_{b1}}$,因而相对于方案 $\{N_{b1} = 4, N_{b2} = 0\}$,这反而增加了 TRC 系统的总功耗,进而减小了用于空气压缩的净功率输出,然而,此时 TRC1 系统最后一个分支氦压气机出口温度 $T_{\beta, 1N_{b1}}$ 在所有分支中最小,并且满足 $T_{\beta, 1N_{b1}}(N_{b1} = 2) < T_{\beta, 1N_b}(N_{b1} = 4)$,这使得相对于方案 $\{N_{b1} = 4, N_{b2} = 0\}$,采用方案 $\{N_{b1} = 2, N_{b2} = 2\}$ 依然能获得较好的空气冷却性能。

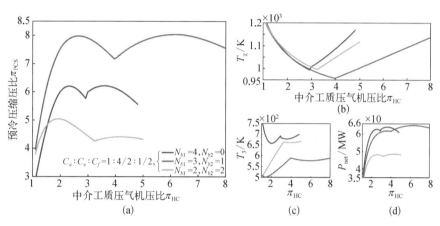

图 10.31　燃料再冷方案对系统预冷压缩性能的影响($K_{a2f} = 2$, $N_b = 4$)

（a）中介工质压气机压比-预冷压缩系统压比特性图；（b）中介工质压气机压比-预冷器出口氨工质温度特性图；（c）中介工质压气机压比-预冷温度特性图；（d）中介工质压气机压比-系统净功率特性图

类似地,图 10.32 与图 10.33 分别给出了总分支数 $N_b = 5$ 与 6 时,采用不同划分方案时的压比性能,可见系统最大压比总是在 $N_{b2} = 1$ 处取得。

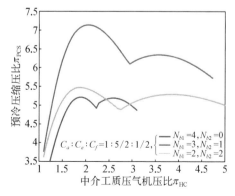

图 10.32　燃料再冷方案对系统预冷压缩性能的影响($K_{a2f} = 2$, $N_b = 5$)

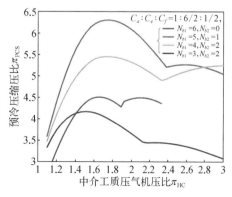

图 10.33　燃料再冷方案对系统预冷压缩性能的影响($K_{a2f} = 2$, $N_b = 6$)

　　燃料再冷方案在实际发动机设计中也得到了应用。以 SABRE4 发动机概念为例,由其构型配置反推可知发动机总热容流率比为 $C_a : C_e : C_f = 1 : 4/2 : 1/2$,总分支数 $N_b = 4$,采用 $\{N_{b1} = 3, N_{b2} = 1\}$ 划分方案。对于 Scimitar 发动机概念,其对应的总热容流率比为 $C_a : C_e : C_f = 1 : 9/3 : 1/3$,并采用了 $\{N_{b1} = 3, N_{b2} = 5, N_{b3} = 1\}$ 的复杂划分方案,而系统最后一个分支仅参与热量由空气向燃料的搬运作用,其压气机仅需要补偿流动过程的压力损失,因而大大减小了氦压气机的总功耗。

　　图 10.34 给出了依据 SABRE4 及 Scimitar 发动机方案计算的相应系统及发动机性能参数,同时,图中还给出了具有同样总分支数目但未采用再冷却方案的发动机(即图 10.25 方案)参数。正如所预期的,SABRE4 及 Scimitar 方案具有更大的压比及更小的预冷温度。虽然在发动机性能层面,SABRE4 构型同图 10.25 方案并无显著差异,但是 SABRE4 方案预冷器出口氦工质温度(即 $T_\chi$)更低,因而能更容易地满足预冷器温度约束。类似地,Scimitar 发动机同样具有更小的 $T_\chi$ 值,且发动机比冲及比推力均优于采用图 10.25 所示的同分支方案。

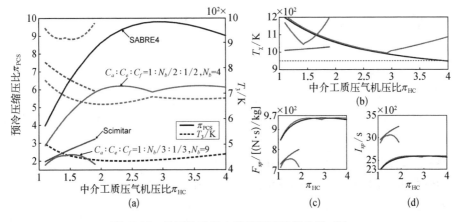

**图 10.34　典型发动机方案系统及性能参数对比**

(a) 中介工质压气机压比-预冷压缩系统压比特性图;(b) 中介工质压气机压比-预冷器出口氦工质温度特性图;(c) 中介工质压气机压比-发动机比推力特性图;(d) 中介工质压气机压比-发动机比冲特性图

　　综上可知,对于燃料间接冷却的预冷压缩系统,当空气、工质和燃料间的总热容流率由于各种运行及设计约束而不能匹配时,相对于采用简单 CBC 方案的中介循环,基于复杂多分支中介循环方案的系统具有更好的预冷压缩及发动机性能,结合燃料再冷却等潜在性能改进措施,进而为构建具有更好任务适应性的预冷组合发动机热力循环方案提供了新的自由度和灵活性。

## 10.5　小结

基于经典闭式布雷敦循环的间接预冷压缩方案仅在空气、工质及燃料热容流率完全匹配(即 $C_a:C_e:C_f=1:1:1$)时具有较高的预冷压缩性能。多分支中介循环的间接预冷压缩方案被认为具有提高总体热容流率失配条件下系统性能的潜力。从工质再生-压缩系统(TRC)压缩功耗最小化的角度,本章通过理论分析结合数值优化验证的方式建立了多分支再生-压缩系统最优构型设计方法,指出了文献所给设计方法的不完备之处。从 TRC 系统排出工质冷却能力最大化利用的角度分析了多分段串级预冷系统(CCP)的必要性,导出并验证了系统的最优冷却方案。通过对基于最优构型配置的多分支预冷压缩系统及发动机性能分析,导出了给定预冷燃料消耗量约束下预冷压缩性能(或发动机性能)最大化时系统最优分支数的选取原则,揭示了燃料再冷却方案进一步改进系统性能的潜能,表明了基于最优构型配置策略的多分支方案在系统总热容流率失配条件下具有更优异的预冷压缩性能。

## 参考文献

[ 1 ]　Webber H, Bond A, Hempsell M. The sensitivity of precooled air-breathing engine performance to heat exchanger design parameters[J]. Journal of the British Interplanetary Society, 2007, 60(5): 188 - 196.

[ 2 ]　陈林根,吴晏,孙丰瑞.燃气轮机循环有限时间热力学分析: 理论和应用[J].燃气轮机技术,2001,(1): 47 - 54.

[ 3 ]　严晋跃,路岭,马一太,等.循环工质与变温热源匹配的热力学分析[J].工程热物理学报,1987,(4): 314 - 316.

[ 4 ]　Zhou J, Lu H, Zhang H, et al. A preliminary research on a two-stage-to-orbit vehicle with airbreathing pre-cooled hypersonic engines[C]. Xiamen: 21st AIAA International Space Planes and Hypersonics Technologies Conference, 2017.

[ 5 ]　Jivraj F, Varvill R, Bond A, et al. The Scimitar precooled Mach 5 engine[C]. Brussels: Proceedings of 2nd European Conference for Aerospace Sciences (EUCASS), 2007.

[ 6 ]　Dong P, Tang H, Chen M, et al. Overall performance design of paralleled heat release and compression system for hypersonic aeroengine[J]. Applied Energy, 2018, 220: 36 - 46.

[ 7 ]　Price K V, Storn R M, Lampinen J A. Differential evolution: A practical approach to global optimization[M]. New York: Springer Science & Business Media, 2006.

# 第 11 章
# 间接预冷发动机变工况特性及控制规律探讨

## 11.1 引言

第 5、10 章从面向预冷家族的热力循环分析、间接预冷压缩系统最优构型等角度展开分析,侧重于回答预冷发动机总体设计面临的循环方案评价、构型设计等问题。应当认识到,在飞行包线内,预冷发动机能否充分发挥其性能,这不仅取决于发动机设计,同时还取决于对发动机的控制。特别地,对于诸如 SABRE 这样面向加速型飞行任务的间接预冷发动机,发动机推力的提升对改进任务性能至关重要。考虑到在相当大的运行范围内发动机工作于非设计点,加之间接预冷循环不同寻常的工作原理,以及运行所依赖的换热器等非常规部件,这使得在飞行参数大范围变化的条件下,通过控制确保发动机充分发挥推力性能变得尤为关键。为此,本章以简单中介循环间接预冷发动机为对象开展变工况调节特性分析,以此为基础探讨面向加速型任务的发动机保持最大推力状态时的控制规律问题,进而为基于复杂多分支中介循环的间接预冷发动机控制问题研究提供一定的参考。

## 11.2 发动机变工况模型及设计点参数的优化匹配

### 11.2.1 简单中介循环间接预冷发动机方案配置

第 10 章表明,多分支构型方案在系统总热容流率失配时具有更好的设计灵活性和性能,但是系统的复杂性也随分支数目的增大而急剧增加。为此,本章将以图 11.1 所示的简单中介循环的间接预冷发动机为对象开展变工况特性及控制研究。与 SABRE 发动机吸气模态时工作原理类似[1]，发动机空气压气机（AC）由氦涡轮（HT）带动，氦压气机（HC）与氢燃料泵（FP）则分别由两个独立的氢燃料涡轮（YT1、YT2）带动；氦工质在预冷器（PC）和再热器（RH）及再生器（RG）中分别完成吸、放热，预燃室（PB）用于低马赫数飞行时向中介循环提供热能。

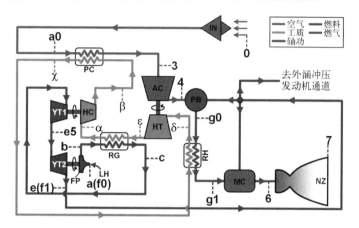

图 11.1　基于简单闭式布雷敦循环的间接预冷发动机工作原理

## 11.2.2　基于部件法的间接预冷发动机变工况模型

出于研究的目的、计算速度及精度的考虑，对于预冷器、再生器及再热器这些反映预冷发动机独特运行原理的换热器部件，其变工况模型基于准一维守恒方程建立以便以较高的保真度反映非设计点性能变化，对涡轮机械采用特性图描述其工况变化过程，其他部件则采用零维集总参数模型。

1. 准一维换热器变工况运行分析模型

对于预冷器、再生器和再热器，本节以 SABRE 系列发动机采用的构型及流动布置方案为参考建立相应的变工况分析模型，模型的详细情况如下。

1）换热器构型及流动布置方案

预冷器构型及流动布置方案如图 11.2（a）所示，假设空气侧流动是轴对称的，且任意两根换热管内部的流动是相似的，则整个预冷器可认为由图 11.2（b）和（c）所示的几何结构及流动相同的基本设计单元沿周向和轴向扩展而组成的，因此，预冷器的变工况模型针对基本单元建立。

再生器构型如图 11.3（a）所示，与 SABRE 系列不同的是[2]，本节采用逆流布置的换热方案以避免叉流布置带来的建模复杂性问题。再热器构型如图 11.4（a）所示，氦工质沿微小矩形通道流动，燃气沿相邻换热板组成的通道逆向流动。类似地，根据再生器和再热器构型特点所抽象的基本设计单元如图 11.3（b）及图 11.4（b）所示，同样，变工况模型针对基本设计单元建立。

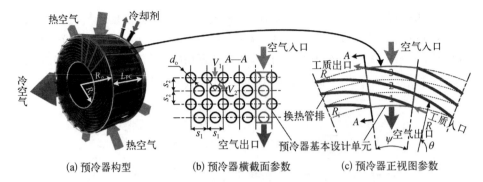

(a) 预冷器构型　　　(b) 预冷器横截面参数　　　(c) 预冷器正视图参数

**图 11.2　预冷器构型及流动配置方案**[3]

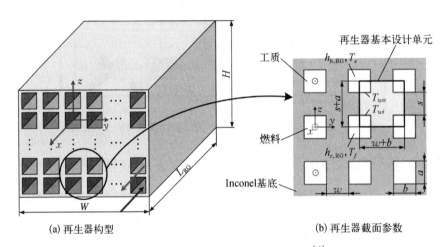

(a) 再生器构型　　　　　　　　　(b) 再生器截面参数

**图 11.3　再生器构型及流动配置方案**[4]

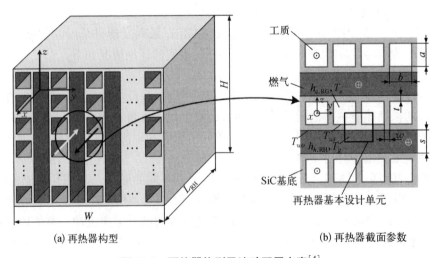

(a) 再热器构型　　　　　　　　　(b) 再热器截面参数

**图 11.4　再热器构型及流动配置方案**[4]

2）传热及流阻计算的经验关联式

准一维模型仅仅考虑了沿流动方向流体参数的变化,因而两侧流体间换热、流动压力损失需通过经验关联式计算。预冷器空气侧为流体横掠叉排管束的强制对流流动,其当地传热系数及压力损失按 Žukauskas 发展的关联式得到[5],特别地,预冷器径向管排数 $N_{PS} \approx (R_o - R_i)/s_2$,依据文献[5],空气侧总压降为

$$(\Delta p)_a = c\chi_s \cdot \frac{1}{2}\rho_h V_{\text{ref}}^2 \cdot N_{PS} \tag{11.1}$$

则空气侧单位通道长度的阻力压降可以近似表示为

$$\left(\frac{\mathrm{d}p}{\mathrm{d}l}\right)_f = \frac{(\Delta p)_a}{R_o - R_i} = c\chi_s \cdot \frac{1}{2}\rho_h V_{\text{ref}}^2 \cdot \frac{1}{s_2} \tag{11.2}$$

式中, $c\chi_s$ 为经验系数,按文献[5]计算, $V_{\text{ref}} = \max(V_1, V_2)$。

再生器两侧、预冷器和再热器低温侧为管槽内的强制对流流动。对于矩形通道内的充分发展湍流,文献[6]指出,当以式(11.3)为参考直径时,用圆管的关联式可相当精确地计算矩形管道的阻力系数和努塞尔数:

$$d_l = \{2/3 + 11[\alpha^*(2 - \alpha^*)]/24\}d_h \tag{11.3}$$

$$\alpha^* = \min\{a/b, b/a\}, \ d_h = 2ab/(a + b) \tag{11.4}$$

在后续计算的范围内,管槽内的流动都处于旺盛湍流区,因此,采用文献[6]的方法是合适的。这样,对于圆管及矩形管道,本章均采用文献[7]整理的关联式计算当地对流换热系数,而阻力系数采用 Churchill 发展的适用于层流、过渡区和湍流区域的关联式得到[8]。

再热器高温(燃气)侧为平行板内的强制对流流动,在层流区,本章采用文献[9]及[10]推荐的关联式计算当地对流换热系数,对于湍流区,文献[11]指出,圆管的关联式依然能用于平板通道对流换热系数的预测,此时参考长度应为通道的水力直径 $d_h$:

$$d_h = 2s \tag{11.5}$$

平板间的流阻采用文献[10]、[12]~[15]给出的关联式计算,其覆盖了从层流入口段直至旺盛湍流的宽广区域。

由文献[16]可知,再生器与再热器相邻通道间的壁面对传热的影响可按等截面直肋片处理,按照文献[2],预冷器及再生器材料为 Inconel‑718 合金,导热系数为 21.3 W/(m·K),再热器材料为碳化硅,其导热系数为 81.3 W/(m·K)。

3）换热器数学模型及求解方法

以预冷器为例给出了换热器的求解方法,再生器/再热器模型的求解与此完

全类似。本章关注发动机的稳态性能,此时,换热器两侧流体的流动传热过程可由式(11.8)~式(11.11)所示的准一维流动质量、动量和能量守恒方程及流体的状态方程统一描述。式中,与下标 $f \in \{h, c\}$ 相关的量分别表示高、低温侧流体参数,与坐标(或下标) $x \in \{s, l\}$ 相关的量表示对应流动通道的曲线坐标或几何参数。

基于上述给出的换热器基本设计单元及准一维流动传热方程的定解条件可知,换热器的稳态性能由式(11.8)~式(11.11)右端几何参数 $\{A_x, X_x\}$ 及传热与阻力特性 $\{q_{w,f}, \tau_{w,f}\}$ 所规定的源项,以及两侧通道出口/入口已知参数所规定的边界条件共同决定,而两侧流体间流动及传热过程的耦合通过彼此间的总传热过程而联系起来。表 11.1 给出了相关换热器的源项,其中,$\mathrm{d}s/\mathrm{d}l$ 表示预冷器两侧流动通道曲线坐标间的关系,

$$\frac{\mathrm{d}s}{\mathrm{d}l} = \sqrt{(R/k_p)^2 + 1} \tag{11.6}$$

$$R = R_\mathrm{i} + k_p \cdot \theta, \ 0 \leqslant \theta \leqslant \Theta \tag{11.7}$$

式中,$R$、$k_p$ 为预冷器换热管极坐标方程表示的半径与斜率。

**表 11.1 换热器流动传热源项**

| 换热器 | | 源 项 | | | |
| --- | --- | --- | --- | --- | --- |
| | | $A_x$ | $X_x$ | $q_{w,f}$ | $\tau_{w,f}$ |
| 预冷器 | 高温侧 | $R \cdot \psi \cdot s_1 - \dfrac{\pi d_o^2}{4} \cdot \dfrac{\mathrm{d}s}{\mathrm{d}l}$ | $\chi_c \dfrac{\mathrm{d}s}{\mathrm{d}l}$ | $\alpha_{\mathrm{PC}}(T_h - T_c)$ | $A_h \left(\dfrac{\mathrm{d}p}{\mathrm{d}l}\right)_f V_h$ |
| | 低温侧 | $\dfrac{\pi}{4} d_\mathrm{i}^2$ | $\pi d_\mathrm{i}$ | $-q_{w,h}$ | $f_c \cdot \dfrac{1}{2} \rho_c V_c^2$ |
| 再生器 | 高温侧 | $ab$ | $a + b$ | $\alpha_{\mathrm{RG}}(T_h - T_c)$ | $f_h \cdot \dfrac{1}{2} \rho_h V_h^2$ |
| | 低温侧 | $ab$ | $a + b$ | $-q_{w,h}$ | $f_c \cdot \dfrac{1}{2} \rho_c V_c^2$ |
| 再热器 | 高温侧 | $\dfrac{1}{2} s(b + w)$ | $b + w$ | $\alpha_{\mathrm{RH}}(T_h - T_c)$ | $f_h \cdot \dfrac{1}{2} \rho_h V_h^2$ |
| | 低温侧 | $ab$ | $a + b$ | $-q_{w,h}$ | $f_c \cdot \dfrac{1}{2} \rho_c V_c^2$ |

准一维换热器数学模型如下所示:

$$\frac{1}{\rho_f}\frac{\mathrm{d}\rho_f}{\mathrm{d}x} + \frac{1}{V_f}\frac{\mathrm{d}V_f}{\mathrm{d}x} = -\frac{1}{A_x}\frac{\mathrm{d}A_x}{\mathrm{d}x} \tag{11.8}$$

$$\frac{\mathrm{d}V_f}{\mathrm{d}x} + \frac{1}{\rho_f V_f}\frac{\mathrm{d}p_f}{\mathrm{d}x} = -\frac{\chi_x}{\rho_f V_f A_x}\tau_{w,f} \tag{11.9}$$

$$\frac{\mathrm{d}T_f}{\mathrm{d}x} + \frac{T_f}{c_{p,f}\rho_f^2}\left(\frac{\partial\rho_f}{\partial T_f}\right)_{\rho_f}\frac{\mathrm{d}p_f}{\mathrm{d}x} = \frac{\chi_x(q_{w,f} + \tau_{w,f}V_f)}{\rho_f V_f A_x c_{p,f}} \tag{11.10}$$

$$\left(\frac{\partial p_f}{\partial\rho_f}\right)_{T_f}\frac{\mathrm{d}\rho_f}{\mathrm{d}x} + \left(\frac{\partial p_f}{\partial T_f}\right)_{\rho_f}\frac{\mathrm{d}T_f}{\mathrm{d}x} - \frac{\mathrm{d}p_f}{\mathrm{d}x} = 0 \tag{11.11}$$

换热器内一般为亚声速流动,需同时给定两侧通道入口及出口的边界条件。以预冷器为例,本节假设低温侧入口温度、流量及出口压力已知,即

$$s = 0, \dot{m}_c = \dot{m}_a, T_c = T_{c0}; s = L_{p,PC}, p_c = p_{cL} \tag{11.12}$$

同样的,如图 11.5 所示,预冷器高温侧的边界条件为

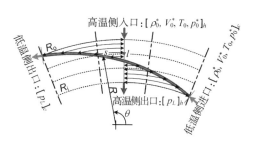

**图 11.5　预冷器两侧参数映射方式**

$$l = 0, \dot{m}_h = \dot{m}_e, T_h = T_{h0}; l = l_a, p_h = p_{hL} \tag{11.13}$$

换热器变工况模型涉及两侧流体的热交换,因此,高、低温侧除了需满足各自的守恒方程,对应的当地热流密度也应相等。以预冷器为例,其稳态解采用图 11.6 所示的两侧流体守恒方程交替求解的分离式迭代法得到,流体的传热耦合通过参数传递实现。在初次迭代时需要对低温侧传热系数及温度分布做出假设,记为 $h_c(s)^*$ 及 $T_c(s)^*$,进而,采用求解微方程边值问题的打靶法得到高温侧的稳态解 $[\rho_h(l), V_h(l), T_h(l), p_h(l)]$ 及传热系数分布 $h_h(l)$,此后,采用同样的方法得到低温侧的稳态解。上述求解过程交替进行,直到由式(11.14)定义的残差满足收敛判据:

$$\mathrm{Res}(X) = \sqrt{\frac{\sum_i [X(i, n) - X(i, n - 1)]^2}{\sum_i X(i, n)^2}} < 5 \times 10^{-6} \tag{11.14}$$

式中,$X(i, n)$ 表示第 $n$ 次迭代后系统的稳态解。

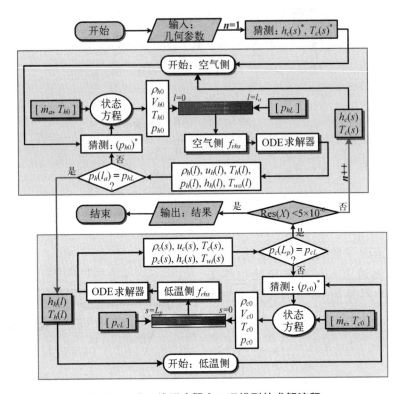

图 11.6 准一维预冷器变工况模型的求解流程

2. 涡轮机械模型

预冷发动机的涡轮机械包括空气、氦工质和燃料的压气机、涡轮与泵,其工作过程通常由关于压比(或落压比)$\pi$、效率$\eta$及流量$\dot{m}$的特性图描述:

$$\pi = \pi(N_c, \beta), \quad M_c = M(N_c, \beta), \quad \eta = \eta(N_c, \beta) \qquad (11.15)$$

式中,$\beta$为引入的额外参考坐标,$M_c$与$N_c$分别为换算流量和转速:

$$M_c = \dot{m}\sqrt{\theta}/\delta, \quad N_c = N/N_d\sqrt{\theta}$$
$$\theta = T_i/T_r, \quad \delta = p_i/p_r \qquad (11.16)$$

式中,$N_d$为设计点转速;$(T_r, p_r)$为产生特性图时的参考状态;$(T_i, p_i)$为入口状态。式(11.15)中效率与压比的定义见 6.1.1 节。

在发动机性能分析阶段,涡轮机械特性往往是未知的,为此,本节以文献公开的特性数据为参考。由于这些特性数据一般以空气为工质,为了将其应用到当前包含特殊工质的场合,根据文献[4],此时需对特性数据做以下修正:

$$\theta = (R_g T)_i / (R_g T)_r, \quad \delta = p_i / p_r \tag{11.17}$$

为了将参考特性图变换至当前发动机部件的设计点,为此,本节采用文献[17]中推荐的线性变换的方法:

$$\begin{cases} \pi = 1 + K_P \cdot [\pi_{\text{ref}}(N_c, \beta) - 1] \\ M_c = K_M \cdot M_{c,\text{ref}}(N_c, \beta) \\ \eta = K_E \cdot \eta_{\text{ref}}(N_c, \beta) \end{cases} \tag{11.18}$$

式中,$(K_P, K_M, K_E)$ 为压比、流量和效率的变换常数。本节压气机和涡轮采用文献[18]~[20]收集的特性图为参考,燃料泵假设为离心泵,其特性根据文献[21]的数据扩展而来。

3. 节流部件模型

本章所指的节流部件包括流量调节阀,以及燃料喷嘴和可调尾喷管的收缩段。对于后两者,本节采用收缩喷嘴模拟其工作过程,如图 11.7 所示,假设喷嘴入口总参数 $(T_i^*, p_i^*)$ 及出口静压 $p_o$ 已知。忽略喷嘴中的流动损失,设 $V_s$ 为工质在喷嘴内等熵膨胀至出口压力 $p_o$ 时的速度,$a_s$ 为对应的声速,则当 $Ma_s = V_s / a_s \leqslant 1$ 时,流过喷嘴的流量为

$$\dot{m}_{\text{CN}} = \frac{\pi d_o^2}{4} \rho_s V_s \tag{11.19}$$

而当 $Ma_s = V_s / a_s > 1$ 时,由于喷嘴出口马赫数 $(Ma_s)_{\max} = 1$,此时需迭代求解出口速度 $V_s$,进而保证 $Ma_s = V_s / a_s = 1$,而流量同样可按式(11.19)计算。

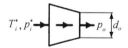

图 11.7　收缩喷嘴模型　　　　图 11.8　用孔板等效的调节阀模型

对于流量调节阀,本节假设其为一孔径可调的标准孔板,如图 11.8 所示,则流过孔板的流量为

$$\dot{m}_{\text{OV}} = \frac{C}{\sqrt{1 - \beta^4}} \varepsilon \frac{\pi d^2}{4} \sqrt{2 \Delta p \cdot \rho_i} \tag{11.20}$$

式中,$\beta = d/D$;$C$ 和 $\varepsilon$ 为孔板的流量系数及颈缩系数,其取值采用文献[22]推荐的经验关联式计算。$\Delta p$ 为孔板差压,考虑到计算中孔板的压降 $\Delta \varpi = p_i^* - p_o^*$ 一般已知,则利用式(11.20)时,需将压降 $\Delta \varpi$ 转换为差压 $\Delta p$:

$$\Delta p = K \cdot \Delta \varpi \tag{11.21}$$

文献[22]对转换系数 $K$ 的计算方法做了明确的定义,本节不再重复。

对于进气道和燃烧室,此处依然采用 6.1 节的集总参数模型。其中,进气道总压恢复系数采用同类发动机公开的性能数据。由于预冷发动机燃烧室一般为亚声速流动,因此,本节忽略了加热及流阻导致的燃气总压损失。

4. 发动机模型预测能力的验证

为了验证基于上述建模方法的预冷发动机变工况性能预测能力,本节以图 4.2 所示的 SABRE 循环为对象,计算了发动机沿 Skylon 飞行器上升段轨迹上的性能,并同文献[4]、[23]给出的类似分析进行了对比,结果如图 11.9 所示。由于 SABRE 发动机运行采用的控制规律文献中并未详细给出,为此,本节假设发动机按 11.5 节所给的最小推力模式。计算中进气道性能与文献[4]保持一致,其他所需的设计点参数见表 11.2、表 11.5,飞行轨迹参数见文献[4]。

虽然在变工况性能计算中,本节尽量保持相关参数设置与文献中的公开数据一致,然而,由于涡轮机械特性、换热器构型配置、部件设计点参数以及发动机控制规律等大量未公开参数设置的差异,基于本节模型计算的发动机性能与文献结果并不完全一致。虽然如此,由图 11.9 可知,本节基于最省燃料控制规律给出的发动机比推力与比冲整体上同文献[23]结果较为接近。对于文献[4]结果,由于其设计点空气预冷温度为 97 K,而本节与文献[23]预冷温度大于 140 K,这使得文献[4]发动机冷却燃料消耗量远大于本节与文献[23]情况,因而其比冲较低,而由后续分析可知,较小的预冷温度可实现较大的预冷压缩压比,因而其具有较大的比推力。

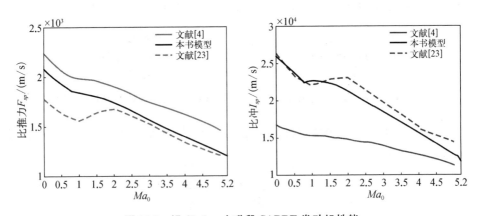

图 11.9  沿 Skylon 上升段 SABRE 发动机性能

考虑到本节所发展的模型主要用于预冷发动机变工况特性分析及控制研究,而并不是一种精确预测具体发动机性能的工具,因而,模型计算的性能同文献数据在定性趋势及量级上的一致性,说明了所给建模方法适用于后续的研究。

### 11.2.3　发动机设计点性能及部件参数优化匹配

为了对图 11.1 所示模型发动机进行变工况分析,需要首先确定发动机各部件设计点的几何、工作参数及相应的非设计点特性。对此,本章针对不同部件的特点,分别采取如下处理方法:① 涡轮机械类部件在其他发动机中已有广泛的应用,因而其设计点效率参考已由发动机给出,非设计点特性按照 11.2.2 节方法处理;② 进气道特性参考 SABRE 发动机设计数据,预燃室及主燃室按 6.1 节集总参数模型计算;③ 换热器部件性能同其流动、通道尺寸等因素相关,本节采用发动机性能及换热器设计耦合优化的方式确定其几何构型,其变工况性能采用 11.2.2 节方法计算。

由第 6 章可知,预冷压缩系统的性能取决于系统各部件贡献的总熵产。文献[24]指出,换热器往往是熵产的最大来源,而降低换热器熵产往往伴随着其体积重量的增加,因此优化中选取换热器(预冷器+再生器)总质量和预冷压缩系统总熵产率为目标函数。预冷器和再生器分别采用图 11.2 与图 11.3 的构型方案。依据第 10 章的最优构型配置策略,再生器中保持匹配的热容流率,即

$$C_e = C_f \tag{11.22}$$

预冷器和再生器的参数通过 $\varepsilon$-NTU 法详细设计而得到。已知的其他部件参数见表 11.2,剩余的独立变量包括预冷器参数 $\{s_1, s_2, R_{m,PC}, V_{h,PC}, V_{c,PC}, T_3\}$、再生器参数 $\{\varepsilon_{RG}, V_{h,RG}\}$ 及氦涡轮落压比 $\pi_{HT}$。取预冷温度 $T_3$ 及再生器有效度 $\varepsilon_{RG}$ 为参变量,则模型发动机设计点优化问题可以表述为式(11.23)的形式:

$$\{s_1, s_2, R_{m,PC}, V_{h,PC}, V_{c,PC}, V_{h,RG}, \pi_{HT}\}_{opt} \xrightarrow{\text{最小化}} \{\dot{S}_g, M_H\} \tag{11.23}$$

**表 11.2　发动机在设计点的已知参数**

| 参　　数 | 取值 | 参　　数 | 取值 |
|---|---|---|---|
| 飞行马赫数 $Ma_0$ | 5.2 | 尾喷管效率 $\eta_{NZ}$ | 0.91 |
| 动压 $q_0$/kPa | 45 | 流路最大压力 $(p_\beta)_{max}$、$(p_b)_{max}$/MPa | 20 |
| 空气流路 $\dot{m}_a$/(kg/s) | 300 | 氦气最高温度 $(T_\chi)_{max}$/K | 950 |
| 燃料温度 $T_{f0}$/K | 22 | 氦涡轮入口最高温度 $(T_\delta)_{max}$/K | 1000 |
| 燃料压力 $p_{f0}$/MPa | 0.2 | 预冷器管道外径 $d_o$/mm | 1.0 |
| 进气道总压恢复系数 $\sigma_{IN}$ | 0.08 | 预冷器管道内径 $d_i$/mm | 0.8 |
| 燃料泵效率 $\eta_{FP}$ | 0.75 | 再生器通道宽度 $a$/mm | 0.5 |
| 燃料涡轮效率 $\eta_{YT1}$、$\eta_{YT2}$ | 0.85 | 再生器通道高度 $b$/mm | 0.5 |
| 压气机效率 $\eta_{AC}$、$\eta_{HC}$ | 0.89 | 再生器壁厚 $w$、$s$/mm | 0.15 |
| 氦涡轮效率 $\eta_{HT}$ | 0.89 | | |

优化过程同样基于差分进化算法[25]，变量的取值区间及其他约束见表 11.3。参变量 $\{T_3, \varepsilon_{RG}\}$ 的取值见表 11.4，最终共得到 20 组不同 $T_3 - \varepsilon_{RG}$ 组合的关于目标函数 $\{\dot{S}_g, M_H\}$ 的 Pareto 阵面。由于优化中种群个体数量取值为 $N_{DE} = 120$，因而，这相当于最终给出了 2 400 个具有不同设计点参数的发动机。

**表 11.3　优化变量取值区间及约束**

| 优化变量 | 单　位 | 取值区间 | 约束变量 | 单　位 | 约束条件 |
|---|---|---|---|---|---|
| $s_1$ | mm | $[1.5, 3.0] d_i$ | $R_{o, PC}$ | m | $\leqslant 0.85 R_{IN}$ |
| $s_2$ | mm | $[1.1, 3.0] d_i$ | $R_{i, PC}$ | m | $\geqslant 0.3 R_{IN}$ |
| $R_{m, PC}$ | m | $[1.5, 3.0] R_{IN}$ | $\Theta$ | rad | $[0.3, 1]\pi$ |
| $V_{h, PC}$ | m/s | $[5, 100]$ | $T_4$ | K | $\leqslant 1\,000$ |
| $V_{c, PC}$ | m/s | $[5, 100]$ | $T_\beta$ | K | $\leqslant (T_3-5)$ |
| $V_{h, RG}$ | m/s | $[5, 75]$ | | | |
| $\pi_{HT}$ | — | $[1.1, 10]$ | | | |

**表 11.4　优化中选定的参变量取值**

| 参　　数 | 取　　值 |
|---|---|
| 空气预冷温度 $T_3$ /K | 200, 350, 500, 650 |
| 再生器有效度 $\varepsilon_{RG}$ | 0.8, 0.85, 0.89, 0.94, 0.98 |

以 $T_3 = 200$ K、$\varepsilon_{RG} = 0.94$ 为例，图 11.10 给出了目标函数 $\dot{S}_g - M_H$ 的 Pareto 阵面及各部件对总熵产率贡献的占比。可见，预冷器+再生器贡献了近 80% 的熵产，这同文献[24]给出的结果类似。如式(11.24)所示，定义换热器有效质量为

$$(M_H)_{eff} = M_H \big|_{(\dot{S}_g)_{min} = 0.95\dot{S}_g} \tag{11.24}$$

显然 $M_H > (M_H)_{eff}$ 时，此后继续增加换热面积(也即换热器总质量)，PCS 系统总熵产率几乎不再降低，因此，应该避免在此区域内选择模型发动机的设计点。对于其他的 $T_3 - \varepsilon_{RG}$ 组合，优化表明目标函数的 Pareto 阵面定性变化规律同图 11.10 结果类似，且换热器贡献的熵产占比为 75%~85%。

图 11.11 给出了不同 $T_3 - \varepsilon_{RG}$ 组合时目标函数 Pareto 阵面上各点的预冷燃料消耗量及换热器有效质量。以 $(M_H)_{eff}$ 为指示参数，可知当 $\varepsilon_{RG} > 0.94$ 时，此后换热器总质量将随再生器有效度增大而急剧增加。然而，由图 11.12 可知，此时再生

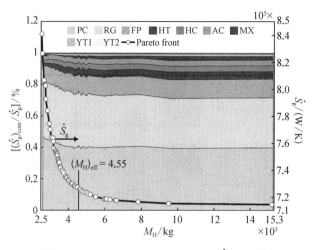

**图 11.10**　$T_3 = 200\ \text{K}$、$\varepsilon_{RG} = 0.94$ 时 $\dot{S}_g - M_H$ 的
Pareto 阵面及各部件熵产贡献

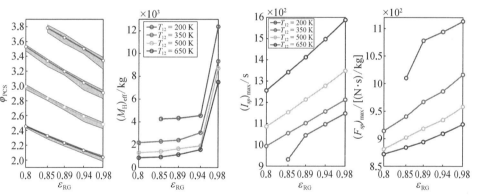

**图 11.11**　不同 $T_3 - \varepsilon_{RG}$ 组合的预冷燃料　　　**图 11.12**　不同 $T_3 - \varepsilon_{RG}$ 组合的发动机
消耗量和换热器有效质量　　　　　　　　　　最大性能

器有效度的继续增加并未带来显著的发动机性能收益。对于 $T_3 = 200\ \text{K}$、$\varepsilon_{RG} = 0.8$ 的组合,优化结果表明不存在满足约束 $T_\beta \leqslant (T_3 - 5) = 195\ \text{K}$ 的可行设计。

　　基于以上分析,显然 $\varepsilon_{RG} \leqslant 0.94$、$M_H \leqslant (M_H)_{\text{eff}}$ 所限定的区间给出了图 11.1 所示模型发动机设计点参数的实用选择范围。理论上,在此范围内的“物理发动机”都可以作为参考设计用于变工况分析,然而,限于篇幅本节不可能遍历所有的可行设计点。为此,本章选取 $T_3 = 200\ \text{K}$、$\varepsilon_{RG} = 0.94$ 组合中满足 $M_H = (M_H)_{\text{eff}}$ 的点作为模型发动机的参考“物理设计”用于后续分析,对应的发动机设计点截面参数如图 11.13 所示。

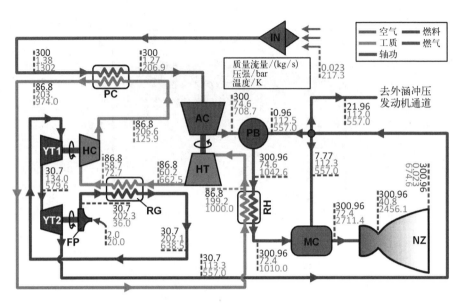

**图 11.13　模型发动机设计点参数**

表 11.5 给出了涡轮机械所采用的参考特性图及变换参数,其中参数 $K_N$ 用以将原始特性图设计点的相对换算转速变换为 $N_{cr} = 1$。由于图 11.13 所示设计点参数由变工况模型重新计算得到,此时换热器性能由 11.2.2 节所发展的一维模型给出,而耦合优化中换热器性能由基于集总参数法的 $\varepsilon$–NTU 设计方法得到,这使得变工况模型重新计算的设计点参数同优化结果之间存在一定的差异。考虑到两者最大偏差不超过 3%,因此,本节未对优化给出的换热器参数作进一步调整以匹配表 11.2 给定的设计目标。

**表 11.5　用于涡轮机械特性图变换的参数**

| 部　件 | $K_N$ | $K_M$ | $K_P$ | $K_E$ |
|---|---|---|---|---|
| AC | 1.11 | 10.56 | 9.87 | 1.03 |
| HC | 1.06 | 88.4 | 0.96 | 1.08 |
| HT | 1.0 | 0.77 | 1.73 | 0.95 |
| YT1 | 1.0 | 0.50 | 0.75 | 0.92 |
| YT2 | 1 | 0.50 | 0.27 | 0.92 |
| FP | — | — | 1.04 | 0.95 |

## 11.3　预冷核心发动机的控制量及调节机制分析

预冷发动机通常包含一个冲压外涵发动机,以保证无法通过核心机的空气可以进入外涵道产生推力,从而避免进气道溢流带来的附加阻力,因此,核心机的空气流量往往由其自身的特性决定,为此,后续分析中仅考虑进气道出口气流总参数对发动机特性的影响,而不考虑进气道流量特性的影响,这等价于仅考虑图 11.14 所示的核心发动机部分控制问题。

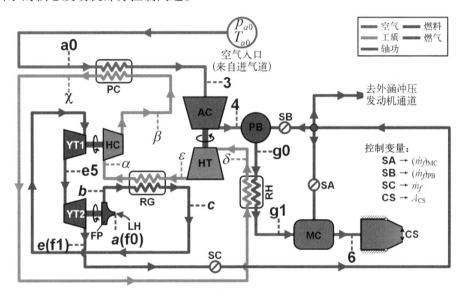

**图 11.14　预冷发动机核心机及其控制量选择**

### 11.3.1　预冷核心发动机控制量的选择

对于几何不可调的发动机,此时发动机状态只能通过燃料流量进行调节。由后续分析可知,单分支简单中介循环预冷发动机的燃料流量总是大于燃烧所需,这样,本章选择式(11.25)所示的控制量对燃料流量进行调节,其中阀 SC 用于控制预冷燃料总流量,而阀 SA 与阀 SB 分别控制进入主燃室和预燃室的燃料流量:

$$\text{SA} \to (\dot{m}_f)_{\text{MC}},\ \text{SB} \to (\dot{m}_f)_{\text{PB}},\ \text{SC} \to \dot{m}_f|_{\text{几何不可调}} \qquad (11.25)$$

对于几何可调的核心发动机,在给定的来流参数 $(T_{a0}, p_{a0})$ 下,除了上述燃料流量外,此时发动机的状态还可以通过改变部件的几何参数进行调节。参考航空涡轮发动机,常见的可调几何参数包括涡轮导向器开度、压气机静子叶片安装角、放气活门开度、尾喷管开度等,考虑到当前对预冷发动机的控制研究处于起步阶段,对于在控制中采用可调几何部件的需求依然不明确,因此,本章仅考虑了可调尾喷管喉部这一较为常见的情况:

$$SA \rightarrow (\dot{m}_f)_{MC}, \ SB \rightarrow (\dot{m}_f)_{PB}, \ SC \rightarrow \dot{m}_f, \ CS \rightarrow A_{CS}\big|_{几何可调} \quad (11.26)$$

式中,$A_{CS}$ 表示尾喷管喉部面积。

## 11.3.2 控制量对预冷核心发动机的调节机制分析

控制系统通过控制量的作用以改变发动机运行状态点而发挥其性能调节及安全保护等功能的。在稳态时,发动机运行状态点由相关部件之间的机械、气动或热力联系所规定的共同工作条件——如界面参数连续、流量/功率平衡、转速相等决定,是控制量施加影响的基础,为此,有必要阐明所选择的控制量对发动机运行状态发挥调节作用的机制,以确保对发动机状态的有效调节,本节将对此进行分析。

对于核心发动机空气流路,当忽略预燃室与主燃室燃料的质量添加时,此时空气流路的工作状态点必然位于由空气压气机与尾喷管流量平衡所决定的共同工作线上:

$$K_a A_3 \frac{p_3}{\sqrt{T_3}} q(\lambda_3) = K_g A_{CS} \frac{p_6}{\sqrt{T_6}} q(\lambda_6) \quad (11.27)$$

由于

$$p_6 = \sigma_{g,RH} \cdot \sigma_{PB} \cdot p_4 \quad (11.28)$$

因此,式(11.27)可改写为

$$\pi_{AC} = \frac{K_a A_3}{K_g \sigma_{g,RH} \sigma_{PB} q(\lambda_6)} \cdot \frac{1}{A_{CS}} \sqrt{\frac{T_6}{T_3}} q(\lambda_3) = K_{a,WL} \frac{1}{A_{CS}} \sqrt{\frac{T_6}{T_3}} q(\lambda_3) \quad (11.29)$$

在式(11.29)中,尾喷管喉部始终处于临界状态,因此 $q(\lambda_6) = 1$,而燃气压力恢复系数往往变化很小,因此系数 $K_{a,WL}$ 近似为常数。显然,当保持尾喷管喉部面积 $A_{CS}$ 不变,并且通过控制主燃室温度 $T_6$ 使温比 $T_6/T_3$ 为定值时,此时在以 $\pi \sim q(\lambda)$ 为坐标的空气压气机特性图上,发动机稳态工作线是一条以 $K_{a,WL}\sqrt{T_6/T_3}/A_{CS}$ 为斜率的直线,并且当 $A_{CS}$ 与 $T_6/T_3$ 不变时,发动机工作点只能在这一直线上变化。

当 $A_{CS}$ 与 $T_6/T_3$ 已知时,此时发动机稳态点在工作线上的最终位置取决于空气压气机的换算转速 $N_{r,AC}/\sqrt{T_3}$,其值取决于氦涡轮与空气压气机的功率平衡。至

此,可知几何可调发动机的稳态工作点由以下三个参数完全决定:

$$\{A_{CS},\ T_6/T_3,\ N_{r,\,AC}/\sqrt{T_3}\} \tag{11.30}$$

类似地,对于氦气流路,由氦涡轮与氦压气机之间的流量平衡关系可知:

$$\frac{\dot{m}_e\sqrt{T_\delta}}{p_\delta}=\frac{1}{\sigma_{e,\,PC}\sigma_{e,\,RH}}\frac{1}{\pi_{HC}}\sqrt{\frac{T_\delta}{T_\alpha}}\frac{\dot{m}_e\sqrt{T_\alpha}}{p_\alpha} \tag{11.31}$$

由于氦涡轮通常处于临界以上状态,此时 $\dot{m}_e\sqrt{T_\delta}/p_\delta$ 为常数,因而式(11.31)可写为

$$\pi_{HC}=\frac{1}{\sigma_{e,\,PC}\sigma_{e,\,RH}}\frac{p_\delta}{\dot{m}_e\sqrt{T_\delta}}\sqrt{\frac{T_\delta}{T_\alpha}}\frac{\dot{m}_e\sqrt{T_\alpha}}{p_\alpha}=K_{e,\,WL}\sqrt{\frac{T_\delta}{T_\alpha}}\frac{\dot{m}_e\sqrt{T_\alpha}}{p_\alpha} \tag{11.32}$$

当忽略氦工质压力恢复系数的微小变化时,系数 $K_{e,\,WL}$ 近似为常数,因而,当保持氦工质温比 $T_\delta/T_\alpha$ 为定值时,此时在以 $\pi\sim\dot{m}\sqrt{T}/p$ 为坐标的氦压气机特性图上,氦气流路的稳态工作线是一条以 $K_{e,\,WL}\sqrt{T_\delta/T_\alpha}$ 为斜率的直线,并且当 $T_\delta/T_\alpha$ 不变时,稳态工作点只能在这一直线上变化。显然,稳态点在工作线上的最终位置取决于氦压气机的换算转速 $N_{r,\,HC}/\sqrt{T_\alpha}$,这决定于氢涡轮 YT1 与氦压气机的功率平衡。

对于燃料流路,由氢涡轮 YT2 与控制阀 SC 的流量平衡可知:

$$K_f A_{e5}\frac{p_{e5}}{\sqrt{T_{e5}}}q(\lambda_{e5})=K_f A_{SC}\frac{p_e}{\sqrt{T_e}}q(\lambda_e) \tag{11.33}$$

假设氢涡轮 YT2 中经历指数为 $n$ 的多变过程,则式(11.33)可改写为

$$\pi_{YT2}=\frac{p_{e5}}{p_e}=\left[\frac{A_{SC}q(\lambda_e)}{A_{e5}q(\lambda_{e5})}\right]^{\frac{2n}{n+1}} \tag{11.34}$$

结合式(11.29)、式(11.32)及式(11.34)的关系式可以揭示 11.3.1 节给定的控制量对发动机工作状态点发挥调节作用的机制。显然,流量阀 SA 与 SB 可以控制进入主燃室与预燃室的燃料流量 $(\dot{m}_f)_{MC}$ 和 $(\dot{m}_f)_{PB}$,进而起到调节温比 $T_6/T_3$ 与 $T_\delta/T_\alpha$ 的作用,当尾喷管面积 $A_{CS}$ 给定时,这样空气及氦气流路稳态工作线确定,如图 11.15 所示。此时,由式(11.29)可知,涡轮 YT2 的膨胀比可由流量阀 SC 的开度调节,进而改变了输

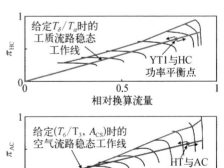

图 **11.15**　核心发动机空气与氦气流路稳态工作线

出至燃料泵的功率,这样最终起到了调节总冷却燃料量 $\dot{m}_f$ 的作用,而 $\dot{m}_f$ 的改变必然引起涡轮 YT1 功率的变化,最终引起氦气流路工作点在稳态工作线上移动。因此,当流量阀 SC 的开度确定时,此时氦气流路工作点的位置也随之确定,由式(11.35)可知,此时氦涡轮膨胀比以及输出至空气压气机的功率也随之确定,最终空气流路工作点的位置也确定了:

$$\pi_{HT} = \sigma_{e,\,RG}\sigma_{e,\,PC}\sigma_{e,\,RH}\pi_{HC} \qquad (11.35)$$

## 11.4   预冷核心发动机最大推力状态控制规律研究

11.3 节定性分析了所选择的控制量对核心发动机工作状态的调节机制,从机理上确保了控制量对发动机状态的可靠调节。对于预冷发动机这样复杂的循环,考虑到定性分析很难揭示发动机性能同工作状态之间的对应关系,为此,基于所发展的发动机变工况模型,本节将分析发动机状态及性能随控制量的变化,进而揭示发动机的控制特性,以此构建最大推力状态的控制规律。模型求解的过程即使发动机各个部件间的机械、气动或热力联系所规定的约束得到满足,如式(11.36)所示,其各式构成了一组非线性方程,通过相应的求解方法,即可得到发动机稳态运行时的状态参数,如各转子转速、压气机喘振裕度等。

$$\begin{cases} (\dot{W}_{AC} - \dot{W}_{HT})/\dot{W}_{HT} = 0 \\ (\dot{W}_{HC} - \dot{W}_{YT1})/\dot{W}_{YT1} = 0 \\ (\dot{W}_{FP} - \dot{W}_{YT2})/\dot{W}_{YT2} = 0 \\ (\dot{m}_{HV} - \dot{m}_{HT})/\dot{m}_{HT} = 0 \\ (\dot{m}_{HT} - \dot{m}_{HC})/\dot{m}_{HC} = 0 \\ (\dot{m}_{AC} - \dot{m}_{a})/\dot{m}_{AC} = 0 \\ [\dot{m}_{AC} + (\dot{m}_f)_{MC} + (\dot{m}_f)_{PB} - \dot{m}_{CS}]/\dot{m}_{CS} = 0 \\ (\dot{m}_{FP} - \dot{m}_{YT1})/\dot{m}_{YT1} = 0 \\ (\dot{m}_{YT1} - \dot{m}_{YT2})/\dot{m}_{YT2} = 0 \\ [\dot{m}_{FP} + (\dot{m}_f)_{MC} + (\dot{m}_f)_{PB} - \dot{m}_{YT2}]/\dot{m}_{YT2} = 0 \\ (T_{\delta}^{*} - T_{\delta})/T_{\delta} = 0 \\ (p_{\delta}^{*} - p_{\delta})/p_{\delta} = 0 \end{cases} \qquad (11.36)$$

式(11.36)中,$(T_{\delta}^{*}, p_{\delta}^{*})$ 为预先猜测的氦涡轮 HT 入口温度及压力,下标 HV

表示氦涡轮入口导向器。

## 11.4.1    预冷核心发动机变工况控制特性分析

在进行间接预冷发动机变工况特性分析时,需要选定发动机的若干个典型工作状态作为参考状态点,以此分析发动机关键运行参数和性能随控制量的变化规律。分析表明,在不同的状态点,发动机状态参数及性能随控制量的变工况变化特性是相似的,因此本节仅给出了以设计点为参考的结果。

1. 主燃室燃料流量及尾喷管喉部开度的控制特性

流量阀 SA 可调节进入主燃室的燃料流量$(\dot{m}_f)_{MC}$,进而控制温比 $T_6/T_3$,同尾喷管喉部面积 $A_{CS}$ 一起,由 11.3 节分析可知,这两者决定了空气流路稳态工作线的斜率。图 11.16 给出了喷管喉部面积 $A_{CS}$ 对稳态工作点的影响,计算中燃料总流量 $\dot{m}_f$、氦涡轮入口温度 $T_8$ 与主燃室温度 $T_6$ 通过调整相应的控制阀开度保持为设计点的值。由图 11.17 可知,此时温比 $T_6/T_3$ 与 $T_8/T_a$ 的变化幅度小于 5%,因而可近似认为不变。可见,随着喷管开度的减小或增大,空气流路稳态点随之靠近或远离发动机喘振边界线,表明对应的发动机稳态工作线斜率将增大或减小,显然,这同式(11.29)给出的定性趋势是一致的。对于氦气回路,可知此时稳态工作线上各点与氦压气机特性图原点连线的斜率几乎相等,这表明所有稳态工作点几乎沿同一条工作线变化,同样的,这与式(11.32)的分析一致。

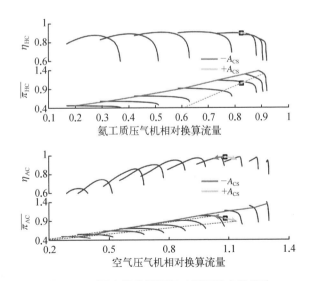

**图 11.16    尾喷管喉部面积对运行状态的影响**

对于发动机性能,由图 11.17 可知,随着尾喷管开度的增加,发动机排气速度随之减小,这表明循环热效率降低了。由第 5 章的分析可知,间接预冷发动机预冷

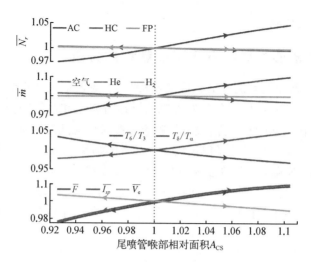

**图 11.17** 尾喷管喉部面积对性能参数的影响

压缩压比即为空气压气机的压比,由于循环性能如比功、热效率等正比于预冷压缩压比,而喷管开度的增加降低了压气机压比,这导致了循环性能的降低。然而,随着尾喷管开度的增加,发动机推力及比冲反而增加了,这主要因为此时发动机空气流量增大了,进而抵消了排气速度减小的影响。

图 11.18 给出了燃料阀 SA 开度对发动机稳态工作点的影响。与前述类似,评估中总燃料流量 $\dot{m}_f$ 及氦涡轮入口温度 $T_\delta$ 通过调整相应的控制阀开度而保持为设计点的值。由于燃料阀 SA 开度控制着进入主燃室的燃料流量 $(\dot{m}_f)_{MC}$,其变化将引起温比 $T_6/T_3$ 的改变。由图 11.19 可知,SA 开度引起的温比 $T_\delta/T_\alpha$ 的变化依然很

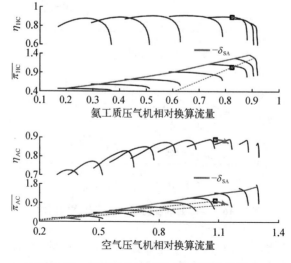

**图 11.18** 燃料阀 SA 开度对运行状态的影响

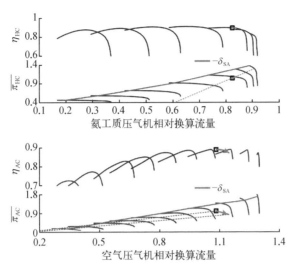

**图 11.19　燃料阀 SA 开度对性能参数的影响**

小,因此分析中可按常值处理。此外,由于设计点主燃室保持为化学当量比,此时无论增加或减小燃料流量,主燃室的温度都要降低,因而此处仅考虑了燃料流量减小的情况(即减小燃料阀 SA 开度)。

显然,随着燃料阀 SA 开度的减小,由于主燃室温度 $T_6$ 随之降低,如图 11.19 所示,这导致温比 $T_6/T_3$ 不断减小,此时,由式(11.29)可知,相应的发动机稳态工作线斜率也将减小,因而稳态工作点远离喘振边界,由图 11.18 可知,基于变工况模型得到的结果给出了相同的趋势。同样的,由于温比 $T_\delta/T_\alpha$ 几乎为常数,因而氦气流路稳态点也几乎在同一工作线上变化,这与理论分析一致。对于发动机性能,图 11.18 表明,虽然空气流量随燃料阀 SA 开度减小而增加,然而,由于主燃室温度的持续减小,排气速度降低的幅度更大,这导致发动机推力及比冲持续地减小。

2. 预燃室燃料流量及总燃料流量的控制特性

燃料阀 SB 控制着进入预燃室的燃料流量 $(\dot{m}_f)_{PB}$,因而决定了氦涡轮入口温度 $T_\delta$ 或温比 $T_\delta/T_\alpha$,而燃料阀 SC 控制着冷却燃料总流量 $\dot{m}_f$,进而决定了氦涡轮的膨胀比,这两者最终决定着输出至空气压气机的功率,本节分析其对发动机稳态工作点及性能的影响。

同样的,在改变燃料阀 SB 开度时,总燃料流量 $\dot{m}_f$ 及主燃室温度 $T_6$ 通过调整相应的控制阀开度而保持为设计点的值,此时由于温度 $T_3$ 与 $T_\alpha$ 变化较大,因而温比 $T_6/T_3$ 与 $T_\delta/T_\alpha$ 不能视为常值。总体上,随着燃料阀 SB 开度的增大,氦涡轮入口温度也增加了,这使得输出至空气压气机的功率增大了,因而发动机工作点将向压比及换算流量同时增大的方向移动。然而,由图 11.20 可知此时温比 $T_6/T_3$ 减小了,因而稳态工作线的斜率也随之减小,这导致发动机稳态工作点随燃料阀 SB 开度的变化显得较为平坦。对于发动机性能(图 11.21),由于空气流量随燃料阀 SB 开度增大而增加,而排气速度略微增加,因而发动机推力与比冲均有所增大。

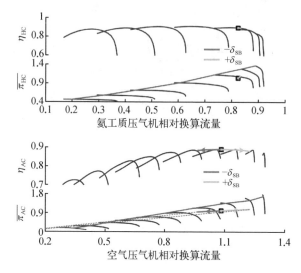

图 11.20　燃料阀 SB 开度对发动机稳态点的影响

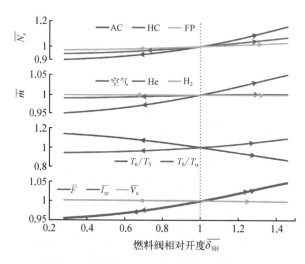

图 11.21　燃料阀 SB 开度对发动机参数的影响

图 11.22 给出了改变燃料阀 SC 开度,进而调整总燃料流量时对发动机稳态工作点的影响,此时氢涡轮入口温度 $T_\delta$、主燃室温度 $T_6$ 均保持为设计点值。随着燃料阀 SC 开度增大,此时总燃料流量 $\dot{m}_f$ 也随之增加,进而导致氢涡轮 YT2 的功率增加了,这使得氢气流路稳态点沿氢压气机压比与换算流量增加的方向移动,最终氢涡轮输出功率增加,进而,发动机稳态工作点将沿空气压气机压比与换算流量增大

的方向移动以平衡氦涡轮功率。由图 11.23 可知,随着燃料阀 SC 开度的增加,排气速度略微增大,而空气流量增加较多,因此发动机推力也按比例增加了。然而,由于冷却燃料消耗量始终大于燃烧所需,因而此时消耗更多的燃料将使发动机比冲持续降低。

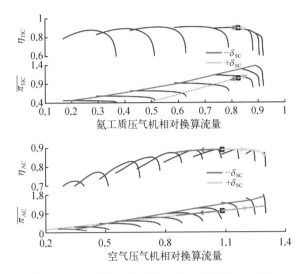

图 11.22　燃料阀 SC 开度对发动机稳态点的影响

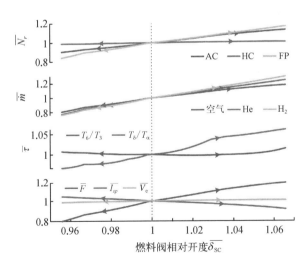

图 11.23　燃料阀 SC 开度对发动机参数的影响

## 11.4.2　预冷核心发动机最大推力状态控制规律

以上分析揭示了发动机性能随控制量的变工况变化特性,本节将以此为基础给出发动机最大推力状态的控制规律。在此之前,有必要对简单间接预冷发动机冷却燃料消耗量始终大于燃烧所需这一前提做出进一步的说明。

由第 10 章可知,单分支的简单间接预冷发动机最优构型配置要求中介工质与燃料具有匹配的热容流率(即 $C_e : C_f = 1 : 1$)。考虑到预冷器材料温限,这要求中介工质热容流率必须大于空气热容流率以控制预冷器高温端工质温升,即

$$K_{e2a} = \frac{C_e}{C_a} = \frac{C_f}{C_a} = \frac{\dot{m}_f c_{pf}}{\dot{m}_a c_{pa}} > 1 \tag{11.37}$$

以预冷燃料当量比表示,这相当于满足

$$\phi_{PCS} > \frac{c_{pa}}{c_{pf}^{st}} = \frac{1}{c_{st}} \tag{11.38}$$

对氢燃料,这要求 $\phi_{PCS} > 2.7$。对于当前的发动机设计,预冷器高温端氢工质最大温度限制为 $(T_3)_{max} = 950\,K$,对应的设计点预冷燃料消耗量为 $(\phi_{PCS})_{DP} = 3.48$。图 11.24 给出了 11.3.2 节分析中控制量变化时对应的预冷燃料消耗量的改变,可见总燃料消耗量并不能降低至燃烧限制之下。对于其他状态点,分析表明发动机冷却燃料量总是大于燃烧所需。

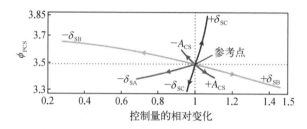

**图 11.24　预冷燃料当量比随控制量的变化**

前述已经指出,对于其他任选的运行参考点,分析表明控制量对发动机性能的定性影响规律同设计点完全类似,此处不再重复。图 11.25 给出了发动机性能参数随决定发动机运行状态点的关键变量——预燃室温度 $T_\delta$、主燃室温度 $T_6$、尾喷管喉部面积 $A_{CS}$、总燃料流量 $\dot{m}_f$——的变化。结合前述控制特性的分析可知,显然当总燃料流量 $\dot{m}_f$ 一定时,此时发动机推力和比冲都将随预燃室温度 $T_\delta$、主燃室温度 $T_6$、尾喷管喉部面积 $A_{CS}$ 的增加而增大。

依据上述分析及图 11.25 的结果,可知在给定的总燃料流量 $\dot{m}_f$ 下,为增加发动机推力,此时应当尽可能地增加 $(T_\delta, T_6, A_{CS})$ 的取值,显然,这些量即可作为发动机的被控参数。由于总燃料流量 $\dot{m}_f$ 始终大于燃烧所需,因而此时通过调整预燃室或主燃室的燃料流量 $(\dot{m}_f)_{PB}$ 及 $(\dot{m}_f)_{MC}$ 进而改变温度 $T_\delta$ 与 $T_6$ 的值时并不需要改变总燃料流量,至此,给定总燃料消耗时的发动机最大推力状态控制规律可表述为:

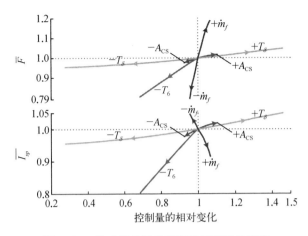

**图 11.25　发动机性能参数随被控制量的变化**

随着飞行条件的变化,通过改变控制量保持被控参数 ($T_\delta$, $T_6$, $A_{CS}$) 为最大值,即

$$\left. \begin{array}{l} \text{SB} \to (\dot{m}_f)_{PB} \to T_\delta = (T_\delta)_{max} \\ \text{SA} \to (\dot{m}_f)_{MC} \to T_6 = (T_6)_{max} \\ \text{CS} \to A_{CS} = (A_{CS})_{max} \end{array} \right\}_{\dot{m}_f} \tag{11.39}$$

即通过调节预燃室燃料流量 ($\dot{m}_f$)$_{PB}$ 保持氢涡轮入口温度 $T_\delta$ 为最大值,通过调节主燃室燃料流量 ($\dot{m}_f$)$_{MC}$ 保持主燃室燃气温度 $T_6$ 为最大值,通过调节尾喷管喉部开度保持其喉部面积 $A_{CS}$ 为最大值。

由于主燃室最大温度 ($T_6$)$_{max}$ 是飞行马赫数的函数,在不同的飞行条件下,维持主燃室温度为其最大值等价于保持预燃室和主燃室的总燃料当量比始终为 1,即

$$\text{SA} \to (\dot{m}_f)_{MC} \to \phi_{PB} + \phi_{MC} = 1 \tag{11.40}$$

因而,式(11.39)所给控制规律可进一步表示为

$$\left. \begin{array}{l} \text{SB} \to (\dot{m}_f)_{PB} \to T_\delta = (T_\delta)_{max} \\ \text{SA} \to (\dot{m}_f)_{MC} \to \phi_{PB} + \phi_{MC} = 1 \\ \text{CS} \to A_{CS} = (A_{CS})_{max} \end{array} \right\}_{\dot{m}_f} \tag{11.41}$$

## 11.5　典型飞行任务轨迹下的推力调节边界及发动机性能

通过对发动机的变工况控制特性分析,11.4 节给出了预冷核心发动机实现最

大推力状态的控制规律。需要指出的是,此处的最大推力状态是以给定的总燃料流量 $\dot{m}_f$ 为前提的,而由图 11.25 可知,对于给定的飞行条件,即使保持 $\{T_6, T_\delta, A_{CS}\}$ 为其最大值,此时发动机推力依然可以通过增加总燃料流量 $\dot{m}_f$ 而继续增加,这同当前的航空涡轮发动机是不同的。以尾喷管可调的单轴涡喷发动机为例,发动机最大推力状态的控制规律一般为[26]

$$\left.\begin{aligned} \dot{m}_f \rightarrow n = n_{max} \\ A_{CS} \rightarrow T_4 = (T_4)_{max} \end{aligned}\right\} \tag{11.42}$$

即分别通过调节燃料流量 $\dot{m}_f$ 和尾喷管开度 $A_{CS}$,保持发动机物理转速和涡轮前温度为其最大值。由于航空涡轮发动机总燃料流量 $\dot{m}_f$ 一般小于燃烧所需的最大燃料量,因而 $\dot{m}_f$ 同发动机转速 $n$ 或涡轮前温度 $T_4$ 并不能独立变化,故按式(11.42)所给控制规律,给定飞行条件下的发动机推力已经处于最大值,此时继续增加总燃料流量 $\dot{m}_f$ 必将引起发动机超转或超温。对于预冷发动机,由于总燃料流量远大于燃烧所需,这使得温度 $\{T_6, T_\delta\}$ 及总燃料流量 $\dot{m}_f$ 可独立调节,并且总燃料流量 $\dot{m}_f$ 通过影响对空气的预冷压缩过程而对发动机性能施加影响,因而,在式(11.41)所给最大推力状态控制规律下,发动机推力依然可通过总燃料流量 $\dot{m}_f$ 加以改变。

因而,为避免同当前航空涡轮发动机最大状态含义产生误解,式(11.41)可进一步理解为给定燃料消耗 $\dot{m}_f$ 时的发动机最大推力潜能状态控制规律,即发动机发挥出了给定燃料消耗时产生推力的最大潜能,此时如果需进一步增加推力,由于被控量 $\{T_6, T_\delta, A_{CS}\}$ 已经处于其最大值,因而只能通过增加总燃料流量 $\dot{m}_f$ 使推力继续增加,而如果需要降低推力,考虑到总燃料消耗量总是大于燃烧所需,而降低总燃料流量可节省燃料,因而此时首选的方式应当为降低总燃料流量 $\dot{m}_f$ 以减小推力。

对于加速型飞行任务的应用场景,在式(11.41)所给发动机最大推力潜能状态控制规律前提下,此时还需要依据飞行器在任务轨迹上的具体推力需求,最终确定总燃料流量的变化规律,进而给出完成预定任务的完整控制规律。通常,这可以通过求解由预冷发动机推进的加速型飞行器的轨迹优化问题而给出最优意义下的控制规律,这一问题将在未来的研究中给予详细解答。在此,本节将以 SABRE 发动机进气道特性为参考,从核心发动机推力调节边界的角度,分析典型飞行轨迹上发动机性能的变工况变化特征。评估中,假定飞行器沿 $q_0 = 45 \text{ kPa}$ 等动压线飞行,对应的进气道出口总参数见图 11.26。由等动压飞行的速度-高度特性可知,当 $q_0 = 45 \text{ kPa}$ 时,其对应的海平面最小马赫数约为 0.78,因而在 $Ma = 0 \sim 0.78$ 时来流动压将小于 45 kPa,计算中,这一区域进气道来流静参数即为海平面大气参数。

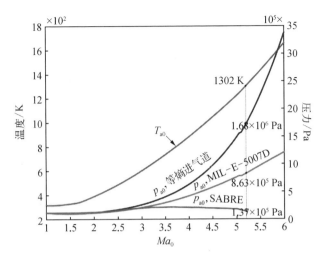

**图 11.26 $q_0 = 45\ \text{kPa}$ 飞行轨迹上的进气道出口总参数**

## 11.5.1 预冷核心发动机推力调节边界

实际运行中,除了 $\{T_6, T_\delta, A_{CS}\}$ 这些被选定的被控量外,发动机推力大小还受到诸如最大转速、最大压力及温度、喘振等条件的约束,进而使推力的调节范围受到限制。分析中设定的运行参数约束由表 11.6 给出,其中涡轮机械的物理及换算转速限制取自对应的参考特性数据,而各个流路的最大温度及压力限制由参考文献[4, 27]中的设计值给出。对于空气与氦气压气机,其喘振裕度按式(11.43)计算[28]:

$$\text{SM} = \left( \frac{M_c/M_s}{\pi/\pi_s} - 1 \right) \times 100\% \tag{11.43}$$

式中,$(\pi, M_c)$ 为压气机特性图上的点,$(\pi_s, M_s)$ 为过 $(\pi, M_c)$ 点的等换算转速线与喘振边界线交点处的压比与换算流量。

**表 11.6 发动机运行参数的限制**

| 参 数 | 约 束 | 参 数 | 约 束 | 参 数 | 约 束 |
|---|---|---|---|---|---|
| $N_{r,\ AC}$ | $\leqslant 1.15$ | $N_{cr,\ AC}$ | $[0.83,\ 1.16]$ | $(p_\beta)_{\max}$ | $\leqslant 1.25(p_\beta)_{\text{DP}}$ |
| $N_{r,\ HC}$ | $\leqslant 1.12$ | $N_{cr,\ HC}$ | $[0.76,\ 1.13]$ | $(p_b)_{\max}$ | $\leqslant 1.25(p_b)_{\text{DP}}$ |
| $N_{r,\ FP}$ | $\leqslant 1.20$ | $N_{cr,\ FP}$ | $[0.55,\ 1.22]$ | $\text{SM}_{AC}$ | $\geqslant 15\%$ |
| $(T_{g0})_{\max}$ | $\leqslant 2(T_{g0})_{\text{DP}}$ | $(T_6)_{\max}$ | $\leqslant (T_6)_{\text{DP}}$ | $\text{SM}_{HC}$ | $\geqslant 15\%$ |
| $(T_\chi)_{\max}$ | $\leqslant (T_\chi)_{\text{DP}}$ | $(p_6)_{\max}$ | $\leqslant 1.25(p_6)_{\text{DP}}$ | | |

图 11.27 给出了推力上边界上,按各自最大或最小边界值无量纲化后的发动机运行参数。可见,在飞行马赫数 $Ma = 0 \sim 4.6$ 时,采用 SABRE 进气道特性的核心发动机,推力上边界在空气压气机最大换算转速边界上取得,而在飞行马赫数 $Ma > 4.6$ 时,氦气流路最大压力成为推力继续增加的限制因素。图 11.28 给出了对应于推力上边界的发动机性能参数,总体上,发动机比冲随飞行速度的增加而降低,而由于进气道特性及运行参数的约束等因素的影响,发动机推力出现了显著的非单调变化特征。

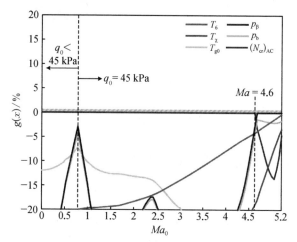

图 11.27　发动机推力上边界的运行约束

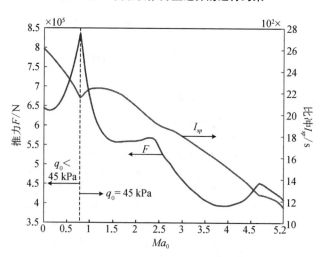

图 11.28　推力上边界的发动机性能

类似地,图 11.29 给出了推力下边界上按各自最大或最小边界值无量纲化后的发动机运行参数。可见在飞行马赫数 $Ma = 0 \sim 5.1$ 时,采用 SABRE 进气道特性

的核心发动机,其推力下边界在空气压气机最小喘振裕度边界上取得,而在飞行马
赫数 $Ma > 5.1$ 时,预冷器高温端氦气最高温限成为推力继续减小的限制因素。对
比图 11.30 与图 11.28,可见在最大/最小推力边界上,此时发动机性能的定性变化
趋势是完全类似的。

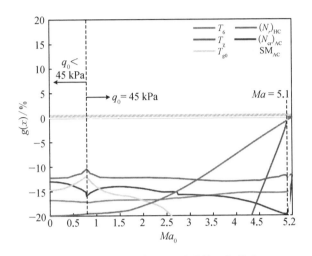

**图 11.29　发动机推力下边界的运行约束**

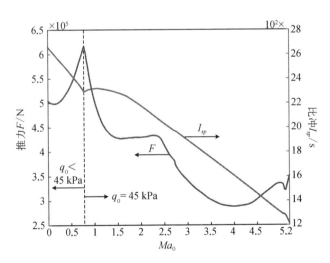

**图 11.30　推力下边界的发动机性能**

## 11.5.2　核心发动机最大推力状态控制规律的验证

11.4 节从给定燃料消耗量时的最大推力角度提出了核心发动机最大推力潜能
控制规律,考虑到上述规律基于定性分析及特定运行点定量结果给出,为了揭示在

不同的运行条件下,基于上述控制规律的核心发动机始终能取到其最大推力,本节将对此开展进一步验证。为此,本节定义了式(11.44)所示的发动机性能参数对被控参数的相对导数值:

$$J = \frac{\partial P_E}{\partial (x/x_{\text{ref}})} \tag{11.44}$$

式中,$P_E \in \{F, I_{sp}\}$,$x \in \{\dot{m}_f, A_{CS}, T_6, T_\delta\}$,$x_{\text{ref}}$ 表示变量在参考点的取值。

由图 11.31 可知,在推力的上、下边界上,推力对主燃室温度 $T_6$、氦涡轮前温度 $T_\delta$、尾喷管喉部开度 $A_{CS}$ 及总燃料流量 $\dot{m}_f$ 的导数均大于零,这表明此时增加 $\{T_6, T_\delta, A_{CS}, \dot{m}_f\}$,核心发动机推力将进一步增大,因而,在满足发动机安全限制的前提下,应该尽量增加这些量的取值,显然,这同 11.4 节给定的控制规律预期达到的发动机推力最大化的效果是一致的,进而证实了本节所给控制规律的正确性。

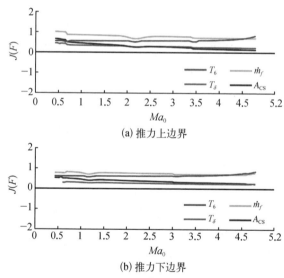

图 11.31　发动机推力对可调变量及被控参数的导数

## 11.6　小结

本章以简单中介循环间接预冷发动机为对象开展了发动机变工况特性及控制规律研究,构建了发动机变工况特性分析模型,通过发动机循环参数和换热器设计的耦合优化实现了设计点参数匹配。在发动机各流路共同工作特性分析的基础上揭示了控制量对发动机状态发挥调节作用的机制,并通过发动机性能随控制量变化的控制特性分析给出了发动机保持最大推力状态的控制规律,对比分析了预冷发动机最大状态控制规律同航空涡轮发动机最大状态控制规律的不同之处。以 SABRE 发动机进气道特性为参考,分析了发动机推力调节边界及对应的性能变化,并以此为参考验证了所给最大推力控制规律的正确性。

# 参考文献

[ 1 ]　Hempsell M. Progress on SKYLON and SABRE[R]. D2.4 – 6x19609, 2013.

[ 2 ]　Varvill R. Heat exchanger development at Reaction Engines Ltd[J]. Acta Astronautica, 2010, 66(9 – 10): 1468 – 1474.

[ 3 ]　Reaction Engines. Heat exchangers [EB/OL]. https://www.reactionengines.co.uk/sabre/technology/heat-exchangers/[2016 – 6 – 15].

[ 4 ]　Fernández-Villacé V. Simulation, design and analysis of air-breathing combined-cycle engines for high speed propulsion[D]. Belgium: von Karman Institute For Fluid Dynamics, 2013.

[ 5 ]　Žukauskas A. Heat transfer from tubes in crossflow[J]. Advances in Heat Transfer, 1972, 8: 93 – 160.

[ 6 ]　Jones C O. An Improvement in the calculation of turbulent friction rectangular ducts [J]. Journal of Fluids Engineering, 1976, 98(2): 173 – 180.

[ 7 ]　Žukauskas A A. Convective transfer in heat exchangers[M]. Moscow: Nauka, 1982.

[ 8 ]　Churchill S W. Comprehensive correlating equations for heat, mass and momentum transfer in fully developed flow in smooth tubes[J]. Industrial & Engineering Chemistry Fundamentals, 1977, 16(1): 109 – 116.

[ 9 ]　Hwang C L, Fan L T. Finite difference analysis of forced-convection heat transfer in entrance region of a flat rectangular duct[J]. Applied Scientific Research, Section A, 1964, 13(1): 401 – 422.

[10]　Kakac S, Shah R K, Aung W. Handbook of single phase convective heat transfer[M]. New York: Whiley, 1987.

[11]　Sparrow E M, Lin S H. Turbulent heat transfer in a parallel-plate channel[J]. International Journal of Heat and Mass Transfer, 1963, 6(3): 248 – 249.

[12]　Chen Y R. Slip flow in the entrance region at low Reynolds numbers[J]. Journal of Fluids Engineering, 1971, 97(2): 246.

[13]　Hrycak P, Andrushkiw R. Calculation of critical Reynolds numbers in round pipes and infinite channels and heat transfer in transition regions [J]. Heat Transfer 1974, 1974, II: 183 – 187.

[14]　Beavers G S, Sparrow E M, Lloyd J R. Low Reynolds number turbulent flow in large aspect ratio rectangular ducts[J]. Journal of Basic Engineering, 1971, 93(2): 296 – 299.

[15]　Dean R B. Reynolds number dependence of skin friction and other bulk flow variables in two-dimensional rectangular duct flow[J]. Journal of Fluids Engineering, 1978, 100(2): 215 –

223.

[16] Bao W, Li X, Qin J, et al. Efficient utilization of heat sink of hydrocarbon fuel for regeneratively cooled scramjet[J]. Applied Thermal Engineering, 2012, 33 - 34: 208 - 218.

[17] Gmbh G. GasTurb 13: Design and off-design performance of gas turbines [R]. Aachen: GasTurb GmbH, 2017.

[18] GasTurb GmbH. Map collection[EB/OL]. https://www.gasturb.de/software/smooth-c-t.html# map-collection[2020 - 6 - 15].

[19] Gmbh G. Smooth C 8.3: Preparing compressor maps for gas turbine performance modeling[R]. Aachen: GasTurb GmbH, 2015.

[20] Gmbh G. Smooth T 8.2: Preparing Turbine Maps for Gas Turbine Performance Modeling[ R]. Aachen: GasTurb GmbH, 2015.

[21] Nourbakhsh S A, Jaumotte B A, Hirsch C, et al. Turbopumps and pumping systems[M]. Berlin: Springer, 2008.

[22] ISO. Measurement of fluid flow by means of pressure differential devices inserted in circular cross-section conduits running full — Part 2: Orifice plates[S]. ISO 5167.2, 2003.

[23] Reaction Engines Ltd. Study on the applications of the SABRE engine for FESTIP[R]. United Kingdom: Culham Science Centre, 1997.

[24] Webber H, Bond A, Hempsell M. The sensitivity of precooled air-breathing engine performance to heat exchanger design parameters[J]. Journal of the British Interplanetary Society, 2007, 60(5): 188 - 196.

[25] Price K V, Storn R M, Lampinen J A. Differential evolution: A practical approach to global optimization[M]. New York: Springer Science & Business Media, 2006.

[26] 樊思齐.航空发动机控制[M].西安: 西北工业大学出版社,2008.

[27] Dong P, Tang H, Chen M. Study on multi-cycle coupling mechanism of hypersonic precooled combined cycle engine[J]. Applied Thermal Engineering, 2018, 131: 497 - 506.

[28] 刘嘉诚,周正贵.提高超声速压气机级喘振裕度方法研究[J].推进技术,2019,40(8): 1780 - 1791.